浙江省"十一五"重点教材建设项目

现代农业技术推广

主编　徐森富

ZHEJIANG UNIVERSITY PRESS
浙江大学出版社

图书在版编目（CIP）数据

现代农业技术推广 / 徐森富主编. —杭州 ：浙江大学出版社，2011. 6(2016. 10 重印)

ISBN 978-7-308-09006-3

Ⅰ. ①现… Ⅱ. ①徐… Ⅲ. ①农业科技推广—高等职业教育—教材 Ⅳ. ①S3-33

中国版本图书馆 CIP 数据核字（2011）第 169220 号

现代农业技术推广

主编 徐森富

责任编辑 黄兆宁
封面设计 联合视务
出版发行 浙江大学出版社
（杭州市天目山路 148 号 邮政编码 310007）
（网址：http://www.zjupress.com）
排　　版 杭州中大图文设计有限公司
印　　刷 浙江省良渚印刷厂
开　　本 787mm×1092mm 1/16
印　　张 17.75
字　　数 410 千
版 印 次 2011 年 6 月第 1 版 2016 年 10 月第 3 次印刷
书　　号 ISBN 978-7-308-09006-3
定　　价 34.00 元

浙江大学出版社发行中心联系方式：0571－88925591；http://zjdxcbs.tmall.com

前 言

农业教育、农业研究、农业推广是构成农业发展的三种要素，没有发达的农业推广，便没有现代化的农业、繁荣的农村和富裕的农民。要全面建设小康，构建和谐社会，建设社会主义新农村和实现有中国特色的农业现代化，就必须将科学技术这潜在的生产力转变为农业生产中的现实生产力，农业推广正是这种转变的桥梁和纽带。在知识和信息日新月异、科学技术迅速发展的现代社会，研究和加强农业推广，满足农民的多种需要，主动为市场经济服务，显然是十分重要的。只有了解和研究农业推广理论、推广的方式方法、推广体制、推广计划和组织、推广教育、推广队伍和推广评价等方面的相关知识和问题，培养具有推广能力的农业技术人才，才能显著提高农业推广效率，促进农业科技成果从潜在的生产力迅速转化为现实的生产力，实现我国农业从传统农业向现代化农业的转变，使我国农业能够向高产、优质、高效、稳定、持续的方向发展。

本教材分为绪论（推广的概念、性质、发展等）、理论篇（农民行为的产生与改变、创新的采用与扩散、推广心理、科技成果转化原理等）、实践篇（试验与示范、教育与培训、沟通与方法、浙江农民信箱、项目计划与管理等）、方法篇（组织与人员管理、经营与服务、写作与演讲、方法与评价等）。

本教材的编写思路：一是全面分析该课程面向的职业岗位群；二是根据社会对此类高职人才知识技能和素质方面的实际需要确定培养学生能力的要求；三是根据教学目标与要求设置教学项目，确定模块；四是与农业推广技术员国家工种内容融合。

编写的这本农业推广教材力求突出创新性、针对性、应用性和可操作性等特点。全书力求多设案例，覆盖农业推广理论、方法和实务的各大项目，反映近年来中国农业推广实践中出现的许多重大改革举措和新进展、新经验，例如农民信箱、科技特派员等新生事物，并针对各种推广方法与模式、组织与制度的创新进行比较深入的分析，本书可作为高职园艺技术、种子生产与经营等专业的必修课程教材，也可作为观光农业、商品花卉、园林技术等专业的选修课程教材，同时还可作为农业推广人员的参考资料。

本教材的编写及其分工如下：绪论及第一、二、三、四章由徐森富编写，第五、六、七章由周吉忠编写，第八、十一章由赵国富编写，第九章由吕伟德编写，第十、十二章由王普形编写，第十三、十四章由汪恩锋编写，全书大纲的编写与统稿工作由徐森富完成，浙江大学黄冲平副教授参加了本书审稿，在此表示感谢。

由于编者水平与掌握资料有限，错误之处在所难免，敬请批评指正。

编 者

2011 年 6 月

目 录

绪论

基本要求：通过绪论的学习，了解农业推广的发展史，理解农业推广的基本内涵、学科性质、研究对象以及有中国特色的农业推广概念的界定，激发学生的学习兴趣。

重　　点：掌握农业推广的基本内涵和有中国特色的农业推广概念的界定、农业推广的性质、农业推广学的研究对象。

难　　点：农业推广的基本概念界定、农业推广学的研究对象。

一、农业推广的概念

从世界各国农业推广发展的历史看，农业推广的含义是随着时间、空间的变化而演变的。在不同的社会历史条件下，农业推广是为了不同目标，采取不同方式来组织进行的，因此，不同的历史时期其含义也不尽相同。随着社会经济由低级向高级发展，农业推广工作由单纯的生产技术型逐渐向教育型和现代型扩展。

（一）狭义的农业技术推广

狭义的农业推广在国外起源于英国剑桥的"推广教育"和早期美国大学的"农业推广"，基本的含义是：把大学和科学研究机构的研究成果，通过适当的方法介绍给农民，使农民获得新的知识和技能，并且在生产中采用，从而增加其经济收入。

这是一种单纯以改良农业生产技术为手段，提高农业生产水平为目标的农业推广活动；是一个国家处于传统农业发展阶段，农业商品不发达，农业技术水平是农业生产的制约因素的条件下的产物。

世界上一些发展中国家的农业推广属于狭义的农业推广。我国长期以来沿用农业技术推广的概念，也属于此范畴。

其特征是：以技术指导为特征的产中培训。

（二）广义的农业技术推广

广义的农业技术推广是西方发达国家广为流传的农业推广概念，它是农业生产发展到一定水平，农产品产量已满足或已过剩，市场因素成为农业生产和农村发展主导因素以及提高生活质量成为人们追求目标的产物。

广义的农业推广已不单纯地指推广农业技术，还包括教育农民、组织农民以及改善农民实际生活等。

具体包括：对成年农民的农事指导，对农家妇女的家政指导，对农村青年的“手、脑、身、心”教育，即“4H 教育”(Hands，Head，Health，Heart)。

其特征是：以教育为主要手段，通过咨询、培训等手段启发、教育农民，以达到农民的自觉行为，提供产前—产中—产后全程服务。

(三)现代农业技术推广

在当代西方发达国家，农业已实现现代化、企业化和商品化，农民文化素质和科技知识水平已有极大提高，农产品产量大幅度增加，面临的主要问题是如何在生产过剩条件下提高农产品的质量和农业经营的效益。因此，农民在激烈的生产经营竞争中，不再满足于生产和经营知识的一般指导，更需要的是科技、市场、金融等方面的信息和咨询服务。

为描述此种农业推广的特征，学者们又提出了“现代农业推广”的概念。联合国粮农组织出版的《农业推广》(1984 年第二版)写道：

“推广工作是一个把有用信息传递给人们(传播过程)，然后帮助这些人获得必要的知识、技能和正确的观点，以便有效地利用这些信息或技术(教育过程)的一种过程。”

与此解释类似的有 A. W·范登班和 H. S·霍金斯所著的《农业推广》(1988 年)，他们认为，“推广是一种有意识的社会影响形式。通过有意识的信息交流来帮助人们形成正确的观念和作出最佳决策”。

其以咨询为主要特征。

从以上叙述可看出，狭义农业推广是一个国家处于传统农业发展阶段，农业商品生产不发达，农业技术水平是制约农业生产的主要因素的情况下的产物。在此种情况下，农业推广首要解决的是技术问题，因此，势必形成以技术指导为主的“技术推广”。

广义农业推广则是一个国家由传统农业向现代农业过渡时期，农业商品生产比较发达，农业技术已不是农业生产的主要限制因素的情况下的产物。在此种情况下，农业推广所要解决的问题除了技术以外，还有许多非技术问题，由此便产生了以“教育”为主要手段的“农业推广”。

而现代农业推广是在一个国家实现农业现代化以后，农业商品生产高度发达，往往非技术因素(如市场供求等)成为农业生产和经营的限制因素，而技术因素则退于次要地位情况下的产物。在此种情况下，必然出现能够提供满足农民需要的各种信息和以咨询为主要手段的“现代农业推广”。可以这样说，狭义农业推广以“技术指导”为主要特征，广义农业推广以“教育”为主要特征，而现代农业推广则以“咨询”为主要特征。

(四)有中国特色的农业推广

20 世纪 90 年代后期以来，我国由传统农业向现代农业转变，农业技术不断进步，数量型农业逐步向质量和效益型农业提升，特别是建立社会主义市场经济体制，实施“科教兴国”战略，对我国农业推广理论与方法提出新的挑战。随着经济全球化的到来及加入 WTO，我国原有的农业推广体系必须进行改革，农业技术推广的概念也必须拓宽。

结合我国国情并借鉴国外农业推广发展的历史经验，我们既不能停留在技术推广这种农业推广的初级形式阶段，也不能完全照搬国外的农业推广模式，唯一的出路就是要探索出具有中国特色的、符合中国国情的农业推广模式。在由计划经济向社会主义市场经济、传统农业向现代农业转变的时期内，比较适合中国国情的农业推广内涵应该是：

农业推广是应用自然科学和社会科学原理，采取教育、咨询、开发、服务等形式，采用示范、培训、技术指导等方法，将农业新成果、新技术、新知识及新信息，扩散、普及、应用到农村、农业、农民中去，从而促进农业和农村发展的一种专门化活动。

其特征是：农业推广集科技、教育、管理及生产活动于一身，具有系统性、综合性及社会性的特点。

农业推广的根本任务是通过扩散、沟通、教育、干预等方法，使我国的农业和农村发展走上依靠科技进步和提高劳动者素质的轨道，根本目标是发展农业生产、繁荣农村经济和改善农民生活。

二、农业推广的产生与发展

一般认为自从有了农业，就有了推广活动。但是，人类的出现大约有100万年之久，长期处于“食物采集”方式的原始社会。只是到了大约1万年前，人类才开始进入“食物生产”方式的原始农业社会。原始农业的进一步发展使农业与畜牧业分离、手工业与农业分工，促进了农业生产工具的革新和应用，精耕细作的传统由此而产生。

在原始农业和传统农业社会，人类在与自然的斗争中所形成的一些技术、技艺、诀窍需要传播和扩散，通常的方式：一种是父→子→孙，另一种是师→徒→徒孙，这就是最原始的农业推广活动。这是一种无意识的农业推广活动。

但是，由于农业成为部落首领和封建帝王的“立国之本”，重农思想为历代统治者所提倡。历代封建朝廷和地方政府，为了发展农业经济，沿袭不断地推行劝农政策，农业推广活动带有浓厚的官办色彩和技术、技艺推广特征。

（一）我国古代的农业推广活动

1. 4000年前尧舜时代的农业推广活动——我国农业推广活动的萌芽

在我国的古书记载中，有“后稷教民稼穑”的故事。

相传后稷是周族的祖先（名姬弃），是黄帝的曾孙、尧帝的异母兄弟，从小喜爱农业生产技艺，善于种植谷物，姬氏族的人纷纷仿效，于是尧帝便“拜姬弃为农师”，指导百姓务农。舜帝继位又任命其主管农业，封赠官号为“后稷”。从此，便有了专门负责稼穑的农师和主管农业的官员。从“教民稼穑”中已经有了教育和指导意义，这是我国古代原始农业推广的萌芽。

这一传说反映了4000年前尧舜时代的农业和农业推广状况。经古籍传颂，后稷便成为我国古代从事农业推广的第一位“农师”。

自尧以后，又经历了夏、商、周三个王朝1300多年的发展，原始农业趋于成熟，随着生产水平的提高，农业推广体制日趋完善，周王朝继承并发展了后稷的重农思想和行政稼穑制度，形成了官办的劝农组织和官员。

2. 秦汉时期的农业推广活动

我国自秦汉起成为统一的封建国家，由于农业发展的需要，开始从中央到地方设置劝农官制，并世代沿袭下来。

公元前 100 年，汉武帝任命赵过为“搜粟都尉”（也叫治粟都尉，主管农业的官员），为改善农民收成不好的现状，开始研究新的耕种方式，改革和推广农业新技术。他在改“漫田法”为“代田法”的过程中首创了试验、示范、培训、推广四步走的推广程序，是农业中国农业推广史上的一个里程碑。

当时，陕西一带普遍采用“漫田法”（满地撒播），广种薄收，产量低。赵过在实践中摸索出一种新的方法，叫代田法（宽幅条播、轮作）（现代小麦的四密一稀，四八寸等）。赵过首先在帝陵墓地间隙进行“代田”试验，证明“代田法”比较优越，作为推广的先决条件取得成功后，通知各郡守派所属县令、地方小农官和老农，到京城现场参观示范现场，学习“代田法”的操作，回去后在当地公田和私田中进行推广。

赵过还发明了三角耧（能同时播种三行，提高了播种效率），也有人认为赵过还首创牛耕。

3. 宋代的农业推广活动

宋代是中国科技发展史上的黄金时代，农业推广也取得了长足进展。

公元 9 世纪，宋太宗下诏，在全国各地设“农师”，配合地方督导农业的官员，指导农民务农，“农师”是最早的农业技术员。宋代以前，我国的“推广”一词多用于文学作品。

《宋史・食货志》记载，公元 11 世纪初，宋真宗实行养民政策，“推广淳化之制，而常平、惠民仓遍天下矣”。

所谓淳化之制，就是宋太宗淳化年间（公元 11 世纪初），京畿农业丰收，朝廷派人在京城四门设置场所，收购粮食贮存，以备歉收时按平价出售。这种粮仓，称为常平仓、惠民仓。这是我国“推广”一词用于农业活动的最早记载。

4. 元代的农业推广活动

元代颁布了“劝农立社”条例，50 家农户为一社，社长承担“教劝本社农桑”的任务，农司还编辑了《农桑辑要》印发各地，用于推广各项种植、养殖技术。

5. 明代的农业推广活动

公元 16 世纪末，明朝农学家徐光启写成了《农政全书》。这是他用毕生精力，对我国农业生产政策和经验的总结。书中还介绍了一些西方科技知识，是最早传播西方农业科技的著作。

明末清初还出现了著名的推广世家——陈振龙一家几代为引进甘薯并在全国推广作出了贡献。

陈振龙，祖籍福建，后到吕宋（今菲律宾）经商，1954 年陈振龙从菲律宾引种甘薯回福建，在家试种成功后，由其子陈经伦向福建总督金学曾推荐。金学曾亲自撰文宣传，并下令全省推广种植甘薯，帮助福建人民度过了一次特大旱灾。

福建人民修“先薯祠”以示纪念。继后，陈振龙家族 7 代人奋斗 150 年，终于使甘薯在我国各地传播开来，被后人誉为农业推广世家。

6. 清代的农业推广活动

清代苏州织造李煦创造了试验、示范、繁育、推广的一整套良种推广程序，是农业推广史上的又一个辉煌成就。

公元 1715 年，清康熙皇帝在丰泽园发现和亲自选育出了特早熟水稻品种，称为“御稻”，并将良种一石赐予苏州织造李煦，令其在江苏试验种双季稻。李煦亲自主持“御稻”和本地稻的栽培试验。经过 3 年试验，他取得成功并向双季稻区域推广。从试验到推广，经历了 8 年时间，既有栽培试验记录，又有简洁的总结报告，创造了一套比较科学的试验、示范、繁育、推广程序。

(二)清末至民国时中国农业推广活动

1840 年鸦片战争后，中国沦为半殖民地半封建社会，农业生产及农业推广工作一度停滞不前。辛亥革命后也由于战争连绵、政局不稳、经济萧条，统治者无心顾及农业及农业推广工作。虽然不少有识之士及地方官吏竭力倡导发展农业推广事业，对局部农业生产的发展起到了一定的作用，但总体上看，这个阶段农业推广工作发展缓慢。

1. 洋务派的良种引进活动

清朝末年洋务派和维新派开始向欧、美、日学习，创建农事试验场。

1898 年，湖广总督张之洞在广州设纺织局，开始从美国引进陆地棉良种，以适应机器纺织工业发展的需要。

1901 年，张謇(中国教育家、实业家，江苏南通人，1895 年在南通开始创办大生纱厂，后又举办通海垦牧公司、复新面粉公司等)在江苏南通试种并推广陆地棉。安徽农务局从日本引进早稻种“女郎”等。

2. 近代农业教育与科研机构的设立

19 世纪末洋务派、维新派及民主革命先驱孙中山等督办农业教育，到 1909 年全国办高等农学堂 5 所、中等农学堂 31 所、初等农学堂 59 所，培养农业技术和推广人才。

1902 年，直隶农务大学堂建立(袁世凯奏折，慈禧批“知道了”)。

1907 年，清政府正式颁布推广农林简章 23 条，规定奖励垦荒、设立农事学堂、农事试验场、农村讲习所等。

20 世纪二三十年代，各高等农业学校纷纷仿效美国大学农学院成立农业推广部，开展防虫治病，编印资料。他们举办讲习会，种植示范田，指导农民组织合作社。

1923 年，在北平成立了中华平民教育促进会等社团，这些社团开始到农村建立实验区，以农民为对象进行乡村社会调查、乡村教育和农业推广。

晏阳初生于四川巴中县一个塾师之家，童年在传教士举办的西式学堂接受教育，后毕业于耶鲁大学，获博士学位。1920 年回国后，献身平民教育事业。1923 年，成立了著名的中华平民教育促进会。由于意识到中国的文盲主要是在农村，1926 年，平教会选定河北定县为实验区，开启了乡村建设运动的先河。在普及教育的过程中，逐渐形成乡村建设的整体思路。晏阳初将中国农村的问题归为“愚、穷、弱、私”四端，主张以文艺、生计、卫生、公民“四大教育”分别医治之。这一教育主张和他们所实施的工作包括：

①以文艺教育救“愚”。通过学习文化、艺术教育和普及科学知识开发民智。他们编

写了600余种平民读物;选编了包括鼓词、歌谣、谚语、故事、笑话等60万字的民间文艺资料,搜集民间实用绘画、乐谱等,组织歌咏比赛、农村剧社,举办各种文艺活动。

②以生计教育治"贫"。进行农业科学研究,举办实验农场,改良猪种和鸡种;对农民进行"生计训练",如推广良种、防治病虫害,科学养猪、养鸡、养蜂,组织农民的自助社、合作社、合作社联合会,开展信用、购买、生产、运输方面的经济活动。

③以卫生教育救"弱"。实施卫生教育,创建农村医药卫生制度,村设保健员,联村设保健所,县设保健院。1934年,全县建成这一系统,农民每年人均负担不过大洋一角。在控制天花流行,治疗沙眼和皮肤病方面取得明显成效。

④以公民教育救"私"。晏阳初认为平民教育的基础是识字教育,中心是公民教育,以养成人民的公共心与合作精神。他们出版了多种公民教育的材料,进行农村自治的研究,指导公民活动和开展家庭教育。

3.国民党政府时期,农业推广工作主要制定和公布了一系列有关推广的法规,建立各级农业推广机构

1929年1月,由农矿、内政、教育三部共同公布《农业推广规程》,提出农业推广的宗旨为:"普及农业科学知识,提高农民技能,改进农业生产方法,改善农村组织、农民生活及促进农民合作。"

同年12月,成立中央推广委员会,隶属实业部,其主要职责为:制订方案、法规,审核章程、报告,设置中央直属实验区,检查各省农业推广工作,编印推广季刊。

1940年,农产促进委员会组织农业推广巡回辅导团,分设农业推广、农业生产、作物病虫害、畜牧兽医、农村经济及乡村妇女等组,采取巡回辅导方式以促进地方推广事业。但由于历年战乱,民不聊生,推广体制混乱,推广人员少、素质差、经费短缺,推广工作成效不大,进展也只是在农业院校和一些零星地区。当时的一些学者也效法西方编写了农业推广书籍,如金陵大学农学院章之汶、李醒愚合著了《农业推广》一书,同年孙希复编写了《农业推广方法》一书,但我国自己的研究成果很少。

(三)新中国农业推广事业的发展

新中国成立以来,由于各个历史时期经济、文化环境的不同,农业推广的形式和立足点也不同,简单地讲,可以归纳为"田、点、板、网、包"五个字。

"田"即20世纪50年代初抓试验田、种子田、丰产田。"点"即50年代末逐步发展试验示范点或农业推广工作基点。"板"即60年代抓粮食作物、经济作物等农业推广样板田。"网"即70年代以县、公社、大队、生产队建立"四级农科网"。"包"即80年代联产承包。

实际上以上五种形式都离不开"试验、示范、推广"这一基本程序。

进入20世纪80年代中期,我国农业推广开始受到政府、教学和科研等部门的高度重视,农业推广程序也在理论的指导下,不断丰富、完善其内容,概括起来可分为"项目选择、试验、示范、培训、服务、推广、评价"等七个步骤。

(四)欧美的农业推广活动

1. 欧洲的农业推广活动

欧美的农业推广活动是伴随18世纪中叶的产业革命而产生与发展的。开始于英国的产业革命促进了西方社会经济的发展,各国倡导学习农业科学技术。18世纪在欧洲出现了各种改良农业会社。

1723年,在苏格兰成立了农业知识改进协会,以协会为主体进行巡回的农业推广教育。

1761年,法国有一个早期的农学家协会。这些由农民自己组织起来的团体,交流农业技术和经营经验,出版农业书刊,传播农业知识和信息,成为西方最早的农业推广组织。

19世纪中叶的马铃薯大饥荒时期(由于马铃薯晚疫病大爆发),爱尔兰于1847年成立了农业咨询和指导性的服务机构,派出人员到南部和西部饥荒最严重的地区指导工作,这是近代农业推广史上的一次重大活动。

1866年,英国剑桥、牛津大学一改贵族教育之传统,主动适应社会对知识、技术的需要,开始派巡回教师到校外进行教学活动,为那些不能进入大学的人提供教育机会,从而创立"推广教育"(extension education),其后,推广教育被英国和其他各国接受并普遍使用。

2. 美国的农业推广活动

1776年美国独立后,随着农业开发和农业资本主义经济的日渐发达,对农业教育、农业科学试验和农业推广的需求日益迫切,相继通过立法程序,建立农业教育、科研、推广相结合的合作推广制度,使美国的农业推广迅速兴起。

1862年7月2日,美国总统林肯签署了《莫里哀法》(Morrill Act of 1862),亦称赠地学院法。该法案规定:拍卖拨给各州一定面积的联邦公有土地来筹集资金,用于成立开设农业和机械课程的州立农学院,每州至少一所,负责本州的农业教学、科研和推广工作,促进了农业教育的普及。

1877年,美国国会通过《哈奇法》(Hatch Act of 1877)。该法案规定:为了获取和传播农业信息,促进农业科学研究,由联邦政府和州政府拨款,建立州农业试验站。试验站属美国农业部、州和州立大学农学院共同领导,以农学院为主的农业科研机构。

1914年5月8日,威尔逊总统签署了《史密斯-利弗法》(Smith-Lever Act),即合作推广法。该法案规定:由联邦政府拨经费,同时州、县拨款,资助各州、县建立合作推广服务体系。推广服务工作由农业部和农学院合作领导,以农学院为主。这一法案的执行,奠定了美国赠地学院教学、科研、推广三位一体的合作推广体系。

1884年,南伯(S. A. Knapp)担任依阿华州农学院院长,后任美国农业部长,强调通过亲自实践来学习,通过示范教育,让农民根据自己农场条件进行耕种。1903年,他亲自在德克萨斯州创建合作示范农场,推广良种和新技术;后来被美国人称为"美国农业推广之父"。

美国的农业推广活动由三部分组成:一是农业技术推广;二是家政推广,即针对农村妇女开展的教育子女、美化生活的教育推广活动;三是4-H俱乐部,即针对农村9~21岁青年普及和宣传农业知识(hand, head, health, heart)。

美国农业推广的特点包括：

①教育的特点,以培训、咨询为主,由州立学院主持,决策权在农民。

②合作的特点,合作是多方面的,主要体现在联邦、州、县和志愿人员在项目活动和项目经费上的合作。

③项目的特点,推广活动主要以项目形式进行。

④覆盖面广,大量使用志愿者(专职人员少,兼职人员和志愿者多),并且推广人员素质普遍较高。20世纪70年代的州推广人员中,53.7%有博士学位,37.3%有硕士学位,9%有学士学位;县级推广人员中,1.3%有博士学位,43.3%有硕士学位,55.4%有学士学位。

三、农业推广的性质、对象和内容

1. 农业推广的性质

农业推广是农业推广实践经验、推广研究成果及相关学科有关理论渗透而形成的一门边缘性、交叉性和综合性学科。农业推广学是一门重实际应用的科学。

从农业推广学的发展过程来看,实际工作经验在其早期发展历史上占有主要成分;在后期的发展历程中,其他社会学科渗透又有重要贡献。尤其是20世纪行为科学的产生与发展,对农业推广学科的发展产生了重大影响。1966年,孙达(H. C. Sanders)主编《合作推广学》,与早期出版的农业推广学的书籍不同之处是增加了行为科学的贡献一篇,正式承认农业推广学是行为科学的一种,同时强调从社会科学、心理学的角度去探讨农业推广学的理论基础。

农业推广工作若从其工作内容来讲,主要是农业信息、知识、技术和技能的应用,应属于自然科学或农业科学。从其工作过程及形式来看,是研究如何采用干预、试验、示范、教育、沟通等手段来诱发农民自愿改变其行为。农业推广学所要研究的是组织与教育(或沟通)的方法,而不是直接讨论农业知识本身;是研究组织与教育(或沟通)农民原理和方法的一门学问,又属于社会科学的范畴。

它的内容还具有农业科学的特性。因此,农业推广学具有边缘性、交叉性和综合性的学科特点。

2. 农业推广的对象

农业推广的学科性质确定了农业推广学的研究对象。任何一门学科,都有其特定的、不能被其他学科所取代的研究对象,否则便不能成为一门单独的学科,对农业推广学来说也是如此。

农业推广活动的产生主要是由两个方面决定的：

一方面,由于各地区自然、技术、经济条件不相同,因此,新的农业创新成果由小区试验成功到大面积运用,必须有一个在当地条件下试验、观察、鉴定,以及判定适合当地示范推广的过程。

另一方面,广大农民由于生活在不同的农村社区,受社会文化条件的影响,在接受新的农业创新成果时也存在一个认识、估价、试用、采用的过程。

农民从认识到行为的改变，必须借助于农业推广的力量。推广是加速科学技术向生产转移的客观要求，是科学技术转化为现实生产力的具有决定意义的环节，也是广大农民依靠科学技术致富的迫切要求。因此，农业推广学的研究对象可以作如下概括：

农业推广学是研究农业创新成果传播、扩散规律，农民采纳规律及其方法论的一门科学。用通俗的语言讲，就是研究如何向农村传播和扩散新的信息、成果和知识，如何用教育、沟通、干预等的方法促使农民自觉采用创新成果，如何使农业、农村的发展尽快走上依靠科技进步和劳动者素质提高轨道的一门学科。

3. 农业推广的内容

从农业推广的性质、特点和任务，以及农业推广学的研究对象，可以了解到这门学科的内容十分广泛，它不仅继承了传统的农业推广经验，也广泛吸收了许多有关学科的理论与方法，是建立在多种学科基础上的一门综合学科，其主要内容有以下几个方面：

①农业推广的原理，包括农业的创新扩散、科技成果转化、推广心理、推广行为、推广沟通、推广教育、推广组织等。

②农业推广的方式与方法，包括集体指导方法、个别指导方法、大众媒体宣传方法等。

③农业推广的技能，主要包括试验与示范、信息服务、项目管理、经营服务、语言与演讲、推广工作评价等。

④农业推广学的研究方法，包括理论研究方法、案例研究方法、社会调查方法等。

概括起来，农业推广学的研究内容为：

推什么（四新）⟶ 为什么推（必要性和重要性）⟶ 怎么推（方式、方法）⟶ 推给谁（农民，研究农民的心理）⟶

谁来推（推广组织和人员）⟶ 推后效果（经济、社会、生态效益——推广工作评价）

思考题

1. 农业推广的基本内涵是什么？
2. 农业推广学的研究对象是什么？
3. 如何才能学好农业推广学？
4. 美国的农业推广工作有什么特点？
5. 简述农业推广学的相关学科与知识来源。

第一章 农民行为的产生与改变

基本要求：掌握行为改变的理论、行为改变的一般规律和农民行为改变的特点，能够利用行为改变理论指导农业推广活动。

重　点：推广对象行为改变的规律，个人行为改变的动力和阻力及其模式。

难　点：行为改变的模式，个人行为改变的经历时期。

农民是农业推广行为的主体，是农业科学技术的最终接受者和采用者，没有农民对科学技术的接受与采用，科学技术就难以转化为现实生产力。而农民对科学技术的接受及采用与农民需要和农民行为密切相关。

农民需要是农民采用科学技术积极性的最初源泉，而农民行为能否改变则是新技术能否得以推广的根本所在。

因此，研究农民需要、农民行为及行为改变的规律性、行为改变的影响因素等，对于更好地调动农民主动采用新技术的积极性和发挥他们的主观能动性，促使农民行为的自愿改变从而促进农业和农村发展具有重要意义。

第一节　行为产生理论

一、行为的概念及特性

（一）概念

在一定的社会环境中，在人的意识支配下，按照一定的规范进行并取得一定结果的活动即行为。

行为的主体是人；行为是在人的意识支配下的活动，具有一定的目的性、方向性及预见性。行为与一定的客体相联系，作用于一定的对象，其结果与行为的动机、目的有一定的内在联系。

（二）特征

人的行为具有如下特点：

①目的性。即人们为达到一定的目的而采取一定的行为。

②可调节性。即行为受人的思维、意志、情感等心理活动的调节。

③差异性。人的行为受个性心理特征和外部环境的强烈影响，所以人与人之间的行为表现出很大的差异。

④可塑性。人的行为是在社会实践中学到的，受到家庭、学校及社会的教育与影响，所以一个人的行为会发生不同程度的改变。

二、行为产生的机理

行为科学研究表明，人的行为是由动机产生的，而动机则是由内在的需要和外来的刺激而引起的。一般来说，人的行为是在某种动机的驱使下达到某一目标的过程。

当一个人产生某种需要尚未得到满足，就会处于一种紧张不安的心理状态中，此时若受到外界环境条件的刺激，就会引起寻求满足的动机。在动机的驱使下，人产生满足需要的行为，向着能够满足需要的目标进行。当他的行为达到目标时，需要就得到了满足，紧张不安的心理状态就会消除，这时又会有新的需要和刺激，引起新的动机，产生新的行为……如此周而复始，永无止境。这就是人的行为产生的机理（见图 1-1）。

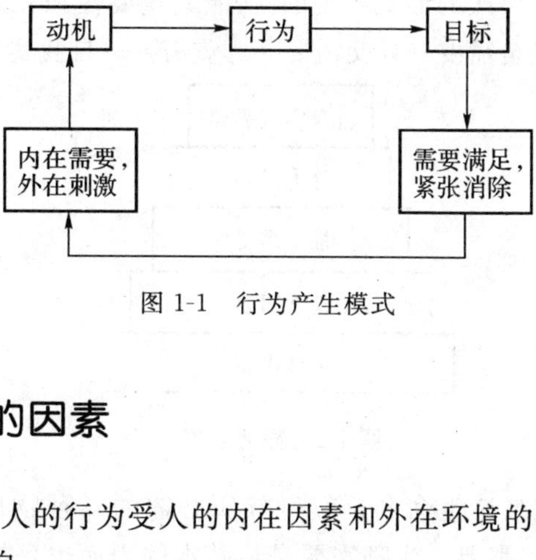

图 1-1　行为产生模式

三、影响行为产生的因素

根据行为产生模式，人的行为受人的内在因素和外在环境的影响。具体分析，人的行为主要受三个方面的影响：

①环境因素，包括：
- 自然环境（地理、地貌、气候等）
- 社会环境（社会政治、经济、文化、道德、习俗等）

（两者）相互作用——→出现不同的行为特征

②受人的世界观的影响。世界观影响人们的社会认知和社会态度，从而影响人们的行为。不同的人对同一事物有不同的认识、不同的态度和不同的行为。

③受人的生理、心理因素的影响。青年人、中年人和老年人以及男性和女性在生理上的差异可以导致行为的不同。同时，人的性格、气质、情感、兴趣等心理因素也影响人的行为。但是，在所有心理因素中，对人们行为具有直接支配意义的，则是人的需要和动机。

四、行为产生的主要理论

(一)需要理论

需要是引起动机进而导致行为产生的根本原因。

所谓需要，是指人们对某种事物的渴求或欲望。人们生活在特定的自然及社会文化环境中，往往有各种各样的需要。一个人的行为，总是直接或间接、自觉或不自觉地为了实现某种需要的满足，才去采取各种行为的。美国心理学家马斯洛提出了著名的动机理论，又称"需要层次论"。

心理学家马斯洛(Arahanm H. Maslow，1908—1970)，是美国社会心理学家、人格理论家和比较心理学家，人本主义心理学的发起者和理论家。1933 年在威斯康馨大学获博士学位，第二次世界大战后转到布兰代斯大学任心理系教授兼主任，开始对健康人格或自我实现的心理特征进行研究，曾任美国人格与社会心理学会主席和美国心理学会主席(1967)。著名论文《人类动机论》最早发表于 1943 年的《心理学评论》。

"需要层次论"认为：人类动机的发展和需要的满足密切相关，人类的需要划分为五个层次，并认为人类的需要是以层次的形式出现的，按照其重要性和先后顺序，由低级到高级呈梯状排列，即生理需要→安全需要→社交需要→尊重需要→自我实现的需要(见图 1-2)。

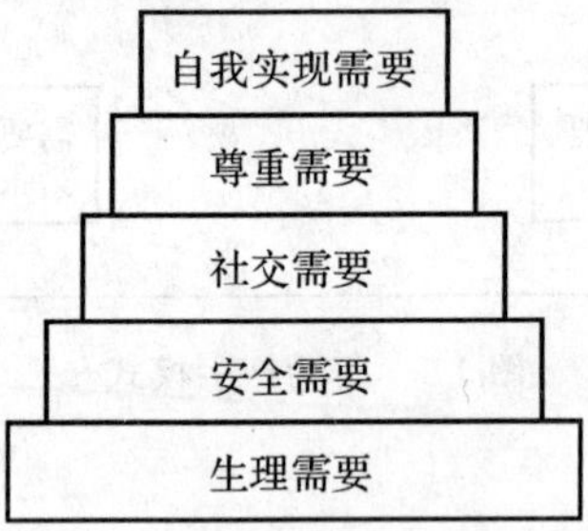

图 1-2　需要层次

①生理需要。包括对维持生命和延续种族所必需的各种物质生活条件，如食物、水分、氧气、性、排泄及休息的需要。生理需要是最基本的因而也是推动力最强大的需要，在这一级需要未满足之前，其他更高级的需要一般不会起主导作用。

②安全需要。指人身安全、职业保障、防止意外事故和经济损失以及医疗保证、养老保险等方面的需要。

③社交的需要，又叫情感和归属的需要。指建立人与人之间的良好关系，希望得到友谊和爱情，并希望被某一团体接纳为成员，有所归属的需要。

④尊重的需要。即希望他人尊重自己的人格，希望自己的能力和才华得到公正的评

价、赞许。要求在团体中确定自己的地位,一种是希望自己有实力、有成就,能胜任工作,并要求有相对的独立和自由;另一种是要求给予荣誉、地位和权力等,要求他人对自己重视,给予高度评价。

⑤自我实现的需要。这是人类最高层次的需要。希望能胜任与自己的能力相称的工作,发挥最大潜在能力;充分表达个人的情感、思想、愿望、兴趣、能力及意志等,实现自己的理想。

(二)动机理论

动机(motive),是由需要及外来刺激引发的,为满足某种需要而进行活动的意念和想法。它是激励人们去行动,是为达到一定目的的内在原因。

动机是行动的动因,它规定着行为的方向,是行为的直接力量。

1. 作用

动机对行为具有以下作用:

(1)始发作用。动机是一个人行为的动力,它能够驱使一个人产生某种行为。

(2)导向作用。动机是行为的指南针,它使人的行为趋向一定的目标。

(3)强化作用。动机是行为的催化剂,它可根据行为和目标是否一致来加强或减弱行为的速度。

2. 满足条件

动机的产生满足两个条件:

(1)内在条件,即内在需要。动机是在需要的基础上产生的,但它的形成要经过不同的阶段。当需要的强度在某种水平以上时,才能形成动机,并引起行为。

当人的行为还处在萌芽状态时,就称为意向。意向因为行为较小,还不足被人们意识到。随着需要强度的不断增加,人们才比较明确地知道是什么使自己感到不安,并意识到可以通过什么手段来满足需要,这时意向就转化为愿望。经过发展,愿望在一定外界条件下,就可能成为动机。

(2)外在条件,即外界刺激物或外界诱因。它是通过内在需要而起作用的环境条件。设置适当的目标途径,使需要指向一定的目标,并且展现出达到目标的可能性时,需要才能形成动机,才会对行为有推动力。所以,动机的产生需要内在和外在条件的相互影响和作用。

第二节　行为改变理论

一、态度改变理论

(一)平衡理论

平衡理论将构成一体的两个认知对象的关系称为单元关系。通常,个人对单元关系中的两对象的态度可能一致,也可能不一致。对两对象看法一致时,认知处于平衡状态;不一致时,认知处于不平衡状态。认知不平衡时,就引起内心的不愉快或紧张。人们总试图消除这种紧张感,使认知一致,产生平衡,也就产生了态度的转变。

如对农民来说,推广人员和他推广的创新是一个认知单元,如图 1-3 所示。

对两个认知对象的态度一致,则农民喜欢某个推广人员,对他推广的创新也喜欢;不喜欢他时,对他推广的创新也不喜欢。认知处于平衡状态。

态度也有可能不一致,如喜欢某个推广人员,但不喜欢他推广的创新;或喜欢这个创新,但不喜欢这个推广人员。当对两对象看法不一致时,认知处于不平衡状态。认知不平衡时,就引起内心的不愉快或紧张。人们总试图消除这种紧张感。

消除这种紧张的办法是:看在喜欢推广人员的面子上,喜欢这项创新,或这创新确实好,看来这推广员还是不错。这样认知一致了,产生了平衡,也就产生了态度的转变。

在实践中,许多情况下,农民是因相信推广人员而相信其创新的。

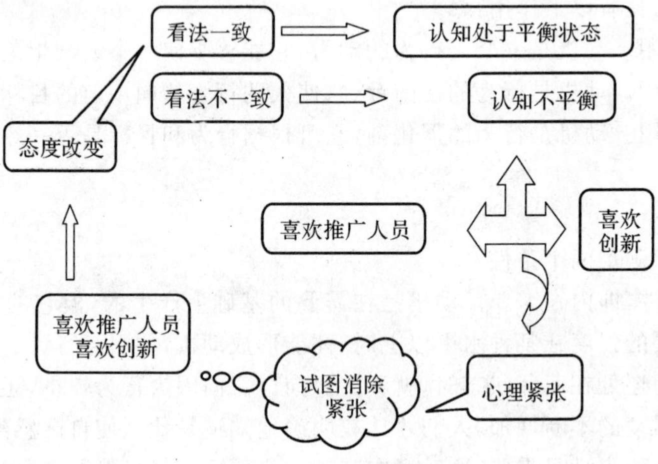

图 1-3　认知理论模式

(二)认知失调理论

认知失调理论认为,人的每一种看法都是认知元素,而两个认知元素之间具有协调、不协调和不相关的三种关系。认知元素之间的不协调会造成心理上的紧张,人们会产生一种内驱力,促使自己采取某种行动以减轻或消除这种不协调。这样就会产生态度的转变。

例如:认知元素 A,下周一要交推广项目方案,应加紧准备。

认知元素 B,我想通宵工作,进行准备。

认知元素 C,我疲倦,想休息。

认知元素 D,张三该当先进。

A、B 协调,A、C 不协调,A、D 无关。

消除不协调的方法是:

(1)改变不协调中的任一认知元素,使之协调。如上例中,不休息,坚持工作;或推迟交方案的时间。

(2)增加新的认知元素,缓和认知不协调。如上例中 A 不能改变,则可以用喝咖啡等手段振奋精神,降低不协调程度。

(三)参与改变理论

参与改变理论认为,个人在参与群体或团体活动中可以改变态度。

行为科学家做了一个美国家庭妇女对食用动物内脏的态度转变试验。把一批家庭主妇分为两组:一为对照组,一为试验组。

对照组:以演讲的方式,讲解动物内脏的营养价值、烹调方法、口味等,要求她们改变厌食动物内脏的态度,并以其作为日常食品。

试验组:以讨论和参与的方式,在推广人员的主持下,讨论动物内脏的营养价值、烹调方法、口味等,并请专家指导每个人自行试烹煮。

试验结果:对照组只有 3%的人,而试验组有 32%的人采用动物内脏做菜。

启示:

我们在推广创新时,仅仅用口头宣传是不够的。要提高推广效果,必须让农民参与到创新的实施活动当中,让他们在参与中改变态度,从而改变其行为。

二、激励理论

行为改变的基本内容就是行为的强化、弱化和方向引导。而行为激励就是实现行为强化、弱化和方向引导的主要手段。

所谓行为激励(motivation),就是激发人的动机、使人产生内在的行为冲动,朝向期望的目标前进的心理活动过程。也就是通常所讲的调动人的积极性。关于行为激励的理论很多,这里主要介绍几种农业推广中直接或间接应用到的理论。

(一)操作条件反射理论

操作条件反射理论认为,人的行为是对外部环境刺激的反应,只要创造和改变环境条件,人的行为就可随之改变。该理论的核心是行为强化。

强化就是增强某种刺激与某种行为反应的关系,其方式有两类,即正强化和负强化。

正强化就是采取措施来加强所希望发生的个体行为。其方式主要有两种:①积极强化。在行为发生后,用鼓励来肯定这种行为,可增强这类行为的发生频率。②消极强化。当行为者不产生所希望的行为时给予批评、否定,使其增强该行为的发生频率。

负强化就是采取措施来减少或消除不希望发生的行为。主要方式有批评、撤销奖励、处罚等。

(二)归因理论

归因理论认为,人对过去的行为结果和成因的认识对日后的行为具有决定性影响,因此,可以通过改变人们对过去行为成功与失败原因的认识来改变人们日后的行为。

因为不同的归因会直接影响人们日后的态度和积极性，进而影响未来的行为，所以要指导人们正确的归因。一般把成功的原因归于稳定的因素(如农民能力强、创新本身好等)，而把失败的原因归于不稳定因素(如灾害、管理未及时等)，将会激发日后的积极性；反之，将会降低日后这类行为的积极性。

(三)期望理论

期望理论认为，确定恰当的目标和提高个人对目标价值的认识，可以产生激励力量，即：

激励力量(M)＝目标价值(V)×期望概率(E)

激励力量(M)是指调动人的积极性，激发内部潜能的大小。

目标价值(V)是指某个人对所要达到的目标效用价值的评价。

期望概率(E)是一个人对某个目标能够实现可能性大小(概率)的估计。

效用价值和期望值的不同组合，可以产生不同强度的激励力量。

①E高×V高＝M高，为强激励；

②E中×V中＝M中，为中激励；

③E低×V高＝M低，为弱激励；

④E高×V低＝M低，为弱激励；

⑤E低×V低＝M低，为极弱激励或无激励。

公式表明：

①同时提高目标价值和实现目标的可能性，可以提高激励力量。

②由于不同人对目标价值的评价和实现目标概率的估计不同，同一目标对不同人的激励力量不同。所以，推广人员要根据不同的推广对象运用这些公式。

三、行为改变的一般规律

(一)行为改变的一般规律

行为改变的一般规律包括：行为改变的层次性规律和行为改变的阶段性规律。

1. 行为改变的层次性

一个地区中人们行为的变化有一个过程，在这个过程中需要发生不同层次和内容的行为变化。据研究，人们行为改变的层次主要包括：知识的改变、态度的改变、个人行为的改变、群体行为的改变。这四种改变的难度和所需时间是不同的(见图1-4)。

(1)知识的改变

知识的改变就是由不知道向知道的转变，一般来说比较容易做到，它可通过宣传、培训、教育、咨询、信息交流等手段使人们改变知识，增加认识和了解。这是行为改变的第一步，也是基本的行为改变。只有知识水平提高了，才有可能发展到以后层次的改变。

(2)态度的改变

态度的改变就是对事物评价倾向的改变，是人们对事物认知后在情感和意向上的变化。

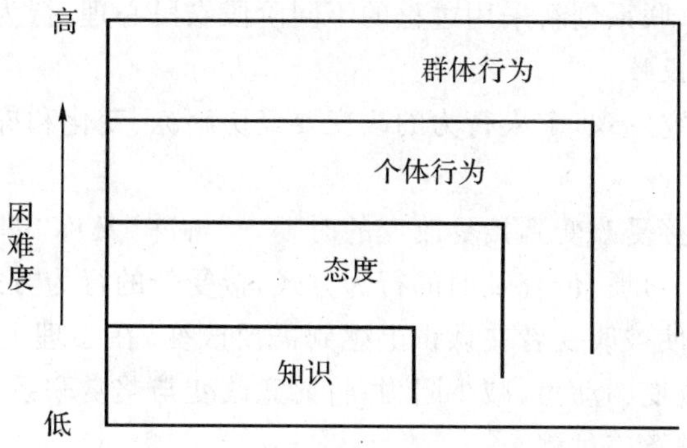

图 1-4　不同行为层次改变的难度及所需时间

态度中的情感成分强烈，并非理智所能随意驾驭的。另外，态度的改变还常受到人际关系的影响。因此它比知识的改变难度较大，而且所需时间较长。但态度的改变又是人们行为改变关键的一步。

态度的改变就是在知识改变的基础上，通过认识的改变，特别是情感的改变来达到意向的改变。态度改变的一般过程如图 1-5 所示：

服从（表面上转变自己的观念与态度，内心并未真正改变）

↓

认同（不是被迫，而是自愿接受新的观点、信念等）

↓

同化（真正从内心深处相信并接受新的观点、信念等，彻底改变了自己的态度，并把新观点、新思想纳入自己的价值体系之内）

图 1-5　态度改变的一般过程

例如：通过推广教育，农民对某项新技术从不认识到认识，从没有兴趣到逐渐产生兴趣并产生极大热情，从而抛弃旧技术准备采用新技术就是态度的改变。

(3)个人行为的改变

个人行为的改变是个人在行动上发生的变化，这种变化受态度和动机的影响，也受个人习惯的影响，同时还受环境因素的影响。

例如：农民采用行为的改变，就受到对创新的采用动机，对创新的态度意向，采用该创新所需物质、资金、人力、自然条件等多种因素的影响。因此，个人行为的完全改变其难度更大，所需时间更长。

(4)群体行为的改变

这是某一区域内人们行为的改变，是以大多数人的行为改变为基础的。在农村，农民是一个异质群体，个人之间在经济、文化、生理、心理等方面的差异大，因而改变农民群体行为的难度最大，所需时间最长。

例如：对某项技术的推广，群体内不同农民可能会停留在不同的行为改变层次。有的农民知识改变了，但态度未改变；还有的人知识、态度都改变了，但由于有些条件不具备，最终行为没有改变。因此，推广人员要注意分析不同农民属于哪个行为改变层次，有针对

性地进行推广工作。(联系创新采用过程的不同阶段农民心理、行为的特点)

2.行为改变的阶段性

管理心理学的研究发现,个人行为的改变要经历解冻、变化和冻结三个时期。

(1)解冻期

解冻期就是从不接受改变到接受改变的时期。“解冻”又称“醒悟”,就是认识到应该破坏个人原有的标准、习惯、传统及旧的行为方式,接受新的行为方式。

解冻的目的在于使被改变者在认识上感到需要改变,在心理上感到必须改变。促进解冻的办法是:增加改变的动力,减少阻力;将愿意改变与奖赏联系起来,将不愿改变与惩罚联系起来,从而促进解冻过程。

(2)变化期

变化期就是个人旧的行为方式越来越少,而被期望的新行为方式越来越多的时期。这种改变先是“认同”和“模仿”,逐渐学新的行为模式;然后逐渐将该新行为模式“内在化”。

(3)冻结期

冻结期就是将新的行为方式加以巩固和加强的阶段。这个时期的工作就是在认识上再加深,在情感上更增强,使新行为成为模式行为、习惯性行为。

在不同的行为改变阶段,应采取不同的措施加以促进改变。

解冻期应该消除对方的疑惧心理、对立情绪,要善于发现他们的积极因素,因人施教。

变化期和冻结期要进行有效的强化。强化是对行为的定向控制,分连续和非连续两种强化方式。

连续强化是指当被改变的个人每次从事新的行为方式时,都给予强化,如给予肯定、表扬、鼓励等。

非连续强化是在每隔一定时间或有一定次数好的行为时给予强化。在通常情况下,开始时用连续强化,一段时间后两种强化兼用,到后来以非连续强化为主。

二、农民行为改变规律

(一)农民个人行为的改变

按照行为改变的一般规律——层次性规律,农民行为的改变也应该是:

知识改变——→态度改变——→个人行为改变——→群体行为改变

农业推广要引导和促进农民行为的改变,而农民行为的改变既有动力又有阻力。推广人员要善于借助和利用动力,分析和克服阻力,才能搞好推广工作。

1.农民个人行为改变的动力与阻力

(1)农民行为改变的动力

①农民需要——原动力。大多数农民有发展生产、增加收入、改善家庭生活的需要,这种需要是农民行为改变的力量源泉。

②市场需求——拉动力。随着社会主义市场经济的发展,收入的增加,农民有志于参与市场交易,进行商品生产。因此,市场需求拉动着农民行为的改变。

③政策导向——推动力。农业生产关系国计民生，政府为了国家和社会的需要，要制定相应政策来发展农业、发展农村，推动着农民行为的改变。

以上三个动力中，农民需要最重要，它是行为改变的内动力，属内因。市场需求和政策导向属外动力，属外因。外因通过内因而起作用。

(2)农民行为改变的阻力

农民行为改变的阻力因素包括两个方面。

①农民自身和他们所属文化传统的障碍。不少农民受传统文化影响较深，存在保守主义、不愿冒险、只顾眼前、听天由命等传统的信念和价值观；许多农民受教育的程度很低，掌握技术的能力低，这些使不少农民缺乏争取成就的动机，阻碍着他们行为的改变。

因此，可以通过教育、培训等方式，提高农民的科技文化素质，从根本上改变农民的信念、观念和行为。

②农业环境中的阻力。主要是缺乏经济上的刺激和必要的投入。任何先进的农业技术，如果在经济上不给农民带来好处，都不可能激励农民的行为。另外，某项新技术即使可以使农民得到经济上的刺激，如果缺乏必要的生产条件，农民也难以实际利用。这些阻力在经济状况落后的地方往往同时存在。只有改变生产条件，增加经济上的刺激，才能激励和推动农民采用新技术。

2. 动力与阻力的互作模式

在农业推广中，动力因素促使农民采用创新，而阻力因素又妨碍农民采用创新。

当阻力大于动力或两者平衡时，农民采用行为不会改变。

当动力大于阻力时，行为发生变化，创新被采用，达到推广目标，出现新的平衡。推广人员又推广更好的创新，调动农民的积极性，帮助他们增加新的动力，打破新的平衡，又促使农民行为的改变。

农业推广工作就是在农民采用行为的动力和阻力因素的相互作用中，增加动力，减少阻力，推广一个又一个创新，推动农民向一个又一个目标前进，促使农业生产水平从一个台阶上升到另一个台阶。

3. 改变农民个人行为的策略

改变农民个人行为的途径可以从两个方面考虑：一是增加动力的途径，二是减少阻力的途径，如图 1-6 所示。

(1)增加动力

根据农民的迫切需要，选择推广项目，激发和利用农民的采用动机；加强创新的宣传刺激，增加农民的认识，通过创新的目标来吸引他们的采用行为。通过低息贷款、经费补助、降低税收等政策，推动农民采用创新；筛选和推广市场需求强烈，成本低、价格高、效益好的项目，促使农民在经济利益的驱使下采用创新。

(2)减少阻力

通过提高农民素质和改善环境两个方面来减少阻力。

农民采用创新的一个阻力，常常是他们文化水平过低和受传统观念影响太深。可以通过宣传、引导、示范、技术培训、信息传播，帮助不同类型的农民改变观念、态度和获得应用某项技术的知识与技能。

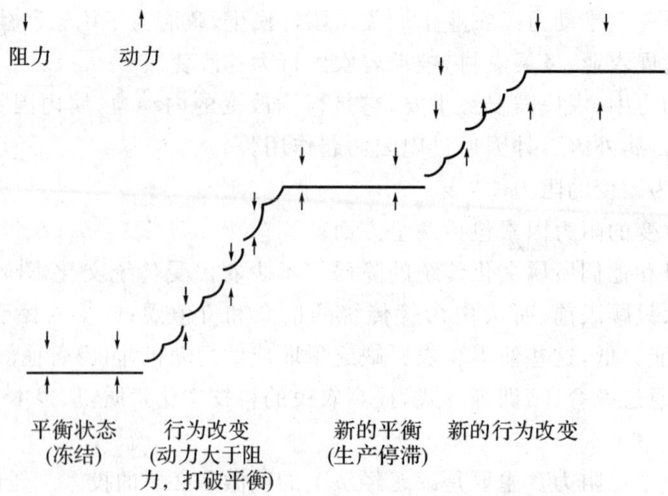

图 1-6　行为改变中动力与阻力的互动模式

农民采用创新的另一个阻力，是环境条件的限制。创造农民行为改变的环境条件，就是要在农村建立健全各种社会服务体系，向农民提供与采用创新配套的人力、财力、物质、运输、加工、市场销售等方面的服务。同时，要在舆论导向等方面鼓励采用创新，形成采用创新光荣的社会氛围。

(二)农民群体行为改变

在农业推广中，我们要面向农民个人(个体)，而更多的时间是面向一个又一个的农民群体。因此，掌握农民群体行为特点及其改变方式，有利于更好地开展推广工作。

1.群体成员的行为规律

群体成员的行为与一般个人的行为相比，具有明显的差异性，表现出以下规律：

(1)服从

遵守群体规章制度、服从组织安排是群体成员的义务。当群体决定采取某种行为时，少数成员不论心里愿意还是不愿意，都得服从，采取群体所要求的行为。

(2)从众

群体对某些行为(如采用某项创新)没有强制性要求，而又有多数成员在采用时，其他成员常常不知不觉地感受到群体的“压力”，从而在意见、判断和行动上表现出与群体大多数人相一致的现象，即“大家干我就干”。从众行为是农民采用创新的一个重要特点。

(3)相容

同一群体的成员由于经常相处、相互认识和了解，即使成员之间某时有不合意的语言或行为，彼此也能宽容待之。一般来讲，同一群体的成员之间容易相互信任、相互容纳、协调相处。

(4)感染与模仿

所谓感染，是指群体成员对某些心理状态和行为模式无意识及不自觉地感受与接受。在感染过程中，某些成员并不是清楚地认识到应该接受还是拒绝一种情绪或行为模式，而是在无意识之中的情绪传递、相互影响，产生共同的行为模式。

感染实质上是群众模仿。在农民中，一种情绪或一种行为从一个人传到另一个人身上，产生连锁反应，以致形成大规模的行为反应。

群体中的自然领袖一般具有较大的感染作用。在实践中，选择那些感染力强的农户作为科技示范户，有利于创新的推广。

2. 群体行为的改变的方式

群体行为的改变主要有两种方式：一是参与性改变，二是强迫性改变，如图 1-7 所示。

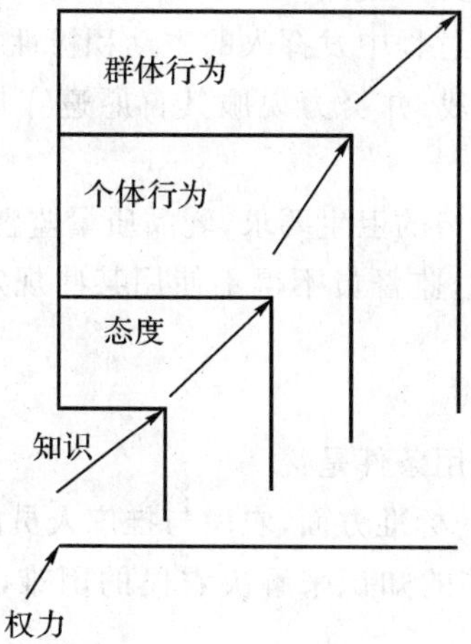

图 1-7A　参与性改变

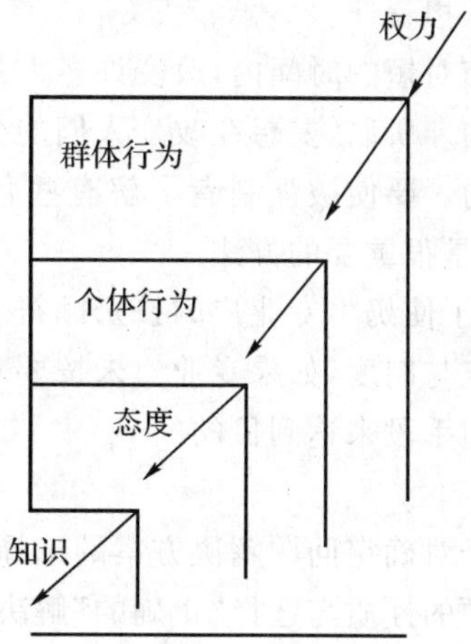

图 1-7B　强迫性改变

(1)参与性改变

参与性改变就是让群体中的每个成员都能了解群体进行某项活动的意图，并使他们亲自参与制定活动目标、讨论活动计划，从中获得有关知识和信息，在参与中改变了知识和态度。

特点：权力来自下面，成员积极性较高，有利于个体和整个群体行为的改变。

优点：这种改变持久而有效，适合于成熟水平较高的群体。

缺点：但费时较长。

(2)强制性改变

强制性改变是一开始便把改变行为的要求强加于群体，在执行过程中使群体规范和行为改变，也使个人行为改变，在改变过程中，对新行为产生了新的感情、新的认识、新的态度。

特点：权力主要来自上面，群体成员在压力的情况下，带有强迫性；适合于成熟水平较低的群体。

一般地说，上级的政策、法令、制度凌驾于整个群体之上是这种改变方式。

(三)影响农民行为的方法

政府通常采用政策、法律、经济、补贴等手段影响农民的行为。推广人员则主要通过教育、培训、试验、示范等手段影响农民的行为。常见的影响农民行为的方法有：

1. 强迫和强制使用权力，迫使某人做某事

使用强制的人，应具备以下条件：

①他必须有足够的权力可以强制；

②他必须了解如何达到目的，即有达到目的的方法与手段；

③他必须有能力去检查被强制的人是否按要求去做；

④使用强制力量便意味着强制者对他力图改变的对象的行为负责，如果失败或造成损失应全面承担责任。

此法在相对短的时间内，改变许多人的行为是可能的，但耗费大，且被强制者未必总能按要求行动。所以，要想在改变人们的行为的过程中发挥人的主动积极性，用强制的方法是不适宜的。要使被强制者了解有些什么制裁，并努力说服其自愿遵守规定，在这方面，推广可能是很重要的方法。

例如，为了使奶牛专业户的挤奶棚符合更严格的卫生要求，乳品质量监督员必须事前宣讲某些规定与制度，如果专业户未按要求去做，监督员不得不使用某些规定、罚款及其他制裁等强制手段来达到目的。

2. 咨询

咨询用于对确定问题解决方案的选择，其应用条件是：

①就问题的性质与选择"正确的"解决方案的标准方面，农民与推广人员的看法一致；

②推广人员对农民的情况了如指掌，有足够的知识来解决农民的困难，而且实践证明，这些知识是科学的、可行的；

③农民相信推广人员能够帮助他们解决问题；

④推广人员认为农民自己不可能或不必要自己解决问题；

⑤农民自己具备足够条件采纳建议。

推广人员要对咨询质量负责，如果农业推广人员有很好的专业知识，且理论结合实际，能很好地发挥咨询的作用。

3. 公开影响农民的知识水平和态度

其应用的条件是：

①由于农民的知识不够或有误，或者由于其态度与其所达到的目标不一致，推广人员认为农民不能自己解决问题；

②推广人员认为如果农民有更多的知识或改变了态度，就能自己解决问题；

③推广人员乐意帮助农民搜集更多、更好的信息，以促进农民改变态度；

④推广人员有这种知识或知道如何获得这些知识；

⑤推广人员可以采用教育方法来传播知识或影响农民的态度；

⑥农民相信推广人员的专长与动机，并在改变其知识或态度方面乐意与推广人员合作。

用这种方法可取得长期行为改变的效果，能增强农民在今后自己解决类似问题的能力和信心，这是一种在推广或培训项目中通常用到的劳动密集型的方法。

例如，推广人员教农民如何防治病虫害，应首先讲害虫及作物的生命周期，使农民懂得在害虫最脆弱的时候安全用药，这样，农民以后再遇到类似问题，就可以根据他的经验，

自己分析并解决问题。

4. 操纵

操纵在这里的意思是指在农民尚未清楚的情况下来影响其知识水平和态度。其应用条件是：

①推广人员坚信在某一确定的方向，改变农民的行为是必要且可行的；

②推广人员认为由农民去做独立的决策是不必要或不可行的；

③推广人员要掌握影响农民行为的分寸，使他们不易觉察到；

④农民并不极力反对受这样的影响，在这种情况下，实施影响的人要对其行为后果负责。

例如：推广机构发表拖拉机及其他农业机械的操作性能方面公正的官方试验报告，于是农民可根据这些报告，对照厂家在广告中的宣传来检验机具的操作性能。

5. 提供条件

提供条件主要是指为农民提供农业生产所需的特定条件。在下列情况下可用此法：

①农民努力达到某个目标，推广人员认为这一目标是合适的，但条件不够，需要提供；

②推广人员具备这些条件，并准备短期或长期地提供给农民；

③农民不具备达到目标的现成条件，或者不冒险使用这些条件。

农业上特定的条件包括：短期或长期贷款，用于购置化肥、良种、药械、建筑材料、农机具以及生产补贴等。这有助于增加个体农民的收入，但也存有危险性，如不精心管理和监督，贷款及其他东西可能收不回或不能完全收回，使这种方式耗资巨大。

推广机构虽不直接参与贷款和生产资料分配，但在提醒农民注意获得这些条件来改善环境方面能起到重要作用，推广人员可以帮助农民使用补贴、贷款等，也可以在使用这些条件时，帮助农民作出相应的决策。

6. 提供服务

提供服务即帮助农民做某些工作。其应用条件是：

①推广人员有现成的知识或条件，能让农民更好、更经济地开展某项工作；

②推广人员和农民都认为开展这项工作是有益的；

③推广人员乐意为农民干这些工作。

如果无限制地为农民提供免费的帮助，那么，农民很可能滋长依赖思想，缺少自力更生的精神；但千方百计去赚农民的钱也是不应该的。

7. 改变农村的社会经济结构

在下述情况下，改变可能是十分重要的影响手段：

①推广人员认为农民的行为恰当，如农民自己组织专业技术协会、研究会等；

②由于存在社会经济结构方面的障碍，农民处于不能按这种方式行动的地位；

③推广人员认为结构方面的变化是合理的；

④推广人员有权利朝这个方面开展工作；

⑤推广人员处于可以通过权力或说服来影响农民的地位。

改变社会结构也会遭到某些人及社团的反对，因为会导致他们丧失权力和收入。农民组织协会，就能更好地联合起来，可能有足够的力量来克服这种阻力。影响人们行为的方法是不断变化的。影响者和被影响者之间利益冲突与和谐的程度，双方对利害关系的认识状况，以及双方各拥有多少权力等都影响这些方法。

就推广来说，推广人员与农民的利益是互相依存的，任何一方的某种变化都有可能破坏彼此的利益关系。通常农民不受与推广人员相同道德的约束，因此，农民更易打破这种关系。而如果推广人员的活动与贷款监督、投入分配、规章制度执行等结合起来，那么他和农民的关系就会更紧密。

(四)改变农民行为的基本策略

根据心理学家勒温的著名公式：

$$B=f(P,E)$$

式中：B 代表农民行为；P 代表个人特性；E 代表环境。

该式表明，农民行为受个人特性和外界环境的共同影响，要改变行为，必须改变个人特性，或改变外界环境。所以可得出：

1. 以农民为中心的策略

即以提高农民本身素质为主的策略，通过推广工作直接改变农民的知识、态度，提高他们的自身素质，减少或完全克服行为改变的阻力。

2. 以改变环境为中心的策略

即变革社会环境或农民工作环境的策略。在许多场合下，农民之所以没有采取新技术，不是由于自身素质差，而是由于环境条件不具备，一旦为农民创造了新的工作环境，提供各种必要的服务，环境方面的障碍就会减少或排除。

3. 人与环境同时改变策略

即提高农民素质与改变其工作环境同时进行。

第三节　行为改变原理在农业推广中的应用

一、按农民需要进行推广

(一)市场经济条件下农业推广的动力

根据现代行为科学理论和社会主义市场经济条件下的农业推广实践，农民需要、市场需求和政府政策导向是推动农业推广工作、促进科学技术转化为生产力的三大动力。其中，农民需要是原动力，市场需求是拉动力，政府政策导向是推动力。

农民需要是内在动力，是农民主动采用新技术积极性的源泉，是内因。市场需求和政府政策导向是外来动力，是外因。市场需求是一种诱导力，它可以刺激农民萌发欲望，产生内在需要，进而导致农民对新技术的追求、兴趣直至采用；政府政策导向是一种辅助推力，它可以创造良好的外部环境条件，使农业新技术更快更好地传播。

1. 农民需要是农业推广的原动力

现代行为科学研究表明，需要是激发人的积极性的最初源泉，是驱使人的行为的内在动力。农业推广工作就是要使农业创新成果转化为现实生产力，而创新成果的采用和转化则要由农业生产和经营的主体——农民去完成，因此如何调动农民采用新技术的积极性是最为重要的问题。

在社会主义市场经济条件下，农民享有很高的生产经营自主权。他们根据国家需求、社会需求（市场需求）及家庭个人需求通盘考虑安排生产经营，从而决定采用何种创新技术。因此，什么样的技术能切中农民需要，能解决他们迫切需要解决的问题，农民采用这些技术的积极性就高，否则就低。在推广实践中常可见到有些技术不推自广，传播速度快，覆盖面广；而有些技术则费九牛二虎之力也难以推开，究其原因固然很多，但最根本原因是技术未能切中农民需要。

可见，在市场经济条件下，农业创新成果推广的内在动力是农民的需要，这些需要产生动机，动机驱使农民的采用行为，创新成果方能推广开来。

2. 市场需求是农业推广的拉动力

在市场经济体制下，农业生产中生产经营什么，种类比例如何，在多数场合已不再受制于政府计划，而是依据市场对农产品的供求变化。供求变化一般以市场价格变化来体现，市场价格作为反映农产品供求变化的信号，对农民下一年度的种植、养殖等安排具有强烈的刺激影响作用。

例如，随着养殖业的发展，饲料加工业迅速发展起来，而作为饲料原料之一的玉米身价越来越高，所以极大地刺激了农民种植玉米的积极性，不仅种植面积扩大，而且积极地采用各种增产新技术，如选用紧凑型抗病品种、地膜覆盖、优化配方施肥以及化控等技术，在高产、优质、高效上下工夫。从这个例子可以看出，市场需求刺激农民内在需要，农民根据需要选择技术。

3. 政府政策导向是农业推广的推动力

在市场经济条件下，除农民需要和市场需要外，政府政策导向也是农业推广的一种必不可少的动力。事实表明，什么时候政策对头，推广工作就有起色，对科学技术推广起到强大推动作用；政策失误则成为推广工作的阻力，推广事业就遭受损失。在市场经济条件下，政府当然不能用过去简单的行政手段推动推广工作，而正确的宏观调控政策对农业推广工作仍有重要作用。

例如：国家较大幅度地提高皮棉收购价格，农民种棉积极性空前高涨，对栽培管理更为精细，也乐于采用地膜覆盖等新技术。

（二）农民需要、市场需求、政府政策导向三者互相作用模式

1. 叠加型

农民需要、市场需求和政府政策导向三种动力方向一致，形成正向合力，最有利于农业先进技术的推广，效益最为显著。即三者方向一致，目标一致，几乎没有什么矛盾，三种动力向同一个方向叠加起来，形成一种强大的动力。

2.相容型

三种动力方向不尽一致，但有互相接近的趋势，经过调整后可以形成一定的正向合力。假如，农民需要与市场需求之间有一定距离，就应该调整农民需要，使其尽量向市场需求靠拢，政府政策导向也应向前两者方向靠拢。

例如，农民根据市场供求变化调整作物布局和经营结构，导致对新技术采用行为的变化；政府根据市场需求和农民需要调整政策及价格等，都是相容型的例子。

3.抵消型

三种动力有两种或两种以上方向互不一致，形成内耗，作用力互相抵消甚至形成负向合力，形成对新技术推广的阻力，最不利于农业新技术的推广应用。

这就必须按农民需要进行推广。因为按农民需要进行推广是市场经济的客观要求。作为相对独立的微观经济主体的农户是自主的生产经营者，他们的生产经营是以满足市场和自身的经济利益为取向，即追求利润的最大化；作为宏观经济主体的政府以价格、税收、信贷等经济杠杆进行宏观调控，对农业经济进行管理。

解决国家利益和农民利益矛盾的方法，是通过间接宏观调控使两者趋于一致，而不能使用强制农民服从的办法。这样，推广工作就必须尊重农民的意愿、符合农民的需要，以增加农民的经济收入为最终目的，这与满足社会、国家的需要是一致的。

按农民需要进行推广，也是行为规律所决定的。行为科学认为，人的行为是由动机产生的，而动机则是由内在需要和外来刺激而引起的。其中内在需要是产生动机的根本条件。动机是行为的驱动力，它驱使人们通过某种行为达到某一目标。要想调动人的积极性，就要满足人的需要，从而激发人的动机，引导人的行为，使其发挥内在潜力，自觉自愿地为实现所追求的目标而努力。

农民的需要是一种客观存在，是农民利益的集中体现，是农民从事生产活动的原动力所在。只有承认它、尊重它、保护它，才能调动农民的主动性和创造性，促进农业的发展。

(三)按农民需要进行推广，推广机构和人员应注意的问题

首先，应深入了解农民的实际需要，启发诱导、挖掘农民需要；要尊重农民的客观需要；辨别合理与不合理、合法与不合法的需要；分析满足需要的可能性、可行性，尽可能满足农民合理可行的需要。

其次，分析农民需要的层次性。根据需要层次理论，推广人员应该对不同地区(发达、一般、落后等)和不同个体(生产水平高低等)制定不同的推广目标，满足不同地区、不同农民的不同需要。例如，边远落后地区首先解决温饱问题，针对此问题提供适宜技术，如地膜玉米温饱工程，让农民首先吃饱，而后再考虑其他问题；而对已达小康水平的地区，则应考虑物质生活提高之后如何加强精神文明建设的问题，等等。

最后，分析农民需要的主导性。所谓需要的主导性就是在众多的需要中，某种需要在一定时期内起主导作用，它是关键的需要，只要一经满足，就会起较大的效果。如对农民尊重的需要有时会占主导地位，他希望推广人员看得起他，与他平等对话，而不希望推广人员指手画脚、高人一等。

二、正确使用期望激励调动农民积极性

(一)正确确定推广目标,科学设置推广项目

期望理论表明,恰当的目标会给人以期望,使人产生心理动力,激发热情,引导行为。因此,目标的确定是增强激励力量的最重要环节。在确定目标时,要尽可能地在组织目标中包含更多农民的共同要求,使更多的农民在组织目标中看到自己的切身利益,把组织目标和个人利益高度联系起来,这是设置目标的关键。再者,在确定目标时,要尽量切合实际。因为所确定的目标经过努力后能实现,才有可能激励农民干下去;反之,目标遥远、高不可攀,积极性会大大削弱。

(二)认真分析农民心理,热情诱发农民兴趣

同样的目标,在不同人的心目中会有不同效价;甚至同一目标,由于内容、形式的变化,也会产生不同的效价。所以,要根据不同农民的情况,采取不同的方法,深入地进行思想动员,从经济效益、社会效益和生态效益的角度,讲深讲透所要推广项目的价值,提高对其重要意义的认识。只要你推的项目,农民很器重、很向往,觉得很有意义,其效价越高,激励力量就越强;反之,农民觉得无足轻重、漠不关心,其效价就会很低甚至为零;如果农民觉得害怕、讨厌而不希望实现,其效价为负数,不但不会激励积极性,反而会产生抵触情绪。

(三)提高推广人员自身素质,积极创造良好推广环境,增大推广期望值

对期望值估计过高,盲目乐观,到头来实现不了,反遭心理挫折;估计低了,过分悲观,容易泄气,会影响信心。所以,对期望值应有一个恰当的估计。当一个合理的目标确定以后,期望值的高低往往与个人的知识、能力、意志、气质、经验有关。要使期望变为现实,还要求推广人员训练有素,既要有过硬的专业技术本领,也要有良好的心理素质。同时,要努力创造良好的环境,排除不利因素,创造实现目标所需的条件。

思考题

1. 人的行为特征理论在农业推广上如何应用?
2. 需要、动机理论在农业推广中怎样应用?
3. 简述农民行为改变的过程。
4. 农民行为改变的动力因素有哪些? 如何增加动力,减少阻力?
5. 公共推广机构和民间推广机构的行为特点有何不同?
6. 市场经济条件下农民需要对农业推广有什么重要作用?

第二章　农业创新采用与扩散

基本要求：通过本章的学习，弄清创新的概念和特性，理解和认识农民在创新采用过程不同阶段的心理特点，掌握创新扩散的基本理论，并能够针对创新扩散的时效性规律和交替规律，在创新扩散的不同阶段选择适宜的推广方法。

重　　点：创新的采用过程，各阶段农民的心理特点，创新扩散过程的特点以及创新采用过程不同阶段推广方法的选择。

难　　点：农业创新扩散曲线形成，S 形曲线理论。

第一节　农业创新的采用

一、创新的概念和特性

（一）创新的概念

熊彼得认为：所谓创新就是建立一种"新的生产函数"，生产函数即生产要素的一种组合比率 $P=f(a,b,c,\cdots,n)$，也就是说，将一种从来没有过的生产要素和生产条件的"新组合"引入生产体系（经济学角度）。

罗杰斯认为：创新是一种被个人或其他采纳单位视为新颖的观念、时间或事物（传播学角度）。

"创新"不同于"发明"。发明是新技术的发现，创新则是将发明应用到经济活动中，为当事人带来利润。

（二）创新的存在形式

创新存在五种形式：

①引进新产品或提供一种产品的新质量（农作物品种引入新的地区、鲜牛奶高温灭菌耐贮藏）；

②采用新技术或新生产方法（苹果套袋技术的采用、玉米面──→玉米渣）；

③开辟新市场（蔬菜当地消费──→出口创汇）；

④获得原材料的新来源(南水北调);

⑤实现企业组织的新形式(国企──→股份制)。

总之,应用于农业推广中的创新可以是新的技术、产品或设备,也可以是新的方法或思想变化。通俗地讲,只要是有助于解决问题,与推广对象生产和生活有关的各种实用技术、知识及信息都可以理解为创新。

(三)创新的特性

1. 相对优越性

相对优越性是指人们认为某项创新比被其所取代的原有创新优越的程度,如玉米杂交种取代自繁玉米种。

相对优越程度常可用经济效益、社会效益以及便利性、满足性等指标说明,至于某项创新哪个方面的相对优势最重要,不仅取决于潜在采用者的特征,而且还取决于创新本身的性质。

2. 一致性

一致性是指人们认为某项创新同现行的价值观念、以往的经验以及潜在采用者的需要相适应的程度。

某项创新的适应程度越高,意味着它对潜在采用者的不确定性越小。

3. 复杂性

复杂性是指人们认为某项创新理解和使用起来相对困难的程度。

有些创新的实施需要复杂的知识和技术,有些则不然,根据复杂程度可以对创新进行归类。

4. 可试验性

可试验性是指某项创新可以小规模地被试验的程度。

采用者倾向于接受已经进行小规模试验的创新,因为直接的大规模采用有很大的不确定性,因而有很大的风险。可试验性与可分性是密切相关的。

5. 可观察性

可观察性是指某项创新的成果对其他人而言显而易见的程度。

在扩散研究中大多数创新都是技术创新。技术通常包括硬件和软件两个方面。一般而言,技术创新的软件成果不那么容易被观察,所以某项创新的软件成分越大,其可观察性就越差,采用率就越低。

二、农民对农业创新的采用过程

农民对农业创新的采用是一个过程,是指农民群众从获得农业创新信息到最终采用的心理、行为变化过程。

农业推广学家从心理学和行为学的角度分析得知,农民采用农业创新的过程大致可分为如下五个阶段。

①认识阶段——感知阶段。农民从各种途径获得信息,与本身的生产发展和生活需

要相联系,从总体上初步了解某项创新。

②兴趣阶段。农民在初步认识到某项创新可能会给他带来一定好处的时候,其行为就会发展到感兴趣。这时,农民对此项创新的方法和效果,表现出极大的关心和浓厚的兴趣,开始出现学习行为;并初步考虑采用的规模、投资的程度及承受风险的能力,初步作出是否试用的打算。

③评价阶段。农民根据以往资料对该项创新的各种效果进行较为全面的评价。农民在邻居、朋友或推广人员的协助下进行评价,最后决定是否采用。

④试用阶段——尝试阶段。农民为了减少投资风险,防止盲目应用,估计效益高低等,在正式采用之前要先进行小规模的采用即试用,为今后大规模采用做准备。

⑤采用阶段——接受阶段。通过试用评价得出是否采用的决策,如果该项创新较为理想,农民便根据自己的财力、物力等状况,决定采用的规模,并正式实施创新。

以上采用过程的阶段划分是研究者们根据观察结果人为划分的,也有的学者采用三段、四段或其他形式来划分。

三、创新采用者分类

(一)创新采用者分类及其分布规律

农业创新采用的五个阶段,是指农民个人对某项创新的采用过程而言,但对于不同的农民个人来说,即使对于同一项创新,开始采用的时间也是有先有后的,并不是整齐划一地。有的是从获得信息不久就决定采用,有的可能会犹豫、观望,迟迟不肯采用。

美国学者罗杰斯研究了农民在采用玉米杂交种这项创新过程中,开始采用的时间与采用者人数之间的关系,发现两者的关系曲线呈常态分布(见图 2-1)。

他同时采用数理统计方法计算出了不同时间的采用者人数的比例百分数,并根据采用时间早晚,把不同时间的采用者划分为五种类型:创新先驱者、早期采用者、早期多数、后期多数、落后者。

创新先驱者,在创新出台后,首先试着采用,因为他们富于冒险及创造精神,承担着较大的风险,一旦采用成功就会优先受益,而万一失败则会蒙受不少损失。

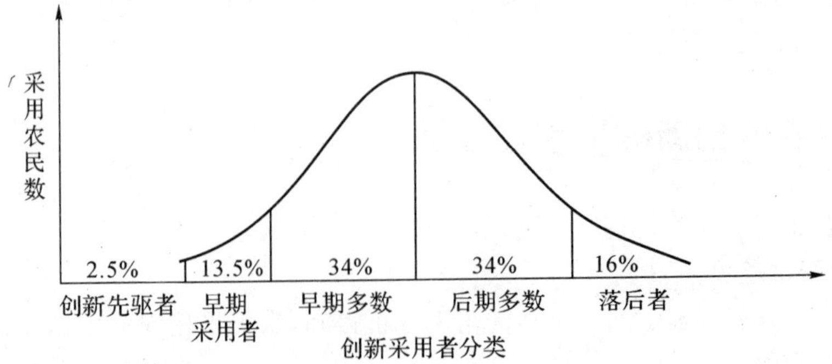

图 2-1　创新采用者分类及其分布曲线(仿 E. M·罗杰斯《创新的扩散》)

早期采用者，当创新继续被较多的人采用时，称这些人为早期采用者。

早期多数与后期多数，如果继续被更多的人仿效采用，根据采用时间的早晚把他们分别称为早期多数与后期多数。

落后者，最后才接受创新和拒绝接受创新的人被称为落后者。

（二）不同采用者在采用过程中不同阶段的表现差异

大量研究表明，不同采用者在采用过程中不同阶段的心理、行为表现有较大差异，这里举两个典型案例加以说明。

案例一：日本某地农民采用番茄杂交种的过程

这项研究表明，不同采用者在采用番茄杂交种的过程中，各阶段的时间及整个采用过程所用的时间存在着明显的差异并呈现规律性的变化（见图 2-2）。

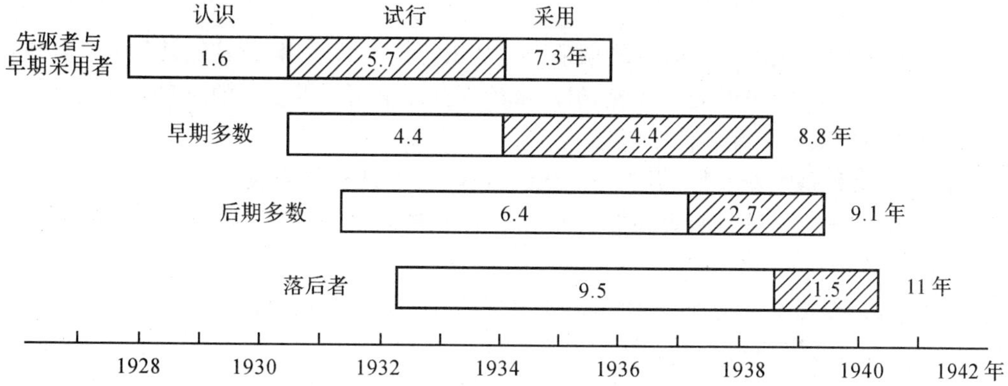

图 2-2　不同采用者采用过程中各阶段的时间差异（仿杨士谋）

采用者采用过程中各阶段的时间差异如下。

从认识到试行所用时间：先驱者和早期采用者＜早期多数＜后期多数＜落后者。

从试行到采用所用时间：先驱者和早期采用者＞早期多数＞后期多数＞落后者。

从认识到采用所用时间：先驱者和早期采用者＜早期多数＜后期多数＜落后者。

这种现象说明，先驱者和早期采用者接受新事物很快，但他们必须花相当长的时间来进行一系列的试验、评价工作，经过多年试验证明确有良好的效果，才能最终采用；落后者则与此相反，他们从认识到试行花了 9.5 年时间，比先驱者长 5 倍还多，说明他们对新事物接受太慢，既不亲自试验，又不轻易相信别人的结果，只是在当地多数人均已采用的情况下，才随大流采用，试行期仅 1.5 年。

案例二：美国某地农民采用玉米杂交种的过程

表 2-1 列出了美国某地农民采用玉米杂交种逐年的人数及杂交种种植面积占玉米总播种面积的百分数。

可以看出，开始试用时间越早，则其试用时间越长，且开始试用的面积比例越小，以后才逐年增加；而开始试用时间越晚，则试用期越短，且开始试用面积比例也较大。这种规律性与第一个案例相同。

表 2-1 美国某地农民采用玉米杂交种开始年度及面积百分比

年度	1934	1935	1936	1937	1938	1939	1940	1941	采用人数
1934	20	29	42	67	95	100	100	100	16
1935	18	44	75	100	100	100	100	21	
1936	20	41	62.5	100	100	100	36		
1937	19	55	100	100	100	61			
1938	25	79	100	100	46				
1939	30	91.5	100	36					
1940	69.5	100	14						
1941	54	3							

（杨士谋《农业推广教育概论》）

以上实例说明，创新先驱者与早期采用者从试行到全部采用，要花比其他采用者较长的时间，而后期采用者虽然起步较晚，但从试种到全部采用仅需很短的时间。

出现这种现象可能有多种原因：

首先，杂交种是个新事物，需要一个认识过程，随着试种的农民都取得了良好的增产增收效果，给后来者一种吸引力和推动力，吸引越来越多的人，这样大家放心大胆种植，杂交种很快就普及了。

其次，杂交种每年要制种，每年都需要购买新种子，这不符合传统的自留种子的习惯，所以一开始推行时会遇到不少麻烦和困难。

第三，虽然主观上愿意接受杂交种，但许多客观条件如水肥条件、资金、农药等一时不具备，使大面积采用有困难。各方面的条件改善以后，杂交种面积就会达到较高的比例，最后得以普及。

启示：

在农业推广过程中要注意培养科技示范户（先驱者和早期采用者），他们的影响力是巨大的，可以带动早期多数和后期多数，一般不要过多考虑落后者，因为到他们开始采用时，这项创新可能要被淘汰。

实例：丹玉 13 的最初推广和 20 世纪 90 年代掖单号玉米品种代替丹玉 13 都遇到了同样的问题。

四、信息来源对创新采用的影响

农业推广中不同来源的信息具有不同的特点和功能，对农民采用过程中不同阶段的作用和影响是不同的。表 2-2 列出了台湾大学农业推广系 1964 年的一项研究结果。

表 2-2　采用阶段与信息来源的关系

信息来源			阶段	
	认识	感兴趣	评价	采用
邻居朋友	29.6	38.0	46.9	21.6
小组接触	24.1	25.4	26.2	21.0
个别接触	23.9	23.6	17.2	44.2
大众接触	14.9	10.0	5.6	8.0
商　　人	4.4	2.4	3.5	4.7
自己经验	0.3	0.3	0.3	0.5
其　　他	2.8	0.3	0.3	——

（许无惧《农业推广学》）

对表 2-2 资料可作纵向、横向比较。纵向表示在不同采用阶段中，不同来源信息的百分比分布，也可知道哪种信息来源在本阶段较为普遍；横向比较可知各种信息来源在哪一阶段作用较大。

1. 认识阶段

该阶段从大众媒介获取信息的机会要比其他阶段为高。从信息来源讲，在认识阶段，邻居朋友是农民获取信息的主要渠道，其次是小组接触（推广人员组织进行的小组讨论）和个别接触（如推广人员对农民个别指导）。

2. 兴趣阶段

农民认为此阶段的信息常来自邻居朋友，大众媒介的作用已被邻居朋友及小组接触进一步代替，后两者的作用开始上升。

3. 评价阶段

邻居朋友及小组接触的影响最大，这说明本阶段个人交流对评价决策具有重要作用。

4. 采用阶段

接触作用最大，其次是邻居朋友、小组接触……同时商业信息地位有所上升，因为采用阶段必须有一定的物资配套，农民还要根据自己的经验来决定是否采用。

又据唐永金、陈见超等(1998)研究，在四川省分山区、丘陵及平原地区调查了 7 个县共 820 户农民家庭，了解到当地农民采用创新的信息来源途径大体可归纳为五类，即乡镇农技推广站、大众传播媒介、集市贸易、亲朋邻里及家庭成员从外地带回。其中，以乡镇农技推广站作为农民采用创新的第一信息来源，占 71.03%，其次是亲朋邻居，占 17.47%，最后是集市贸易，占 7.78%，集市贸易及大众传播媒介则分别仅占 2.1%和 1.63%。

从农村不同行业采用创新的信息来源看，种植业创新第一信息来源为乡镇推广站，其次是亲朋邻居，依次为外地带回、集市贸易及大众传播媒介；养殖业创新第一信息来源是集市贸易，其次为乡镇推广站，依次为亲朋邻居、大众传播媒介及外地带回；外出打工第一信息来源为亲朋邻居，其次为集市贸易，依次为大众传播媒介、乡镇推广站及外地带回等。

五、采用过程中推广方法的选择

从创新采用过程可知，一般从认识到采用要经历五个阶段，认识阶段——感兴趣阶段——评价阶段——试用阶段——采用阶段，对农业推广人员来说，对于不同的阶段，推广工作的重点不同，所采用的方法也不同。

(一)未曾推广过的技术

假如某种作物或品种过去从未在本地区种植过，经过试种后发现可以适应当地条件，这种情况下，推广人员首先要帮助农民充分认识、了解该作物或品种的特点和优越性，通过大众媒介向农民提供这方面的信息；同时，可以进行巡回访问，同农民个别交谈，组织参观成果示范，使农民发生兴趣，并帮助他们试种、评价。

(二)曾经推广过的技术

假设某个玉米单交种曾经在当地种植过，并已有不少农民采用了这个品种，但其他农民仍没有采用，这就要仔细分析这些人为什么不采用。如果是大家愿意种，但种子供不应求，那么只要解决种子供应就可以了。

如果是人们对它的效益有怀疑，这时就要把注意力放在引导这些人进行试种并协助他们搞好评价。

总之，要分析推不开的原因，是认识问题还是技术问题或者是支农服务问题，做到有的放矢。

(三)不同阶段采用不同的方法

不同的推广方法在采用过程中要灵活应用，在不同阶段采用适合本阶段的最有效的方法。

1. 认识阶段

大众传播是本阶段最常用的方法。应通过广播、电视、报纸、简报、成果示范、展览会、举办报告会和组织参观等方法，尽快地让更多农民知道，加深认识和印象。

2. 感兴趣阶段

农民发生兴趣的信息不一定都来自大众传播，也可能来自其他渠道。成果示范和个别访问是帮助农民增强兴趣的有效方法。

3. 评价阶段

农民对创新有了初步了解后，是否采用尚在犹豫之中，应尽可能为农民提供先期试验结果和组织参观，协助他们正确地进行评价，促使他们尽快作出决策。该阶段以小组讨论效果较好，集中大家的智慧和经验，以增强信心，促使其采用。

4. 试用阶段

推广机构应鼓励农民做试验以验证原来的试验结果，使该结果更可靠，农民更放心。也要注意使用方法示范，加强对农民试验的指导，避免发生人为的试验偏差，降低试验误差。

5. 采用阶段

采用阶段方法以示范和技术指导为主要方法。

(四)从当地实际出发选择推广方法

选择方法时，要结合当时当地具体农民的实际情况。例如，大众扩散在那些广播电视尚未普及的地区就不能奏效，应改为巡回访问，广为宣传。

(五)要根据不同农民各自的接受速度分别指导

不同农民在采用过程中的不同阶段进展速度不同，有些农民对某些创新渴望已久，"一见钟情"，一知道有此信息就马上准备试验；而有些农民则要深思熟虑，权衡利弊；也有些农民则长时间无动于衷。要根据他们各自的接受速度分别指导。

第二节　农业创新的扩散

"创新的采用"是指采用者个人如何采用一项农业创新的过程。而"创新的扩散"则是指一项创新由最初采用者或采用地区向外扩散，扩散到更多的采用者或采用地区，使创新得以普及应用的过程。这种扩散可以是由少数人向多数人的扩散，也可以是由一个单位或地区向更多的单位或地区的扩散。研究农业创新扩散规律，对于更好地提高推广工作效率，具有重要的意义。

一、农业创新的扩散方式

在农业历史发展的不同阶段，由于生产力水平、社会及经济技术条件，特别是扩散手段的不同，使创新扩散表现为多种方式，大体上可归纳为如下四种方式。

(一)传习式扩散方式(世袭式)

传习式扩散方式主要采取口授身教、家传户习的方式，由父传子、子传孙、子子孙孙代代相传，使创新逐渐扩散到一个家族、一群村落。这种扩散方式在原始农业社会阶段最为普遍，由于生产力水平低下，科学文化落后，所以主要采用此种方式。由于是代代连续不断往下传，故又叫"世袭式"。这种方式，经扩散后创新几乎没有发生变化或只有微小的变化(见图 2-3(a))。

(二)接力式扩散方式

在技术保密或技术封锁的条件下，创新的扩散有严格的选择性与范围。一般由师父严格挑选徒弟，以师父→徒弟→徒孙的方式往下传，如同接力赛一般。虽然也是代代相传，但呈单线状，故又称之为"单线式"(见图 2-3(b))。在传统农业社会，一些技术秘方采用此种方式扩散。

(三)波浪式扩散方式

波浪式扩散方式由科技成果中心将创新成果呈波浪式向四周辐射、扩散,一层一层向周围扩展,即"一石激起千层浪","以点带面","点燃一盏灯,照亮一大片"。这是当代农业推广普遍采用的方式。特点是:距中心越近的地方,越容易也越早地获得创新,"近水楼台先得月";而距中心越远的地方,则越不容易得到或很晚才得到创新成果,"远水不解近渴"(见图 2-3(c))。

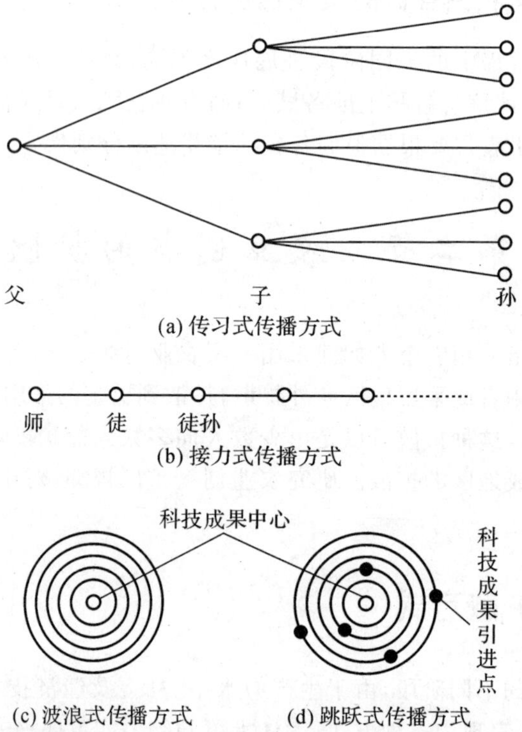

图 2-3　农业创新的 4 种扩散方式(郝建平等《农业推广原理与实践》)

(四)跳跃式扩散方式

创新的转移与扩散常常呈跳跃式发展,即科技成果中心一旦有新的成果和技术,不一定总是按常规顺序向四周一层一层地扩散,而是打破时间上的先后顺序和地域上的远近界限,直接在同一时间内引进到不同地区(见图 2-3(d))。

在市场经济条件下,竞争激烈,信息灵通,交通便利,扩散手段先进,现代化程度的不断提高,跳跃式扩散方式将得到广泛的应用。

这种扩散方式,可以使创新发生飞跃变化,所以又称之为飞跃式扩散。

二、农业创新的扩散过程

农业创新的扩散过程是指在一个农业社会系统内(或叫社区,如一个村、一个乡)人与人之间创新采用行为的扩散,即由个别少数人的采用,发展到多数人的广泛采用的过程。这一过程是创新在农民群体中的扩散的过程,也是农民的心理行为的变化过程,是驱动力与阻力相互作用的过程。当驱动力大于阻力时,创新就会扩散开来。

专家研究表明,典型的创新扩散过程具有明显的规律可循,一般要经历四个阶段(见图 2-4)。

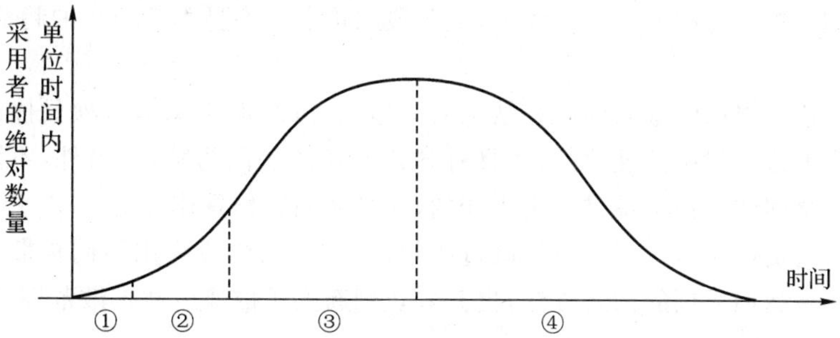

图 2-4　农业创新扩散过程的四个阶段(张仲威《农业推广学》)

①突破阶段;②紧要阶段(关键阶段);③跟随阶段(自我推动阶段);④从众阶段(浪峰减退阶段)

(一)突破阶段

农村中的创新先驱者(如科技示范户等)与一般农民相比,他们科学文化素质较高,外界联系较广,生产经营较好;同时,他们信息灵通,思维敏捷,富于创新,勇于改革。

创新先驱者付出大量心血,背负舆论压力,克服重重阻力,来进行各种试验、评价工作。他们一旦试验成功,当以令人信服的成果证明创新可以在当地应用而且效果明显的时候,就实现了"突破",突破阶段是创新扩散的必不可少的第一步。

(二)紧要阶段

紧要阶段是创新能否进一步扩散的关键阶段。这时人们都在等待创新的试用结果,如果确实能产生良好的效益,则这项创新就会得到更多的人认可,引起人们更高的重视,扩散就会以较快的速度进行。紧要阶段就是创新成果由创新先驱者向早期采用者进行扩散的过程。

早期采用者也有较强的改革意识,也非常乐意接受新技术,只不过不愿意"冒险",但对先驱者的行动颇感兴趣,经常观察、寻找机会了解创新试验的进展情况,一旦信服,他们会很快决策,紧随先驱者而积极采用创新。

(三)跟随阶段(自我推动阶段)

当创新的效果明显时,除了先驱者和早期采用者继续采用外,被称为"早期多数"的这部分农民认为创新有利可图也会积极主动采用。

这些人刚开始可能不理解创新，一旦发现创新的成功，他们会以极大的热情主动采用，所以又叫自我推动阶段。

(四)从众阶段

当创新先驱者、早期采用者、早期多数和后期多数纷纷采用创新时，创新的扩散就会形成一股势不可挡的潮流，此时个人几乎不需要什么驱动力，即被生活所在的群体所推动，被动地"随波逐流"，使得创新在整个社会系统中广泛普及采用，农村中那些称之为"后期多数"及"落后者"就是所谓从众者。

在农业创新扩散过程的速率曲线上，此阶段的扩散速率呈不断减小的趋势，故又称为浪峰减退阶段。

以上的阶段是根据学者们的研究结果人为地划分的，但实际上每项具体的创新的扩散过程除基本遵循上述扩散规律外，还具有各自本身的扩散的特点；另外，不同扩散阶段与不同采用者之间的关系也不是固定不变的，应具体问题作具体分析。

农业推广人员应研究掌握创新扩散过程规律，在不同阶段采用不同扩散手段和对不同类型的采用者运用不同的沟通方法，提高农业创新的扩散速度和扩散范围。

三、"S"扩散理论及其应用

(一)"S"形扩散曲线及其成因

1. 农业创新"S"形扩散曲线

农业创新总体的发展在时间序列上的无限性与每项具体的农业创新在农业中应用时间的有限性，使农业创新的扩散呈现明显的周期性，而某项具体的创新成果的扩散过程就是一个周期。

大量研究表明，一项具体的农业创新成果从采用到衰老的整个生命周期中其扩散趋势可用"S"形曲线来表示。"S"形曲线是以时间为横坐标，以创新采用累计数量(或累计百分数)为纵坐标绘成的曲线。

由图 2-5 可看出，扩散曲线为"S"形扩散曲线。

2. "S"形扩散曲线的成因

具体包括：①一项农业创新刚开始推广时，多数人对它还不太熟悉，很少有人愿意承担风险，所以一开始扩散得比较慢，采用数量也不多；

② 当通过试验示范后，看到试验的效果，感到比较满意后，采用的人数就会逐渐增加，使扩散速度加快，扩散曲线的斜率逐渐增大；

③ 当采用者数量(或采用数量)达到一定数量以后，由于新的创新成果的出现，旧成果被新成果逐渐取代，扩散曲线的斜率逐渐变小，曲线也就变得逐渐平缓，直到维持一定的水平不再增加，这样便形成了"S"形曲线(见图 2-5)。

表示农业创新扩散速率的常态曲线(见图 2-6)则表明了创新扩散速度前期慢、中期快、后期又慢的特点。

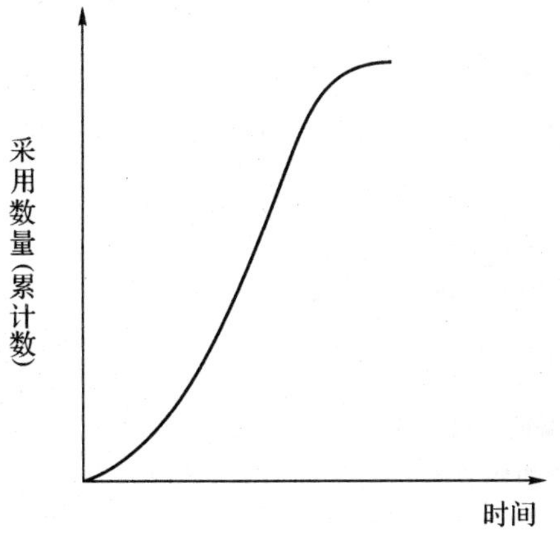

图 2-5　农业创新"S"形扩散曲线

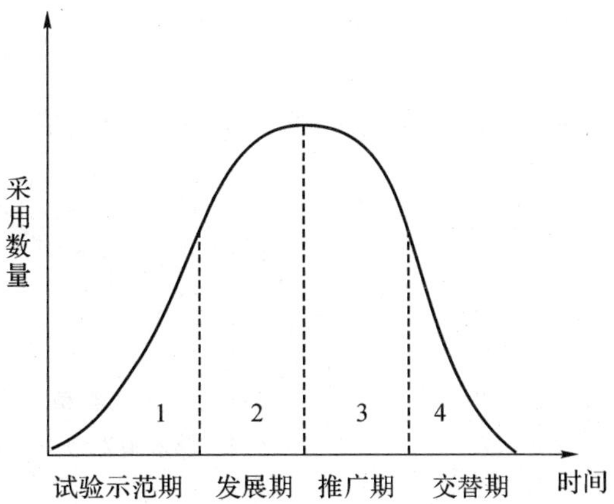

图 2-6　农业推广工作时期(郝建平等《农业推广原理与实践》)

(二)"S"形扩散曲线的数学模型

由如图 2-7、图 2-8 所示的分析资料可知,不同创新项目的起始传播势(R^0)以浅免耕技术为最大,杂交水稻次之,模式化栽培最小。起始传播势的大小反映了一项创新被农民掌握的难易程度和开始推广(扩散)的速度的大小。在本研究中,浅免耕技术复杂程度较小,而且能节省工本,农民容易掌握,接受采用较快,因此它进入扩散发展期的时间和达到最大扩散速率的时间均较早,分别为 1.7 年和 2.7 年,仅 6 年时间就已经被 99%的农户所采用。而模式化栽培技术是一项综合性很强的技术,它涉及品种特性、作物生长发育动态及肥水运筹等多种知识。因此,农民不易很快掌握,起始扩散势较小,进入扩散发展期和达到最大扩散速率的时间均较长,分别为 5.5 年和 6.4 年,用了将近 10 年时间才被 99%的农户所采用。杂交水稻则介于上述两者之间。

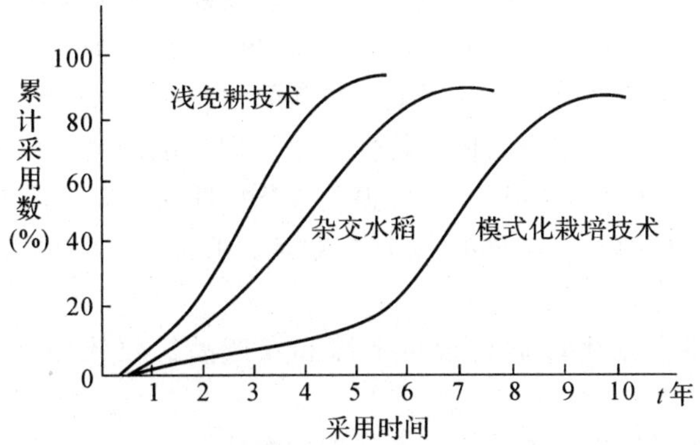

图 2-7　不同类型农业创新的扩散曲线

(杨建昌《农业革新传播过程的数学分析》)

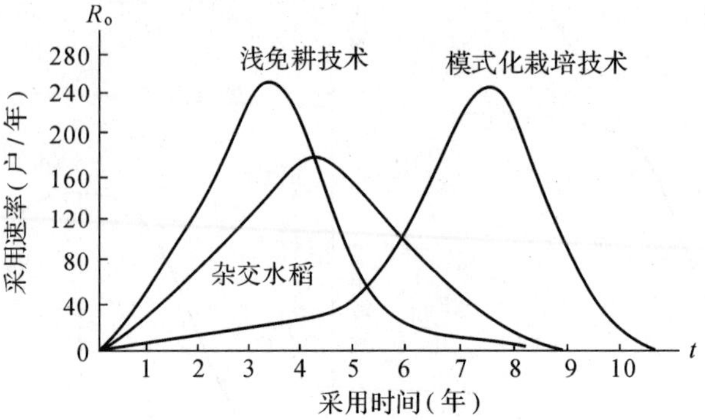

图 2-8 不同类型农业创新的扩散速率

(杨建昌《农业革新传播过程的数学分析》)

(三)"S"扩散理论及其应用

在农业推广学中,"S"形扩散曲线所揭示的规律称为"S"扩散理论。郝建平等(1989)归纳并系统提出了"S"扩散理论所包含的农业创新扩散的阶段性规律、时效性规律及交替性规律。这些规律对指导农业推广工作有较大的作用。

1. 阶段性规律及其应用

根据扩散曲线中不同时间扩散速率的特征性变化,可把其分为 4 个不同时期,即:

①投入阶段——►发展阶段——►成熟阶段——►衰退阶段;

②试验示范期——►发展期——►推广期——►交替期;

③创新引进——►示范成功——►推广面积逐渐增加——►出现衰退迹象——►推广面积下降。

专家认为,一项农业创新成果在生产中的推广应用,基础在试验示范期,速度在发展期,效益在推广期,更新在交替期。

2. 时效性规律及其应用

"S"扩散理论表明一项创新的使用寿命是有限的,因为创新进入衰退期是必然的,只不过早晚而已,人们无法阻止它的最终衰退,但是可以设法延缓其衰退的速度。

造成农业创新衰退的原因是多方面的,主要是各种"磨损"所致。主要有:

①无形磨损。创新不及时推广使用就会被新的创新项目取而代之从而过期失效。

②有形磨损。创新成果本身的优良特性由于使用年限的增加而逐渐丧失,从而失去了推广价值,如优良品种的混杂退化、种性退化或抗病性的丧失等均为有形磨损。

③政策性磨损。指国家农业政策、法规法令及农业经济计划的变化与调整所造成的农业创新的早衰。

④价格磨损。指由于生产资料价格上涨和农产品比较效益下降而造成的创新的磨损。

⑤人为磨损。指由于推广方法不当所造成的磨损。

针对创新扩散的时效性规律,推广人员应该如何采取措施防止创新早衰?

第一,农业创新的时效性说明一项创新的应用时间不是无限的,具有过期失效和过时作废的特点。

第二，作为推广人员在创新扩散的不同阶段上应采取相应的措施防止创新早衰。

首先，创新出台后，必须尽早组织试验，果断决策，进入示范；加快发展期速度，使其尽快从早期试验阶段进入成熟期，让其在“青壮年”时期充分发挥效益；要尽可能延长成熟期，延缓衰退，特别要防止过早衰退。

其次，把握好推广速度，不能超越推广人员的承受能力和农民的接受能力，否则，欲速则不达。

3. 交替性规律及其应用

一项具体的农业创新寿命有限，不可能长盛不衰，而新的研究成果又在不断涌现，这就形成了新旧创新的不断交替现象(如紧凑型玉米高产品种代替平展型玉米品种)，如图2-9所示。

新旧交替是永无止境的，只有这样，科学技术才能不断发展、不断进步。根据交替性规律，推广工作者要不断地推陈出新，就是说在一项创新尚未出现衰退的迹象时，就应该不失时机地、积极地引进、开发和储备新的项目，保证创新交替的连续和发展；也要选择适当的交替点，既要使前一项创新充分发挥其效益(不早衰)，又要使后一项创新及时进入大面积应用阶段(无断桥)。

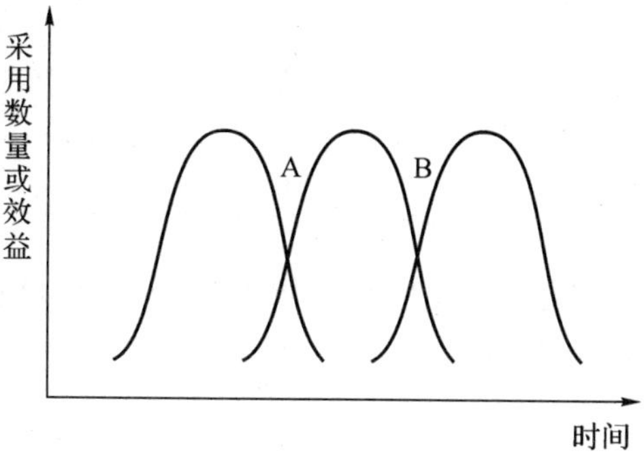

图 2-9　农业创新的更新交替(许无惧《农业推广学》)
A、B 表示创新交替点

第三节　影响农业创新采用与扩散的因素

一、经营条件的影响

经营条件对农业创新的采用与扩散影响很大。经营条件比较好的农民，他们具有一定规模的土地面积，有比较齐全的机器设备，资金较雄厚，劳力较充裕，经营农业有多年经验，科学文化素质较高，同社会各方面联系较为广泛。他们对创新持积极态度，经常注意创新的信息，容易接受新的创新措施。

美国曾对16个州的17个地区10733家农户进行了调查，发现经营规模对创新的采用影响很大。经营规模主要包括土地、劳力及其他经济技术条件。经营规模越大则采用新技术越多，这说明，经营规模与农民采用创新的积极性呈正相关(见表2-3)。

表2-3 经营规模与采用创新的关系

经营规模	每百户采用农业创新技术数	每百户采用改善生活创新技术数
小规模经营	185	51
中等规模经营	238	73
大农场经营	293	96

从表2-3可看出，中等规模经营的农户采用农业新技术比小规模经营农户增加28.6%，采用改善生活新技术数增加43.1%；大农场经营比小规模经营的两种新技术采用分别增加58.3%和88.2%。日本的一项调查也反映了同样的趋势(见表2-4)。

表2-4 经营规模对采用创新数的影响(日本)

经营规模	调查个数	采用创新数量(件/户)
小于1公顷	9	14.9
1～1.5公顷	13	15.0
1.5公顷以上	11	23.6

在我国，就种植业来说，以全国0.94亿公顷耕地，1.87亿户农户计算，平均每户0.56公顷耕地，每户平均9.7块土地，土质不同，土地分散，这种很小规模的生产，从采用创新方面看显然是一种制约因素。

二、农业创新本身的技术特点的影响

一般地说，农业创新自身的技术特点对其采用的影响主要取决于三个因素：

第一，技术的复杂程度。

第二，技术的可分性大小，可分性大的如作物新品种、化肥、农药等就较易推开，而可分性小的技术装备(农业机械的推广)就要难一些。

第三，技术的适用性。如果新技术容易和现行的农业生产条件相适应，而经济效益又明显时就容易推开；反之则难。

具体地讲，有以下几种情况：

①立即见效的技术和长远见效的技术；

②一看就懂的技术和需要学习理解的技术；

③机械单纯技术和需要训练的技术；

④安全技术和带有危险性的技术；

⑤单项技术和综合性技术；
⑥个别改进技术和合作改进技术；
⑦先进技术和适用技术。

三、农民自身因素的影响

在农村中，农民的知识、技能、要求、性格、年龄及经历等都对接受创新有影响。农民的文化程度、求知欲望、对新知识的学习、对新技术的钻研、是否善于交流等，都影响创新的采用。

(一)农民的年龄

年龄常常反映农民的文化程度、对新事物的态度和求知欲望、他们的经历以及在家庭中的决策地位。

日本(1967)报道，100位不同年龄的农民采用创新的数量，最多的是31～35岁年龄组(见表2-5)。处在这一年龄段的农民对创新的态度、他们的经历及在家庭中的决策地位都处于优势。而50岁以上的人采用创新的件数随着年龄的增加越来越少，说明他们对创新持保守态度；同时也与他们的科学文化素养及在家庭中的决策地位逐渐下降有关。唐永金等(2000)在四川省的一项调查表明，不同地区平均来说，一般户主年龄在31～60岁的中壮年家庭采用创新数量相对较多，而户主年龄在30岁以下和60岁以上的家庭则采用创新的数量较少。

表2-5　农民年龄与采用创新的关系(日本)

年　龄	采用创新数	年　龄	采用创新数
30岁以下	295	46～50岁	301
31～35岁	387	51～55岁	284
36～40岁	321	56～60岁	283
41～45岁	320	60岁以上	223

(二)户主文化程度

据四川省的调查(唐永金等，2000)发现，户主文化程度越高的家庭，采用创新的数量越多，一般是高中>初中>小学>半文盲和文盲。日本新潟县曾对不同经济文化状况地区的农民进行调查，发现不同地区的农民对采用创新的独立决策能力是不同的(见表2-6)。具体来说，平原地区经济文化比较发达，农民各种素质较高，独立决策能力比山区农民高出一倍。独立决策能力强，则越容易接受采用创新。

表 2-6 不同文化发达地区农民独立决策能力(日本)

类　别	调查个数	能自己决策(%)	不能自己决策(%)
山区农民	22	36.4	63.6
半山区农民	15	40.0	60.6
平原地区农民	17	70.6	29.4
合　计	54	48.1	51.9

(三)家庭关系的影响

1. 家庭的组成

如果是几代同堂的大家庭,则人多意见多,对创新褒贬不一,意见较难统一,给决策带来一定难度。如果是独立分居的小家庭,则较容易自己做出决策。

2. 户主年龄与性别

家庭中由谁来做经营决策也非常关键,一般来说,中、青年人当家接受创新较快,而老年人则接受较慢。户主性别,一般来说,男性户主家庭采用创新数量多于女性家庭(唐永金等,2000)。

3. 农业经营和家庭经济计划

家庭收入的再分配、家庭发展计划和家务安排计划,都对采用新技术有一定影响。

4. 亲属关系和宗族关系

采用新技术改革的过程中,特别在认识、感兴趣及评价阶段,有些信息来自亲属,决策时需要同亲属商量研究,这些亲属或宗族关系的观点、态度,有时也影响农民对创新的采用。

四、其他社会、政治因素

(一)社会价值观的影响

由于旧的农业传统和习惯技术,“盘古开天几千年,没有科学也种田”,“粪大水勤、不用问人”等,排斥采用新的科学技术。更有极少数人相信命运和神的主宰,满足于无病无灾有饭吃就行,“宿命论”影响了人们采用科学技术。

(二)社会机构和人际关系的影响

农村社会是由众多子系统组成的一个复杂系统,各子系统之间的互相关系能否处理得好,各级组织机构是否建立和健全,贯彻技术措施的运营能力,各部门对技术推广的重视程度,都影响新技术的有效推广。另外,农民之间的互相合作程度,推广人员与各业务部门的关系,与农民群众的关系,也都影响推广工作的开展。

(三)政治因素的影响

政治因素的影响包括国家对农业的大政方针、农村的经营体制、土地所有制及使用权、农业生产责任制的形式，等等。如国家的农业开发项目和目标与农民的目标是否一致；政府对推广新技术增产农副产品的补贴和价格政策、生产资料、电力能否优先满足供应；政府的农村建设政策，道路交通设施的建设，邮电通讯网的建设；综合支农服务体系的建设，供销和收购站点的建设；农产品加工和销售新技术推广的鼓励政策、优惠政策；对农业科研、教育和推广机构的经费投资；对科研、教学、推广人员的福利政策等。

思考题

1. 创新的基本概念是什么？
2. 何为农业创新的采纳？创新采用者共分几种？
3. 何为农业创新的扩散？农业创新扩散曲线是如何形成的？
4. 影响农业创新扩散的因素有哪些？
5. 影响采用率的因素主要有哪些？
6. 扩散过程一般分为哪几个阶段？
7. 采用过程一般分为哪几个阶段？

第三章　农业推广心理

基本要求:通过本章的学习,学生掌握农民群体的心理特征和个性心理、农业推广人员的思维训练和个性培养,能够通过心理互动,利用农民的心理定势为农业推广服务。

重　　点:农民群体的心理特征和心理定势的类型及特点。

难　　点:农民群体的心理定势的利用。

第一节　农业推广活动中的农民心理

一、农民的群体心理

(一)群体的概念与特征

群体是通过一定社会关系连接起来的人群集合体。其特征是:各成员工作上相互联系,心理上彼此意识,感情上交互影响,行为上相互作用,各成员有"我们同属一群"的感受。

(二)农民群体的特征

农民群体是一个特殊的群体,群体成员的年龄、文化层次、经验水平参差不齐,工作内容也不尽相同。有从事种植业或养殖业的,种植业又分粮食、蔬菜、药材及林业种植。

农民群体既有群体的共同特征,也有其独有的特征。

1. 群体规模和性质的不确定性

农业推广的内容复杂多样,往往涉及多个方面的工作,不同的工作有不同的对象,适合不同的群体。所以,农民群体的人数、人员的经验和水平、接受能力等都具有很强的不确定性,需要因地、因时、因人采取不同的策略和方法。

2. 群体成员情感联系的紧密性

农民群体往往居住在同一自然村落或行政村范围内,地缘关系、亲缘关系紧密,有时某一项目的农民群体成员就是同一家族,感情纽带的作用大于其他群体。可以利用这一特点引导成员间的互助、互教、互学,促进创新在农民群体中的扩散。

3. 群体成员信息共享的制约性

农民的受教育程度、知识水平、见识千差万别，其中多数人还处在较低水平，接受、消化信息的能力不尽相同。所以，在为农民群体提供服务的过程中，必须在提高信息强度、提高信息传播频率等方面做更多努力。

4. 群体中核心人物的重要性

由于农民的知识、经验、见识等条件所限，更容易产生从众心理，往往追随他们当中的核心人物行事。农民群体中核心人物的思想和行为带动影响着群体成员，做好他们的宣传、教育工作具有重要作用。所以要培养科技能手，充分发挥科技能手的作用。

二、农民群体的心理定势

心理定势又叫心理惯性，也称动力定型，是指在人们的心理活动中以前形成的心理准备状态对后续同类心理活动的决定作用和定向趋势。

心理定势可以成为人们认识新事物、解决新问题的重要心理基础，也可成为心理阻力。中国经历了2000多年农业社会，中国农民无论思维模式还是技术模式，都形成了很多固定观念，农民受心理定势的制约较为严重，农业推广工作者必须认真应对。

(一)心理定势的类型

心理定势有很多方面的表现，比较常见的有首因效应、晕轮效应、刻板效应、经验效应和移情效应等。

1. 首因效应

首因效应是指第一印象对以后认知的影响作用。第一印象是初次对某人某事进行感知所留下的印象，它会影响以后对此人此事的印象、评价和判断，即“先入为主”。

比如，第一次见到某人留下较好的印象，以后再次认知此人时第一印象仍然起作用；相反，第一印象不好，要改变这种印象，需要很长时间、很多与之相反的事实才能实现。

农业推广活动中不仅存在农民对农业推广者的第一印象，还存在对农业新技术、新产品的第一印象。首次推广活动一旦失败，以后的工作便难以展开。因此，必须做好充分的资料、物质、技术准备，争取一次成功。

2. 晕轮效应(晕圈效应、光环效应)

晕轮效应是指将认知对象的某种特征泛化，从而掩盖其他特征而形成整体印象的一种心理定势。

例如，某人因某事而出名，从此他在别人的心目中，便处处都不同于普通人，形象被放大，笼罩在光环之中。“情人眼里出西施”就是典型的晕轮效应。

在农业推广活动中存在着晕轮效应，农民可能将某些人或事物的优点放大而忽视其缺点，也可能将另外的人或事物的缺点放大而忽视其优点，形成以偏概全的结论，影响推广效果。

3. 刻板效应

刻板效应是指刻板印象影响人们对人或事物认知的作用。

刻板印象是在人们头脑中存在的关于某一类人或事物的固定印象。这种固定印象一旦形成，就很难改变。例如，民族偏见、种族偏见、性别偏见都是刻板印象。

刻板印象往往受文化的影响，特别是受地域文化、民族文化的影响更大。它在几代人甚至几十代人中沿袭，影响人们的正确认知。

例如，传统农业技术有很强的地域性，它们是当地农民一代又一代地摸索、承袭下来的，被认为是一成不变的东西。当科学技术的发展冲破了这些老传统、老经验时，许多农民还可能顽固地坚持，成为阻碍新技术传播的因素。

4. 经验效应

经验效应是指人们凭借过去的经验来认识某种新事物的心理倾向。

经验是宝贵的财富，但是如果把经验中得来的东西教条化，不考虑事物的发展变化，不分析一个事物与同类事物中不同个体的共同点与区别点，用同一模式去认识新事物，就会得出错误的结论。

在农业推广活动中，要谨防经验主义错误。农民是比较容易固守老经验的群体，打破这种经验效应，既需要对农民进行思想和知识的教育，又需要用事实说话。

5. 移情效应

移情效应是指人们把对特定对象的情感迁移到与该对象有关的人或事物上的一种心理现象。

比如：喜欢某一位朋友，对这位朋友的朋友、家人也抱有好感，对他（她）的物品也喜欢。“爱人者，兼爱其屋上之乌”，就是移情效应的典型表现。

在推广活动中，要注意培养推广人员与农民的感情，建立起良好的感情基础，这样推广目标以及技术、产品都会很容易地被信任、被采纳。相反，农民在感情上不能接受推广者，推广工作就难以展开。

（二）心理定势在农业推广中的应用

心理定势是认知偏见或偏差，是不正确的认知及其效应。但它又是人类认知的一种客观存在的现象，是一种规律。在农业推广工作中一方面要发挥它的作用，使其为推广活动服务，另一方面又要避免它给推广活动带来不利影响。

首先，利用心理定势扩大农业推广组织的影响，树立农业推广组织的良好形象。比如利用首因效应，对农民进行宣传教育，要通过精心策划，认真安排，争取“一炮打响”；利用移情效应，推出最优质的技术或产品，赢得广大农民的好感，带动其他技术、产品的推广；利用晕轮效应，请一些农民喜欢和信任的人帮助推广，也会带来良好效果。

其次，防止农民心理定势对农业推广的消极影响。对有些与农民心理定势相冲突的推广目标，要采用适当策略，打破心理定势，避免受心理定势的阻碍。打破农民的心理定势，不仅有利于农业推广组织和推广者目标的实现，也有利于农民摆脱旧思想、旧观念的束缚，产生良好的社会效益。

二、农民的个性心理

(一)个性心理的含义

个性心理，也称个性，是心理学研究的重要部分。我国第一部《心理学大词典》(朱智贤主编)中，对个性做了如下表述："个性也可称人格，指一个人的整个精神面貌，即具有一定倾向性的心理特征的总和。"

个性受遗传因素的影响，在环境的影响和熏陶下形成，体现着人与人之间的差异。

个性心理包括个性倾向性和个性心理特征。

1. 个性倾向性

个性倾向性是一个人活动的基本动力，是决定一个人对事物的态度和积极性的诱因系统。它包括需要、动机、兴趣、理想、信念和世界观等。

2. 个性心理特征

个性心理特征是在个人身上经常地、稳定地表现出来的心理特点。它既体现着感知、记忆、思维、情感与意志等一般心理活动规律，又具有个别差异。个性心理特征具体表现在一个人的能力、气质、性格等方面。

(二)农民的个性心理特征

了解农民的个性心理有助于有针对性地开展工作。下面就农民的兴趣、能力、气质及其与农业推广的关系介绍一下：

1. 农民的兴趣与农业推广

兴趣是个体积极探究事物的认识倾向，是个性倾向性的重要内容。兴趣是人对有趣的事物给予优先注意，积极地探索，促使人主动地去认识事物和寻求认识事物的方法和手段。

孔子说："知之者不如好之者，好之者不如乐之者。"因此，在农业推广活动中，了解农民的兴趣意义重大。推广内容一旦引起农民的兴趣，推广活动的展开将变得容易。如何激起农民的兴趣，关系到推广工作的效果。

第一，亲自看要比听人讲易产生兴趣，动手操作要比听和看易产生兴趣。(成果示范和个别访问是激起兴趣的最好方法)

第二，具有新意的内容易产生兴趣。(积极引进创新)

第三，对有前期经验的事物容易产生兴趣。(要注意试验和示范)

第四，与切身利益关系越密切越容易产生兴趣。(要针对农民的需求引进创新)

2. 农民的能力与农业推广

(1)能力的含义

能力是与顺利完成某种活动有关的个性心理特征。

根据对完成活动的作用不同，能力可分为一般能力和特殊能力。一般能力是完成多种活动所必需的能力，如感知觉能力、记忆能力、思维能力、语言表达能力等。无论从事什么工作，这些能力都是必不可少的。特殊能力是与完成某种特殊活动有关的能力，与特殊专业紧密联系。比如有经验的农民通过作物的叶片颜色判断其是否缺肥缺水的能力就是特殊能力。

(2)农民的能力与农业推广关系

根据农民的能力，有选择地进行农业推广工作，是农业推广工作者应当注意的问题。

第一，发展农村合作组织要注意农民能力搭配。农民个体间能力差异较大，在农民或者组织中起不同的作用，有的人善于谋划，有的人善于联络，有的人善于具体操作，这些人合理组合，组织才能有效运转。

第二，确定推广项目和推广内容要考虑农民的接受能力。根据农民的接受能力，将推广内容分解，层次化、简单化、傻瓜化，便于推广目标的实现。

第三，加强农民的教育引导，强化对农民的能力训练。农业推广教育的根本目标是帮助农民提高素质和能力，这是中国农业现代化早日实现的最有效途径。

3.农民的气质与农业推广

气质的含义：气质是个人心理活动的动力特征。心理活动的动力特征主要指：①心理过程的速度(如知觉的速度、思维的灵活程度等)；②心理过程的稳定性(注意集中时间的长短)；③心理过程的强度，即情绪的强弱、意志努力的程度等；④心理活动的指向性，如有的人较外向，善于交往，善于表达和自我表现，有的人较内向，经常体验自己的情绪，分析自己的思想，而不善于表达等。

气质不同，外在行为表现不同。例如有的人情感丰富，动作敏捷，反应灵活；有的人遇事冷静，善于思考，行动稳重。

罗马医生兼解剖学家卡伦最早对气质进行了分类，他把人的气质划分为四种：

①胆汁质。胆汁质的人表现有强烈的兴奋心理过程和较弱的抑制过程。这种气质类型的人做事有魄力，有胆量，对人对事非常热情，极易感情用事。在事业上有一种拼劲和创造精神，但在遭受挫折失败时往往情绪沮丧，一蹶不振。(兴奋型)

②黏液质，又称安静型，属于缄默沉静的类型。这种气质的人不易冲动，遇事沉着冷静，做事灵活性差但较稳定踏实，对外界事物变化的反应较慢。这种人一般是工作勤奋踏实，态度持重，交际适度，情绪不易激动。不足之处是开创竞争意识差，灵活性小，往往因循守旧。(安静型)

③多血质，又称活泼型。这种气质的人神经过程平衡而灵活性高，易适应环境，对任何事情都容易发生兴趣但又不易长久。在交往中容易接近，动作敏捷，活泼易动。弱点是工作难以持之以恒，缺乏耐心，情感也多变。(活泼型)

④抑郁质。抑郁质的人由于神经过程较弱且内向，极易产生紧张，因而对外部刺激和环境变化的感受非常敏感，具有高度的情绪易感性。常常多疑、孤僻、懦弱。这种气质的人对工作认真细心，坚韧性较强，能独立思考。(抑制型)

关于气质的分类，从不同侧面反映了人心理活动的特点，但都有片面性和局限性。典型的属于某一气质类型的人并不多，大多数人是混合型的。另外，人的气质受环境影响还会发生变化，同一气质类型的人受世界观、人生观等个性倾向的影响，思想和行为有不同的表现。

了解和掌握人的气质类型，有利于更好地进行人际交往，有利于行之有效地进行思想工作或管理工作，有利于对不同的人采取不同的方式进行帮助，在农业推广工作中也有重要价值。

一般来说，与胆汁质的人打交道，要注意稳定其情绪，引导其冷静思考，不要用刺激性语言和事实刺激他们。一旦发生情绪冲动，要耐心忍让，待对方情绪稳定以后再进行协商。对多血质的人，要注意发挥其灵活敏捷的长处，又要引导其培养稳定性、坚韧性。对黏液质的人除了发挥其吃苦耐劳、勤奋踏实等长处外，还要帮助他们提高灵活性，增加生活情趣，有劳有逸。对抑郁质的人要多关心、多引导，使其提高适应性和承受能力，向开朗、活泼的方向发展。

三、多数农民的一般心理特点

1. 渴求心理

改革开放以来，越来越多的农民看到了科学技术给农业生产带来的飞速发展和自己得到的好处，因此，都渴望先进、实用、有效的农业技术。

2. 农本心理

“以农为本”是我国农民长期以来恪守的信条。历史上作为农业大国和历代政府的重农思想，使我国农民“以农为本”的心理根深蒂固。“农本心理”客观上有利于稳定种植业，特别是粮食生产，但不利于产业结构调整，不利于扩大经营规模和发展多种经营。

3. 守旧心理

有守旧心理的农民总喜欢用自己过去的经验与现在的事物相比较，自己没有经历的事，一般很难相信和接受，对一些落后的生产技术和陈规陋习总有一种不愿放弃的心理。这种固守习惯、排斥新技术的心理，成为农业技术推广的直接阻力。

4. 惧怕风险心理

农业生产和经营受诸多因素的影响和制约(自然环境、市场需求、政府政策的变化等)，加之规模小、底子薄，使农民形成一种怕乱的心理状态，对采用新技术总是谨小慎微、思前想后，迟迟下不了决心。

5. 从众心理

农民在寻求经济安全的同时还本能地寻求一种心理上的安全，表现为在采用创新时的从众心理。

例如，一项创新尚未被大多数人采用时，尽管自己觉得该项创新不错，但心理上感觉做起来孤立无援，有一种不安全感，所以难下决心。相反，当大众一哄而上时，尽管自己没有多大兴趣，但看到别人这样做了，也只好随大流。

6. 直观心理

我国当前农民科学文化素质还比较低，对一些技术性问题的评价和结论往往以直观、近期效果为依据。

例如，在施肥上，氮肥使用后叶片变绿，效果明显，认为有效，而对有机肥，由于不能立竿见影，往往认为效果不明显，忽略有机肥的施用。

第二节　农业推广人员心理

农业推广工作中，无论是推广人员积极性的发挥，还是推广工作效率的提高，除了思想觉悟和经济因素外，还有一个心理问题，因此，推广人员应加强各种心理品质训练，提高自身的心理素质。

一、农业推广人员的基本心理品质

从事推广工作必须具备一定的心理品质，包括感觉和知觉、注意和记忆、情绪与意志、气质与性格等方面。

（一）感觉与知觉

1. 感觉

感觉是对客观事物个别属性的反应。感觉能力是推广人员的基本功之一。在许多场合下，需要有较强的感觉能力，才能较好地完成任务。

要成为一名优秀的推广人员，就要不断训练自己的感觉能力，做到一目了然、一触即明。同时，较强的感觉能力不仅可以提高工作效率，而且在某种意义上代表着一个人的实际工作能力和经验，也有助于提高自己威望和知名度。

2. 知觉

知觉是对以往多次的感觉而形成的认识和积累的经验的综合反映。知觉离不开以往的多次感觉——经验。

例如，全国知名水稻专家陈永康，在长期的水稻栽培实践中总结出水稻叶片“三黄三黑”的变化规律，应用于指导水稻的水肥管理，取得了很大的成功（比按指标促控的产量还高）。

（二）注意与记忆

1. 良好的注意也是推广人员必备的心理品质之一，平时应该加强注意的训练

具体来说，第一，要提高注意的范围；

第二，要增强注意的稳定性（能长时间地注意一件事）；

第三，要做到注意的合理分配（同时做几项工作时能够合理分配注意，不至于顾此失彼）；

第四，要训练注意的灵活性（在需要注意力转移时，能够及时、迅速地转移到新的目标上去）。

2. 记忆也是推广人员必备的品质

记忆是人脑对过去经验过的（感知过、思维过以及体验过的）事物的反映。

在农业推广中需要记忆的东西很多，如常见病虫害的特征、常用农药的名称和性质、作物的播期和播量、物候期等。因此推广学家既是专家，又是杂家，更是实践家。

(三)情绪和意志

1. 情绪

情绪是人对客观事物的体验。推广人员的情绪状况对推广工作有很大的影响,因此,应该注意培养自己良好的情绪品质,力争把它控制在较为平缓、稳定的状态之下,做到有热情而不亢奋,激情中蕴深沉。

2. 意志

意志是人自觉确立目标并支配其行动,已达到预定目标的心理过程。包括四个方面:意志的自觉性、自制性、果断性和坚韧性。

意志行动是意志支配和控制的行动,可分为采取决定阶段和执行决定阶段。

采取决定:对人的意志过程而言需要自觉性和果断性两种品质。如果在各种行动之间,在各种目的之间摇摆不定,迟迟做不出决定,就是优柔寡断。而决定缺乏合理性,不经深思熟虑就贸然抉择,就是草率行事。

执行决定:常要求更大的努力,这就是自制性和坚韧性的品质。农业推广工作一旦作出决策,少则几年,多则几十年才能完成,需要坚持不懈。

二、推广人员的思维训练

思维是认识过程的高级阶段,是以感知觉和记忆提供的材料为基础,通过分析、综合、比较、抽象和概括等思维过程实现;是人脑对事物间接的概括的反映。

农业推广人员除了训练常规性思维,形成勤于思考、善于思考的良好思维品质以外,还必须培养创造性思维,特别是强化以下几个方面的训练。

(一)发散性思维

发散性思维也称多向思维,是指对同一事物沿着不同方向、不同角度来思考问题,从多个方面寻找问题答案的思维方式。

比如,麦场上起火了,起火原因是什么呢?有人放火、自燃、机器打火、电线起火、有人抽烟引起火灾等等可能性都包括其中,想到的可能性越多,越有利于找到真正的原因。

农业推广工作无论从农业推广对象、推广环境、农业系统自身特点等方面来看,还是从农业生产过程的多个环节来看,农业推广工作涉及的因素都十分复杂。所以,农业推广人员思考问题必须全面,必须学会从一个现象寻找多种原因,或者根据一个原因推断多种可能的结果,提高工作的预见性和主动性,避免盲目性和主观随意性。

(二)侧向思维

侧向思维是指借鉴其他领域、部门、学科正确的东西,如结论、方法、手段等来思考问题,从联想中寻找问题答案的思维方式。它是一种横向联系的思维方法。

利用仿生学原理,人类创造了大量奇迹,就是侧向思维的功劳。如船的形状是参照鱼的形状造出来的,飞机是参照蜻蜓造出来的,等等。

（三）逆向思维

逆向思维也称反向思维，是指从与正向思维相反的方向考虑问题，寻求解决问题的答案的思维方式。

在圆珠笔发明的初期，一个最大的难题就是滚珠不耐磨，生产厂家都集中力量提高滚珠耐磨损的性能。滚珠磨损问题解决了，笔杆不耐磨的问题又出现了，人们又开始探索笔杆的磨损问题。日本人首先进行逆向思维，转而研究油管多大、装多少油才能与滚珠和笔杆的寿命相一致，问题很快得到了解决。这就是所谓"正着不行倒着来"、"推着不成拉拉看"的逆向思维方式。

（四）动态性思维

农业推广工作是一项动态性很强的工作。农业生产的季节性、周期性决定了农业推广工作的周期性变动，主要表现在：

①不同地区自然条件不同、资源不同，农业生产的发展状况不同，要求推广工作因地制宜；

②市场经济条件下，推广工作更应该遵循市场变化规律，及时调整自己的思想观念和行动；

③随着科学技术的快速发展及普及，农业技术的重点、难点会发生变化；随着人们生活水平的提高，对各种农产品的需求会发生变化。因此，农业推广组织要主动寻找自己发展的新空间、新领域，要有动态发展的眼光。

（五）纵向思维与横向思维相结合

纵向思维是一种历时性的比较思维。它从事物的过去、现在、将来的对比分析中，发现其在不同阶段上的特点和前后联系，以此来把握事物的本质及其运动规律。

横向思维是一种同时性的横断思维。它截取历史的某一横断面，研究同一事物在不同环境中的发展状况，在同"左邻右舍"的相互联系和相互比较中，找出事物的共性与个性的思维方式。

纵向思维具有历时性、同一性、预测性的特点，反映事物的先后变化，体现事物的发展规律。横向思维具有同时性、横断性、交叉性的特点，反映事物间的相互关系，体现事物普遍联系的规律。

农业作为一个独立的系统，有其自身发展的历史规律，又存在农业系统与其他系统之间的联系。因此，农业推广人员在考察、谋划、决策、评估农业推广项目时，必须用纵向思维和横向思维相结合的方法。

三、农业推广人员的能力

农业推广人员的能力具体包括：

①市场适应能力，包括市场信息的捕捉与运用、市场预测等。

②科学研究与技术开发能力，包括联系生产实际选题、科研的组织实施、科研结果的分析评价、技术开发、技术的放大推广等能力。

③群众工作和组织协调能力，包括调查走访群众、体察民情民意的能力，教育群众、说服群众的能力，赢得群众信任、带动群众的能力等。还要善于协调各个方面的关系。

④语言表达能力，包括口语表达能力和书面语言表达能力。

⑤合作共事能力，包括理解容忍能力、协调能力等。农业推广组织的管理者除了应具备上述能力外，还要有以下必备的能力：决策判断能力、组织协调能力和公共关系能力等。

推广人员的能力是在推广工作中不断积累训练而获得的，因此，一方面学习必备知识，另一方面要勤于实践。

第三节　农业推广过程心理

一、农业推广者对农民的认知

（一）通过外部特征认知农民的心理

外部特征主要指面部表情、体型、肤色、服饰、发型等方面的特点。通过这些外部特点，可以观察了解推广对象的心理活动。

面部表情能反映人对某人某事的喜欢与讨厌，反映人的痛苦与欢乐等心理活动。体型肤色在一定程度上反映人的劳动情况，如室内劳动和室外劳动、脑力劳动和体力劳动等。服饰和发型能够反映一个人性格的外倾和内倾、张扬与收敛，反映人追求完美还是喜欢朴素自然，喜欢新异还是喜欢随大流。

根据这些观察来透视农民心理，从而可以采取不同的交往策略。

（二）通过言谈举止认知农民的心理

人的言谈举止主要包括言语、手势、身体姿态等。言语可以反映一个人的知识水平、思想品德和心理特点。手势能够反映人的自信与自卑，表示坚定、犹豫、无奈等。身体姿态可以反映对他人的尊敬与蔑视、对个人身份地位的认识与体验。

（三）通过群体特征认知农民的心理

农业推广对象有不同群体，不同群体有不同特点，同一群体往往具有一些共同特点。如：公务员言行的严谨、规范，具有指导者的心理优势等；老年人怀念过去、凭老经验办事、接受能力较差等；妇女容易倾听与轻信，做事认真谨慎，有的缺乏自信等；青年人的热情、好学、接受能力强，有时欠谨慎等。经济条件好的人侧重于求新、求美，条件差的人倾向于求廉价、求实用。

(四)通过环境分析认知农民的心理

环境系统中各子系统、各部分相互影响、相互制约,影响着人的心理。环境的变化,引起人的心理变化。

群体凝聚力强,有核心人物,工作就会比较顺利。相反,松散的群体和组织,没有核心人物,各自为政,工作就难以开展。

家庭完美,和睦幸福,人的精神状态好,乐于交往,接受新事物的兴趣就浓。家庭不和睦,使人精神压抑、情绪消沉,对新事物缺乏热情。

二、农业推广者与农民的心理互动

农业推广活动是推广者与农民之间通过沟通、互动,实现创新的扩散过程。在这个过程中,通过相互间的心理影响,不断调整各自的行为,促使双方关系向着有利于完成工作的方向发展。

(一)认知互动

主客体双方都有认识对方、了解对方的愿望。农业推广主体认识对方的目的是为了有针对性地开展工作,农民认识对方是要搞清楚推广者在人品、能力、技术水平等方面是否可以信赖。

为了取得推广对象的信任,更好地开展工作,可以从以下几方面注意:

①要端正态度。农业推广者对农民必须持热情、真诚的态度,乐于为他们着想,真心实意地为他们服务。

②要掌握技巧。在语言表达上要深入浅出,力求简洁明了;不说空话、大话,不欺骗,实实在在。在举止表情上要谦和诚恳,平易近人,宽容大度,使人产生可亲可信的感觉。

③要精通业务。业务上精通、熟练,准备充分,使对方相信定能成功。这样,对方就会信任你、尊重你,接受你的建议或配合你的工作。

(二)情感互动

人是有感情的,古语“酒逢知己千杯少,话不投机半句多”,说的就是感情在交往中的作用。要学会与推广对象拉近感情距离,建立彼此密切的交往关系,以下几个方面可以参考:

第一,学会寻找共同话题,比如利用同学、同乡、同龄、相同经历等关系,消除心理戒备,创造良好开端。女性之间还可以利用相同性别的优势进行较深层的情感沟通。

第二,学会关心对方。比如关心对方的身体状况,聊聊孩子、老人的话题一般人都没有什么戒备。

第三,善于心理换位。从对方的角度考虑问题,会打动对方。

第四,善于倾听对方。对方有困难、有疑问,或有什么苦恼、困惑向你倾诉,要静静地听完,不要打断对方的谈话,不要心不在焉,更不要目中无人。

第五，敢于信任对方。被人信任是值得自豪和幸福的事情。信任是感情的黏合剂，只有相互信任才会建立牢固的关系。

（三）意志和行为互动

农业推广活动是一种经济活动，有困难、有风险，有时会出现难以坚持，想半途而废的情况。农民是否有信心、有毅力坚持下去，受推广者影响很大。反过来，农民的渴望、期待、厌烦、失望等态度也会影响推广者。利用积极互动关系，防止消极的互动关系，双方齐心协力，就能够把事情办好。

第一，推广者要认识明确、选择正确、方案可行，并且意志坚定。同时，推广者还可以从农民那里汲取力量，比如从对方的信任、尊重、期待等态度中汲取力量，从对方的生活处境、淳朴厚道的人品等方面产生认同感，使自己增强责任感。

第二，提高农民的认识水平。要帮助其分析事物的实质、成功的可能性、成功后的意义等，使其建立信心。

第三，帮助农民解决具体困难，使其对推广人员产生信赖感，增强克服困难的信心。

三、农业推广者对农民心理的影响

农业推广者对农民施加积极主动的影响，促使农民接受新观念、新技术，有很多方法和技巧，广大农业推广人员也积累了大量丰富的经验，这里简要介绍三种方法。

（一）劝导法

劝导就是劝说和引导。劝导法是影响人的心理最主要、最直接、最常用的方法。常见的劝导方式有以下几种：

1. 流泻式劝导

流泻式劝导是一种对象不确定的广泛性的劝导方式，如同大水漫灌，任其自由流泻一样，把信息传遍各个方面，使人们知晓了解。

这种劝导方式主要通过媒介宣传，让信息接受者对推广内容形成印象，一旦与接受信息者的需要动机相吻合，就会引起他们的兴趣，或成为他们的行为目标。

由于缺乏针对性，只能收到“广种薄收”的效果。但是由于涉及范围广泛，总会有若干个局部、若干人产生反应。

2. 冲击式劝导

冲击式劝导是以说服对方转变思想或行为为主要形式的专门性劝导方法，具有对象明确、意图明确、针对性强、冲击力大等特点。

比如针对生产中出现的问题，特别是在采用新技术、新方法、新产品等方面，有的农民可能保守、固执，需要帮助其转换思想观念。

3. 浸润式劝导

浸润式劝导是以周围舆论影响推广对象的劝导方法。特点是作用缓和而持久，使推广对象个体在一种特定氛围的“浸润”下，发生潜移默化的改变。

例如，推广某个新项目，可以通过领导讲话动员、技术员具体指导、村干部带头等多种途径，使整个村子男女老少都关心议论这个问题，一些接受较慢的人就会发生转变。

浸润式劝导的作用关键在于周围舆论的一致性，舆论一致性越强，个体越容易“从众”和“被同化”。

(二)暗示法

暗示是以含蓄、间接的方式传递思想、观点、意见、情感等信息，使对象在理解和无对抗状态下自然受其影响的一种方法。

暗示法在农业推广中具有启迪思考、批评教育、缓解气氛的功效。

例如：河北省易县柴厂村，在推广柿树高产技术时，有的村民有怀疑抵触情绪，不按专家意见办，结果收获的柿子个小、产量低。为了教育村民，村委会把外地收购柿子的汽车集中起来，接待司机吃住，让村民把自己的柿子全拉到村委会来卖。当初未接受专家指导的村民，看到别人的柿子个大，卖得价钱高，自己的柿子不仅产量低，而且卖不出去，深感愧疚，受到了深刻教育。这就是暗示法的运用。

使用暗示法影响推广对象要遵循以下几点规律：

1.要遵循感知规律

第一，暗示强度的大小要与问题的性质、推广对象的认识水平、对农民的预期要求等因素综合起来考虑。

第二，用来进行暗示的事物要与周围的事物形成明显的对比，才能被认识。

第三，周围的人和事要与暗示的内容相互协调一致。如用暗示法批评某人不按科学方法种柿子，而周围全是苹果销售的信息，暗示不起作用。

第四，暗示表达的内容、意义要与农民已有的知识经验相吻合，暗示才能成功。

第五，越处于情急状态之下越容易受暗示，如等待、盼望某种结果或某种信息的人容易受相关的暗示。

2.要区别不同对象

不同的对象对暗示的敏感程度不同，相对而言，老人、孩子比中青年人易受暗示；妇女比男子易受暗示；文化程度低的人比文化程度高的人易受暗示；性格懦弱、依赖性强的比性格坚强、独立性强的人易受暗示；自信心差的人比自信心强的人易受暗示。

3.要区别不同环境条件

人们在不同的环境条件下，对暗示的敏感程度不同。灾年与丰年、顺境与逆境、患病与健康，都会影响人对事物的认识和对信息的选择。顺利的时候容易接受有利的暗示；不顺利的时候，容易接受不利的暗示。

(三)吸引法

通过各种途径来引起农民的注意、兴趣、好奇等心理反应的方法称为吸引法。常见的吸引法有：

1.利益吸引

在推广活动中，推广组织和推广者要把农民的利益放在第一位，处处为他们着想，通过关心和满足农民的利益来赢得他们的喜欢。这是吸引农民最有效的办法。

2. 新奇吸引

好奇之心，人皆有之。新奇、新颖，独特性强的事物，容易使农民产生兴趣。能否用新颖的手段、新鲜的内容来吸引农民，也表现出一个推广组织或推广人员的创新意识、创新能力和竞争能力的强弱。

3. 信息吸引

能给推广对象提供大量有价值的信息，满足他们对信息的需要，使他们从分析信息、接受信息、利用信息的过程中产生对推广组织和推广人员的信任、依赖心理，就能够提高农业推广组织和推广人员在推广对象中的吸引力。

4. 形象吸引

良好的组织形象、产品形象、服务形象，较高的知名度和美誉度，是吸引农民的重要条件。

5. 示范吸引

示范，能让农民掌握某些常识和技能，了解某种产品的原理、特性和使用方法，用事实教育他们，激发他们的兴趣。因为“耳听为虚，眼见为实”是农民认识各种新事物的最显著特点。

6. 目标吸引

农业推广的目标明确、诚实守信，农业推广组织在农民心目中的印象深刻，有很高的信任度，农民就会抱以信任、理解、支持、合作的态度。这对农业推广组织的发展具有重要作用。

思考题

1. 农民群体的特征是什么？如何打破农民群体的心理定势？
2. 为什么说农业推广活动中引起农民兴趣是重要的？
3. 如何培养农业推广人员的能力？
4. 农业推广者怎样对农民的心理产生影响？

第四章 农业科技成果转化原理

基本要求：掌握农业科技成果转化的概念及转化的评价指标，转化条件、途径与方式，转化过程中的三级效益形成过程及其分配，提高成果分布的措施。

重　　点：农业科技成果转化的几种形态，转化的评价指标，转化条件、途径与方式，转化过程中的三级效益形成过程及其分配，提高成果分布的措施。

难　　点：农业科技成果转化的评价指标体系，决定经济上限的因素。

第一节 农业科技成果转化的一般概念

一、科技成果

（一）科技成果的概念

科学的使命是运用正确的世界观和方法论，通过对客观事物的反复观察、实验、分析、综合、抽象、概括，最后形成认识；揭示事物存在的本质形式及发展规律。

技术（technology）则是人类为了达到某种目的所采取的手段。技术的社会职能是基于某一领域和相关领域已知的科学知识，经过试验研究，开发出的能够支配、改造和利用自然客观事物的途径、方法和技能。

科技成果是科学与技术的统一体，它既含有认识自然的一面，又含有改造自然的一面。前者必须具有新的发现和学术价值，后者必须具备发明创新和应用价值，这就是科技成果的本质内涵。

农业部《农业科技成果鉴定办法（试行）》规定：农业科技成果是指通过鉴定（或审定）的“在农业各个领域内，通过调查、研究、试验、推广应用，所提出的能够推动农业科学进步，具有明显经济效益、社会效益并通过鉴定或被市场机制所证明的物质、方法或方案”。

(二)农业科技成果的类型

1.依成果性质分类

根据农业科技成果形成过程中相互关联的不同发展阶段及其社会职能与生产的联系程度,并与科学研究的分类相对应,可把农业科技成果分为基础性研究成果、应用性研究成果、开发性科技成果三大类。

(1)基础性研究成果

农业基础研究的目的和任务,主要是探知农业科学领域中客观自然现象的本质、机理及其生物体与环境进行物质和能量交换的变化规律。其成果一般是将通过观测、实验等手段所获得新发现的特征、运动规律,进行分析、归纳、抽象概括,并通过实践验证后而形成。

这类成果虽不能直接解决生产实际问题,但它创造性地扩大了人类认识自然的视野,其意义和价值正如江泽民同志指出的:"人类近代文明史已充分证明,基础研究的每一个重大突破,往往都会对人们认识世界和改造世界能力的提高,对科学技术的创新,新技术产业的形成和经济文化的进步产生巨大的不可估量的推动作用。"

基础性科技成果是应用性成果和开发性成果的源泉。如生物遗传规律、光合作用机理、脱氧核糖核酸(DNA)双螺旋分子结构的发现等均属此类。

(2)应用性研究成果

应用性研究是为了某种实用目的,运用基础性成果的原理,对一些能够预见到应用前景的领域进行研究,开辟新的科学技术途径和行之有效的新技术、新品种、新方法、新工艺等。

这类成果是在基础性研究成果进一步转化为物质技术或方法技术过程中取得的,它既蕴涵有认识自然的成分,又具有改造自然的潜在功能,是理论联系实际的桥梁。在科学地利用和保护自然资源,协调农业生物与环境之间关系,优化配置各种自然资源,防止有害生物和不良环境对农业的侵害,提高劳动和土地生产率、改善产品质量等方面,主要依靠应用性成果。

(3)开发性研究成果

开发性研究就是对应用性研究成果寻求明确、具体的技术开发活动,主要是研究解决应用成果在不同地区、不同气候和生产条件下推广应用中所遇到的技术难题,结合具体情况对应用成果的某些技术指标或性状,通过调试、试验,最后加以改进和提高,或根据多项应用成果核心创新成分、组装配套成综合技术,实现各种资源和生产要素的高度协调和统一,使潜在的生产力变成现实的生产力。

例如,一个新选育的农作物品种,只有通过引种并做适应性试验,首先了解并掌握它在丰产、抗逆、品质等方面的特征,如株高、抗冻性、抗病性、成熟期、分蘖力、结实性、肥水吸收规律等,根据其特点研究组装成配套技术,才能更好地发挥其增产潜力。

2.依据成果的表现形式分类

在农业科技成果的推广应用过程中,一项成果有无物质载体,既影响该成果的扩散速度和效果,又涉及推广方式、方法等推广机制的选择。从这种意义上讲,农业科技成果一般可分为:物化类有形成果和技术方法类无形成果两大类型。

(1)物化类有形科技成果

这类成果是借助或直接采用相关学科的技术工艺或途径,把基础性成果的科学知识赋予在一些有直接应用价值的载体中,形成新的物质形态的成果。如农业动物、植物、微生物的新品种,新农药,新的植物生长调节剂,新的肥料,新的农机具,新的节水或节能设备,新的疫苗,新的塑料薄膜,等等。

(2)技术方法类无形科技成果

这类成果是将认识自然,特别是协调生物与自然关系的途径、方法,控制和改造自然的技能等知识,以研究报告、论文、图纸、音像、配方、技术规程以及如何既唯物又辩证地把握各项农艺措施的时机、数量的技巧等形式表现。这些无形的东西之所以成为科技成果,恰恰与那些有形成果的转化直接相关。例如,各种农作物的栽培技术,果树的栽培和修剪技术,畜禽和鱼类的高效饲养技术,病虫害综合防治技术,风沙盐碱综合治理技术,维持良好生态的耕作制度,以及生态区划、宏观规划等,均属无形科技成果。

上述两种形态的科技成果,在推动农业科技进步和社会发展过程中,均具有重要的应用价值。但在推广应用时的难易程度、在技术市场中交换的方式等方面存在差异。

(三)农业科技成果的特点

1.物化类有形成果的特点

(1)商品性

物化类有形成果有较强的商品性。物化成果本身既有科技含量和应用价值,又有物质含量和一般商品价值,在交换过程中易于量化,看得见,摸得着,购买者乐于接受。在应用过程中见效快,效果虽有弹性,但变化底线较高。在技术市场中购、售双方均能获利,具备较强的商品属性。这一属性在我国现行小规模生产体制下,又极易派生出农业科技成果应用的分散性。

(2)特异性

物化成果作为一种特殊的商品,应用时有较强的特异性。面对庞大的农业生产系统,研究者很难将多项基础成果聚集在一个科技产品中,而表现出多种应用价值和普遍的适应性,如杀虫螨农药只能针对红蜘蛛等螨类害虫等起作用。目前还没有一种广谱农药可以用来防治真菌、细菌、病毒引起的各种病害。

(3)时效性

任何一项农业科技成果的科学性、先进性都是相对的,随着科技的不断发展,新的科技成果必将代替旧的成果。与无形成果相比,物化态有形成果的时效性更为突出。这是因为物化成果的科技含量赋予在一定的载体中,这种载体一旦被新的所取代,它的作用也随之消逝,无法将其中有价值的部分剥离出来。例如,一台农机具或一个新品种,一旦被新的机具或品种取代,就不会再发挥作用。

2.技术方法类无形成果的特点

(1)生态区域性

农作物生产的实质是植株在气候、土壤和人为农艺措施的综合影响下,与生态环境进行物质和能量交换的复杂过程，因而无法彻底摆脱环境的制约。我国幅员辽阔，不同地区地理位置，地形、地貌不同，光、热、水、土等自然环境条件差异甚大。在特定生态条件下产生或形成的科技成果，在相同生态区域应用可能行之有效，而在生态环境相差较大的地区应用则不一定成功。

(2)效果的不稳定性

农业生产是一个露天工厂，处于开放的系统中，具有明显的季节性和地域性，在漫长的生长发育期间，可能受到偶然的多种不可控气象因素的影响，技术效果不像封闭系统的工业成果那样稳定，常出现"同因异果"或"异因同果"现象。例如，某一灌溉技术成果，上一年增产效果显著，但下一年由于降水、气温等条件的变化，增产效果可能大打折扣。技术效果不稳定性，主要是不可控气象因子所致，随着人们改造自然能力的提高，技术稳定性将会大大提高，如设施栽培，厂房下的动物、微生物生产等技术稳定性一般高于大田。

(3)综合性和相关性

农业科技成果的应用可以是单项技术措施，也可以是多项技术组装的综合技术，综合技术效果的总和一般低于各单项技术效果的简单累加，但任何一项单项技术都不能像综合技术那样使农业生产提高到一个崭新的高度。农作物新品种的育成和推广应用，总是与整个农业科学技术的发展密切相关，只有科学地运用相应配套的栽培技术、科学的耕作制度、灌溉技术、新农药和化肥等新成果的应用，良种内在潜力才能得到充分表达。

(4)不可逆转的时序性

植物、动物生产需严格按时序性发展，不可跳跃或逆转，虽具有一定自我调节的能力，但受时序性特点的限制，这种自我调节能力是有限的。某一发育阶段所受的影响会影响终生，不可逆转。例如，播种过晚，错过农时，个体瘦弱，生产力下降，即使中后期一切措施良好也很难弥补。受精后母体营养不良，会影响子代终生。所以农业科技成果转化在生产过程中的操作技能十分重要，应不违农时，各项技术的应用要环环扣紧。只有这样才可使整个系统发展趋于良性化。

(5)持续性和应用的分散性

相对物化类成果而言，技术方法类成果有明显的持续性特点，体现在两个方面：首先，在应用时间上有较长的持续性，当某项技术成果经过反复试验、示范，被人们认可并采用后，随着对各技术环节掌握程度的逐渐提高，相关工具相继配套，技术的最大潜在增产效果可以得到最有效的发挥，该技术在当地将会持续使用较长时间，一般很难被其他更先进的技术取代。有时也会将新技术关键创新部分移植嫁接到原技术中，使原技术更为完善，并继续在生产过程中发挥作用。其次，在技术效果和表现方面，它不仅表现在当季或当年，而且往往会体现在参与生产过程后的若干年。例如：土壤改良与培肥，农田基础设施建设，不但当时有效益，长远效益有时会超出人们的想象。生态防护林建设、生物多样性保护区建设、污染治理类技术效果的表现更为长远。这些特点启示我们在技术成果的推广时不应盲目追求一时的短期效益，而忽视长远效益。

我国农业生产经营规模小且分散，新成果的应用取决于分散劳动者的决策或随机反应，情况复杂，某一成果是否被应用，与成果类型、劳动者的认识和管理水平及生态生产条件等多种因素相关。这是造成农业科技成果应用分散的主要原因，也是我国农业实现规模化生产的困难所在。

二、科技成果转化

(一)科技成果转化的概念

“转化”一词来自哲学上的“矛盾双方经过斗争,在一定条件下,各自向着和自己相反方面转变”。1996 年 5 月 15 日第八届全国人民代表大会常务委员会第十九次会议通过的《中华人民共和国促进科技成果转化法》将“科技成果转化”定义为:“为提高生产力水平而对科学研究与技术开发所产生的具有实用价值的科技成果所进行的后续试验、开发、应用、推广直至形成新产品、新工艺、新材料,发展新产业等活动。”由此可见,农业科技成果的转化有广义和狭义之分。广义的转化是指农业科技成果在科技部门内部、科技部门之间、科技领域到生产领域的运动过程。狭义的转化是指对具有实用价值的农业科技成果进行的后续试验、开发、应用、推广,直至取得经济、社会或生态效益的运作过程。本章所指的农业科技成果转化是指狭义的转化,表现形式是把农业科技成果由潜在的、知识形态的生产力转为现实的、物质形态的生产力。

(二)农业科技成果转化的评价

农业科技成果转化的评价,主要是评价农业科技成果向现实生产力转化过程中,人力、物力、财力的投入效果。为了提高不同类别成果的可比性,使评价由定性走向量化,科技管理部门一般采用公式:

$$y = \sum_{n}^{1} x_i \cdot j_i$$

使其量化。式中,$y(0<y<100)$代表某个成果的量化分值,$x(0<x<100)$代表需评价的指标值,$i(i=1,2,3,\cdots,n)$代表评价指标的个数,$j_i(0<j<1)$代表某个被评价指标在全体被评价指标中所占的权重。例如,对甲、乙、丙三个成果进行评价:三者的得分及评价指标权重见表 4-1。按上述公式计算,成果甲$=60\times0.2+80\times0.25+90\times0.3+30\times0.05+80\times0.1+70\times0.1=75.5$分,按同样方法计算出成果乙为 55 分,成果丙为 62.5 分,见表 4-1 最后一栏。

表 4-1　三个科技成果量化打分情况

评价目标		学术价值	创新程度	经济效益	难易程度	生态效益	社会效益	总价量
目标权重		0.2	0.25	0.3	0.05	0.1	0.1	1.0
分项得分	甲	60	80	90	30	80	70	75.5
	乙	80	50	20	40	50	60	55.0
	丙	50	30	100	40	60	50	60.5

由于农业科技成果的类别不同,学术价值和应用价值各异,所评价指标的权重是按类

别给定的。如以经济效益为主的开发类项目，一般给予经济效益的权重较大，以生态效益为主的成果，则生态效益的权重较大，以学术和创新为主的发明成果，学术价值和创新程度两指标权重较大。

对不同评价指标的打分，有一定的标准。对能够量化的指标可按数量的大小分别给予相适应的分值（在 0～100 范围内），对指标尽量细化，如高产、稳产、优质这个大指标，应该将其分为产量指标、抗性指标和若干个具体的质量指标。对细划后仍无法量化的指标，一般进行大致的分级，达到哪一级别则给予相对应的分值。如生态效益指标较难量化，可按对生态系统的影响程度分为：显著改善、明显改善、无明显作用、有明显负作用等四个级别，各级分值可统一定为 100 分、80 分、50 分和 0 分。

一般可采用单位规模的产量、产值增减量，对某些资源的利用率，对某种指标的提高率、降低率等对单项成果进行评价，分别介绍如下：

1. 产量增减量（IDN_i）

$$IDN_i = y_i - x_i$$

式中，y_i 代表新技术单位面积（或规模）的产量（或产值），x_i 代表对照技术单位面积产量（或产值）。$i=1,2,\cdots,n$ 为评价的指标个数。

2. 某些指标的生产率（PR_i）

$$PR_i = \frac{y_i}{x_i}$$

式中，y_i代表第 i 个指标的生产量，x_i 代表第 i 个指标的面积或规模。

3. 某种资源的利用率（UR_i）

$$UR_i = \frac{y_i}{x_i}$$

式中，y_i 代表新技术第 i 个资源指标的实际利用量，x_i 代表第 i 个资源的总投入量。

4. 某种指标的提高率（IR_i）

$$IR_i = \left(\frac{y_i}{x_i} - 1\right) \times 100\%$$

式中，y_i 代表新技术第 i 个指标的具体数量，它可以是绝对值，也可以是相对值。x_i 代表旧技术第 i 个指标的具体数量，它可以是绝对值，也可以是相对值。

5. 某种指标的降低率（DR_i）

$$DR_i = \left(1 - \frac{y_i}{x_i}\right) \times 100\%$$

式中，y_i 和 x_i 意义与 IR_i 式中相同。

6. 覆盖单项农业科技成果的转化可用这项成果的覆盖率表示：

$$\text{覆盖率（或称推广率）} = \frac{\text{实际推广规模}}{\text{应推广规模}} \times 100\%$$

7. 成果转化率（R）多项农业成果转化情况可用农业科技成果转化率指标进行评价：

$$R = \frac{at_0}{a_0 t} \times 100\%$$

式中，a_0 代表研究成果数，a 代表实际转化成果数，t_0 代表正常转化周期，t 代表实际转化周期。一般 $t \geqslant t_0$，$t < t_0$ 表明成果不够成熟。

例如：某单位“九五”期间共取得农业成果150项，实际转化70项，假设正常转化成果周期平均为5年，实际转化周期为6年，该单位“九五”期间成果转化率＝[70×5÷(150×6)]×100%＝38.89%。

研究农业科技成果转化率及其相关指标的目的，就是要求在转化农业科技成果的过程中，尽可能地提高转化效率，使成果发挥更大的经济效益和社会效益。

第二节　农业科技成果转化的机制

一、农业科技成果转化的要素

1. 转化主体

所谓主体即事物的主要部分。在农业科技成果由潜在生产力向现实生产力转化过程中，具有从事转化工作认识和实践能力的人及其机构，是转化活动的认识者、发起者、承担者和实现者，是转化的主体要素，在转化过程中起主导作用。它包括应用成果生产的研究人员，各级推广人员以及保障这些人员从事转化认识和实践活动的机构。

2. 转化客体

所谓客体，哲学上指主体以外的客观事物。农业科技成果转化的客体，即被转化的具体技术成果，它既是转化主体作用的对象，又是转化客体的采用对象。是不以人的意志为转移的客观事物，因而必须遵循其内在规律，按其特点加以利用。

3. 转化受体

转化受体即采用科技成果的生产者或单位。它是转化客体体现经济、社会或生态价值的最终受体、受益者。它在转化要素构成中处于被动地位，但没有转化受体的主动接收就不能完成转化过程。

成果转化构成要素之间，存在一种授受关系，即主体将客体交付于受体。这一授受过程受自然环境（如气候条件、生产条件）、社会环境（如生产方式、市场机制、信息渠道、社会服务、交通条件）等因素的影响，只有具备了良好的转化环境和适宜的转化手段，才能调动主体和受体两者的积极性，完成转化的全过程。

二、农业科技成果转化的条件

（一）成果质量

在农业科技成果转化实践中，常遇到三种情况：一是“走俏型”，这类成果一经问世，便很快引起人们的兴趣和关注，不推自广。二是经过示范、培训等宣传，一直激发不起农民的热情，应用规模小、时间短。三是无论怎样宣传甚至行政干预，始终得不到农民的重视，而不得不作为"礼品"、"样品"和"展品"束之高阁。造成上述三种情况的原因,可能是多方面的,但最根本的还是成果本身是否具有过硬的转化功能,成果过硬是转化的基础条件。衡量成果质量的标准有五条,即:创新性、成熟性、效益性、适用性和实用性。

1. 成果的创新性

成果的创新性是指它的创新点,在解决农业实际问题的途径、方法、技术等方面,是否比已推广成果具有更为科学先进的实用价值,创新性是科技成果的灵魂。

2. 成果的成熟性

成果的成熟性是指它在应用过程中的稳定性和可靠程度。成熟的成果应经过多年多次重复观察、试验,并通过不同生产条件和气候条件下的验证,形成的具有重演性和应用价值的理论或技术。

3. 成果的效益性

成果的效益性是指成果被采用后,要有明显的社会、经济和生态效益,特别是经济效益是决定成果转化快与慢的关键。为了长远和整体利益,对一些生态效益或远期效益良好的成果往往由政府出面组织转化。

4. 成果的适应性

成果的适应性是指它在生产上的适应范围。我国地域辽阔,各地自然条件千差万别,经济生产条件也很不平衡,有较普遍适应性的成果易转化。适应性狭窄的成果,转化成本高,规模效益小,较难转化。

5. 成果的实用性

成果的实用性是指成果在应用推广过程中的难易程度。对那些一看就懂、一学即会,易操作,耐使用的成果,极易完成转化。而对一些虽具备创新、成熟等条件,但难理解,操作环节复杂,实施条件要求十分刻薄,甚至现有条件下无法实现的成果,仅可作为贮备技术。

(二)转化系统体系建设

1. 应用成果产出系统

应用成果产出系统由各省、市(区)农科院、大专院校,各地级市(区)农科所或民办研究机构构成。成果产出系统所产出成果的数量和质量在转化中起着极其重要的作用,是转化的源头。需按一定比例配备足够数量的研究及管理人员,并提供良好的工作条件,保证这些机构的稳定性和工作的延续性,才能根据来自农业生产主战场的任务,及时调整确定研究方向,创造出更多的应用成果,增加技术贮备。

2. 成果鉴定系统

成果鉴定系统主要担负着农业研究项目的创新性、成熟性(重演性)、经济效益等学术价值和实用价值的评价和鉴别。成果质量的高低一般与鉴定系统的评价角度、标准,以及组织邀请同行专家的责任心相关。

3. 技术推广系统

它是联系科研和生产系统的纽带和桥梁,是成果转化为现实生产力的关键环节。我国农民现阶段的科技文化素质较低,以户为经营单位,规模小而分散,需要一支数量足够的推广队伍，特别是加入 WTO 后，对农产品的价格补贴被视为“黄箱政策”而取消后，推广队伍更应加强。我国农业推广队伍不论从数量还是质量分析，都与我国农业和农村发展的需求不相适应。

(三)农民需求

农民是农业科技成果的使用者、农业生产的经营者，是农业生产力中最活跃的部分，科技成果的转化，需要在农民认识并接纳采用的前提下，通过具体的操作，完成生产过程，成果的效益才能发挥出来。采取多种形式、多种渠道宣传教育农民，提高他们的科技素质及市场观念，激发他们采用科技成果的积极性和自觉性，是科技成果转化的必需条件之一。

(四)政策与资金

农业科技成果转化需要有关政策、法律、法规作保证。诸如《农业法》、《农业技术推广法》、《专利法》、《技术合同法》、税收政策、成果奖励政策、优质优价政策、农业投入政策、工资分配政策，等等，都将对转化体制、内在机制和从业人员的积极性等，起到宏观控制和调节的重要作用。政策有利，机制合理，可调动各方面的积极性，转化成效自然显著。在市场经济条件下，资金是调节人力、物力资源合理配置的有效杠杆。农业科技成果转化过程中需要大量资金支撑，加入 WTO 后，将资金投入农业科技成果转化过程为“绿箱政策”所允许，也是我们需加强的环节。

三、我国农业科技成果转化常见的几种运行机制

任何一个复杂事物的运动过程都有其自身的规律，并受内在机制的制约和影响。王慧军等通过长期调查研究，将我国农业科技成果转化的内在机制归纳为“领导行为、科技行为、推广行为和农民行为的有效统一”。其实质内容是将领导、科技、推广、农民行为中的动力激励、整体调控、定向发展等功能在农业科技成果转化中整合起来，从而实现转化的目标效益。

我国农业科技成果转化机制经过半个世纪的建设和发展，特别是经过改革开放 20 多年来的不断改革与完善，已基本形成了与具有中国特色社会主义市场经济体制相适应的多种运行机制。

(一)科、教、推三结合的运行机制

农业科研、教学、推广部门通过共同承担项目的方式转化科技成果所形成的“科、教、推”三结合运行机制，在计划经济时代是我国农业科技成果转化的重要方式，三者既有分工，又有合作，对我国农业经济的快速发展起到了巨大的推动作用，并创造了辉煌的成就。今后相当长一段时间仍然是我国农业科技成果转化的一种运行机制。但是随着我国由社会主义计划经济向市场经济的转变，原体制下的无偿转让技术规则，知识产权得不到保护，三个系统从业人员的经济利益由国家按照相应分配制度统一发放，人才资源由国家统

一调配等，但激励机制、竞争机制等需要逐步改革。特别是我国加入 WTO 后，“绿箱政策”启动，有了稳定的投入机制，转化系统自身积累与发展机制也将形成，加之市场和计划共同调控功能，“科、教、推”三结合运行机制将会得到更为科学的整合，并继续发挥农业科技成果转化的主体作用。

(二)技、政、物三结合的运行机制

“农业发展，一靠政策，二靠科技，三靠投入。”技、政、物三结合的运行机制，正是在这种认识的过程中应运而生的。它分为两种形式：一种是科技攻关联合体，一种是推广中的集团承包服务体。

1. 科技攻关联合体

科技攻关联合体是在一些涉及对国民经济产生重大影响的重点项目执行过程中常采用的形式。如国家的黄淮海平原、三江平原农业综合开发，由世界银行贷款的农业综合开发项目，“九五”期间国家重中之重项目中的五个农业项目和“十五”期间农业领域即将启动的 13 项重大项目，21 项重点项目中的绝大部分，也将在强调专家负责制的同时，采取“政、技、物”三结合的运行机制。例如，由国家科技部下达、河南省人民政府承担的国家“九五”重中之重科技攻关项目“小麦大面积高产综合配套技术研究开发与示范”，就是采用了“技、政、物”三结合运行机制。为顺利实施、圆满完成项目规定的各项指标，河南省成立了两个专门的小组。一个是协调领导小组，由一名副省长任组长、科委主任和国家科委农村司司长任副组长，10 名来自省科委、财政厅、农业厅、水利厅、供销社、河南农大、农科院、粮食学院及示范区有关领导组成。协调小组下设办公室，专门负责项目执行过程中协调及领导工作，并在偃师、长葛、卫辉、济源等 23 个示范区成立相应的协调领导小组。另一个是技术专家组，由来自全国的 19 名著名专家组成。技术专家组又对项目的 12 个研究专题(其中 7 个为面向全国的招标专题)成立专门的由著名专家任组长的课题技术小组，专门负责各专题的技术攻关。两个小组各尽所长、优势互补，密切配合、协调行动，层层分解任务，科学合理分配科研经费及科技力量，并采用奖罚机制，严格考核，科学管理；实现了人才、技术和资金的高度集中，国家职能部门和地方政府的三力合一；调动了领导、科技、推广和广大农民群众的积极性，取得了良好的经济效益和社会效益。

科技攻关联合体的运行机制，由于采取专家负责，专家和领导共同决策的调控行为，投入机制可靠(有国家的固定投资和地方配套资金)，并引入竞争机制(课题招标、专题负责制等)、市场机制(研究成果可进入技术市场)和激励机制(研究经费实行分配与后补助结合，按贡献分配奖金等)，在应用成果的生产和示范、推广两个层面上的转化效率均较高。

2. 集团承包服务体

集团承包服务体是农业推广系统深化改革的产物。主要在国家由计划经济向市场经济转轨的初期，针对原有四级农科网出现“线断、网破、人散”的局面，农业技术推广出现技术“断层”的现实情况，三农(科研、教学、推广)协作进行技术承包服务时，物质无保证、技术难落实、奖励难兑现等难题而逐步形成。技、政、推三结合，即由地方领导牵头，“三农”和农资供销部门及其金融保险等部门参加的农业技术服务承包集团。这种运行机制，由

于有了行政组织的干预，易于把物质投入的基础作用、技术人员的桥梁作用、行政领导的保证作用有机地协调起来。真正实现政、技、物相结合，科技与经济相结合，有利于科技措施的落实，也便于政府对农业生产的领导，促进了农业推广和农业的发展。

这种三结合的运行机制，虽引入了激励机制，因组织形式相对分散、不太稳定，资金主要来自于分散的生产者，运行起来仍有许多需要完善的环节。

(三)农业高新技术科技园的运行机制

农业高新技术科技园，是在学习借鉴工业高新技术开发区(国外称工业孵化器)的基础上，在“九五”期间涌现出的新生事物。由于农业科技园产业特色鲜明，科技含量高，示范带动作用良好，按市场机制运作，与市场经济体制有着良好的适应性，呈现出旺盛的生命力。农业科技园主要在苗木工程、生物疫苗、生物农药工程、绿色环保工程、温室栽培工程等方面，从事以基因工程为核心的现代生物技术的开发与应用，所以产业特色比较鲜明，科技含量高。科技园研究、开发、生产的范围大致有以下方面：引进、收集名贵花卉、名贵药材、优良林果苗木，进行改良、驯化、选择后，投入批量生产，向社会提供种苗或直接进入消费市场；引进或自己研究建立智能化、标准化大棚设施，从事无土栽培生产，向社会提供应时、无污染的名、优、特、稀、蔬菜和果品，或为设施栽培提供预备苗等；利用组织培养技术，对马铃薯等作物进行脱毒快繁和转基因植物新品种的研究开发，向社会提供脱毒和转基因种苗；引进或选育优质高产畜禽类新品种，生产大量胚胎，以提高牛、羊、猪、马类畜禽的品种改良率。建立草皮或优良鱼、贝类种苗生产车间，向社会提供优良种苗；生产高营养食用菌类的菌种和生物制剂；从事节能灶具，秸秆、垃圾类废物的开发利用等。农业科技园不但具有研究开发层面上的转化功能，而且具有非常显著的示范带动作用，应用者不但可购到新的物化技术，还可以学到使用技术，推动科技成果转化的效果良好。

科技园在建立初期，主要由国家投资或兼管(也有股份制合作投资)，一旦建成采用集体经营管理或个体承包经营后，即进入自主经营、自负盈亏，充分利用《技术合同法》、免税等优惠政策，完全按市场机制运作，视市场需求及时调整研发和生产方向，受行政干预少。在人才任用方面，引入竞争机制和经济激励机制。采用收入与效益挂钩，或浮动工资制度。对重点岗位和开发项目，一般是以高薪聘请高层次人员或专家做顾问，以调动他们的创新积极性。机构精干，工作效率高。由于产品商品性较强、产值高、效益好，一般具有自组织、自积累功能。但从运作情况看，若园区开发生产项目选择不当，资金缺乏，技术不新、不高，高创造能力人员少，就难以取得理想的效果。

(四)企业、基地、农户三结合的运行机制

农业现代化程度越高，农业产品的商品率也越高，在市场经济体制下，农民从事农业经营的目的不再是为了自给，而是追求利益最大化。联产承包责任制条件下的小规模经营，成本高，品质差，效益低，甚至增产不增收。走产业化、规模化的路子成为历史的必然选择，企业、基地、农户三结合的运行机制就是在这种情况下产生的。

1. 运行机制的类型

运行机制大体分为四种类型。

第一类，是一些有眼光的企业家，根据传统工业投资回报率较低的现实，纷纷将资金转向投资回报率较高的农业领域。如哈慈(国际)绿色食品有限公司，在山东寿光、诸城两市建立的SOD西红柿、太空椒、绿色无公害蔬菜生产基地等属这类。第二类，是一些大型企业或外向型食品、果蔬菜类加工企业，为了提高产品质量，降低成本，增加市场竞争力，确保稳固的原料来源而建立的生产基地，如新亚龙(原龙丰)集团在山东阳信县建立了优质专用小麦生产基地。第三类，是部分科研(企业、民营)育种单位，为了保证良种质量，提高市场占有率，结合专业特点而建立的良种繁育基地，如天津市黄瓜研究所在天津武清县、山东宁阳县和河北定州市建立的黄瓜良种制种基地，莱州市登海玉米研究所在全国各地建立的登海系列玉米杂交种制种基地。第四类，是农业推广人员以原工作单位为依托而成立的多种联合公司，为农民提供产供销一体化服务。上述四种类型的企业、基地加农户的运行机制，不论出发点和主观意愿如何，客观行为结果都可促进农业科技成果的现实生产力的转化。

2. 特点

一般情况下，这种运作模式推广应用的动物、植物优良品种，首先由企业(公司)通过自主研究开发、国外引进、购买专利或技术转化等形式，获得生产经营权。然后按企业(公司)不同产品系列对原料类型和需要数量，通过基地与农户签订产品购销合同，安排规模不等的农户进行生产。公司负责产中技术指导，产品按合同标准经严格验收后，以高于市场10%～30%的价格回收。这种三结合运行机制有以下特点：①以经济利益为纽带，价值规律作用显著；含有风险共负、利益分享的成分，调动和加强了企业和农户两方的积极性和责任心。②通过订单农业的形式，实现了小单元分散经营与大规模生产的有机结合，解决了产供销分离的问题，实现了农业生产专业化，提高了规模效益和产品商品率。③延伸了农业生产的产业链条，增加了农产品附加值，有利于增加农民收入。④企业承担产前预测、产中的技术服务和产后的包销，掌握着运作的主动权。⑤受市场特别是外贸形势影响，这种结合很不稳定。⑥企业投资开发或引进技术成果，既减轻了国家负担，又吸纳了大量技术人员。总之，它是一种市场经济体制下农业科技成果转化的良好运行机制。

(五)经营、咨询、推广三结合的运行机制

经营、咨询、推广三结合的运行机制，是市场经济发展的客观要求和必然趋势。它在农业推广部门不断进行深化改革的探讨中产生。主要形式是：农业推广机构将种子、苗木、农药、化肥、农机具或动物疫苗、饲料等物化类成果，根据专业经验和所掌握的信息，并结合当地环境与生产条件，制定出所推广物化技术的规格、型号，以经营的方式传递到农民手中，同时跟踪进行配套的综合服务，解答农民各种咨询，指导他们进行正确使用管理操作方法。经营、咨询、推广三结合实现了过去单纯服务型向有偿、无偿服务相结合的过渡，解决了技术服务与物资供给相分离的矛盾。经营中所获利润可增强推广机构的活力和实力，使推广机构具备了自积累、自发展的机能。

第三节　农业科技成果转化的效益

采取不同形式与方法，不断促进科技成果向现实生产的转化，一方面可以使社会的物质资源和能源得到更有效的利用，另一方面为我国国民经济发展、社会文明程度的不断提高奠定最坚实的物质基础，其效益具体体现在以下三个方面：经济效益、生态效益和社会效益。

一、经济效益

农业科技成果转化后，一般可产生显著的直接经济效益和潜在的生态经济效益。通过以下三种途径：一是节本增效，即单位面积或规模产出值相同，但产投比高于被替代的技术(以下简称对照)。二是节本、增产、增效，也就是既减少成本，又提高产量，效益显著高于对照。三是增本增效，即投入稍大于对照技术，产品产量却大幅度提高，效益随之增加。每项新技术成果的经济效益，必须高于准备取代的对照技术，这是衡量成果质量的第一标准。例如，目前推广面积较大的美国33B抗虫棉新品种，丰产性状虽与中棉12号相当或略低，但它具备显著的抗棉铃虫效果，因不需喷施农药，既节约了购药成本，也节省了工时成本，经济效益高。2000年新审定的山农丰抗棉6号，不仅具备抗虫效果，产量也高于美国33B，经济效益显著高于33B抗虫棉，故推广势头迅猛。再如2001年国家科技进步二等奖项目“小麦抗衰老生理和超高产栽培理论与技术”，虽比传统高产技术每亩增加投入12.89元，但所增加的主、副产品产值为59.79元，每亩经济收入提高38.9元，所以采用者众多，在三年内累计推广1.528亿亩。

(一)技术的产量上限与经济上限

技术的产量上限是指某项技术成果在最佳环境条件和管理调控措施的作用下，所达到的单位面积最高产量。因实现最佳措施的成本较高，经济效益不一定最高。技术的经济上限是指某项技术成果应用后，单位面积所获得的最高纯收入(利润)。它一般在高产基础上出现，但不一定出现在最高产量阶段。技术成果的产品产量上限与经济上限的不一致性，主要受生物生产内在规律和资源利用中报酬递减规律的双重制约，是一个比较复杂的问题，也是成果转化过程中非常关键的重要问题，现以两例加以阐述。

表4-2数据是一个氮肥施用量与豫麦18号小麦亩产量、边际产量及经济效益关系的试验结果，据此绘成曲线(见图4-1)。图4-1中TPP是小麦亩产量依氮肥投入量变化而变化的曲线，MVP是边际效益(即每增加一个单位的投入所产生的效益＝MPP×产量价格)，SQT是单位面积纯效益曲线。试验结果共分四个阶段：第一阶段为产量、边际效益和纯效益同增区；第二阶段为产量、纯效益缓增、边际效益下降区，到达B点时正好与边际成本相抵；第三阶段是产量缓增，边际效益、纯经济效益继续下降区，达到C点时产量最高；第四阶段为三者同降区。图4-1说明了生产中产量上限与经济上限之间的辩证关

系，以单纯追求技术的产量上限为目标时，氮肥投入量应在C点；以追求最高利润（即经济上限）为目标时，投入氮量应为边际效益线MVP与边际成本线MIC相交的B点；以追求氮肥资源最佳效益为目标时，投氮量应定在A点。

表4-2　不同施氮量对小麦亩产量和效益的影响

氮素投入单位数 x	籽粒产量（千克/亩）TPP	边际产量（千克/Δx）MPP	边际成本 MIC PYΔx	边际收益 MVP PXΔx	总产值 元/亩 SIP	总成本 元/亩 SOP	纯效益 元/亩 SQT
0	300	—	—	—	270.0	0.00	270.00
1	350	50	11.74	45.0	315.0	11.74	303.26
2	410	60	11.74	54.0	369.0	23.48	345.52
3	450	40	11.74	36.0	405.0	35.22	369.78
4	470	20	11.74	18.0	423.0	46.96	376.04
5	475	51	11.74	4.5	427.5	58.70	368.80
6	460	−15	11.74	−13.5	414.0	70.44	343.56

注：每个投入单位为3千克纯氮，成本价值11.74元，每千克籽粒0.9元计。总成本仅计氮肥一项，其他成本未计入。

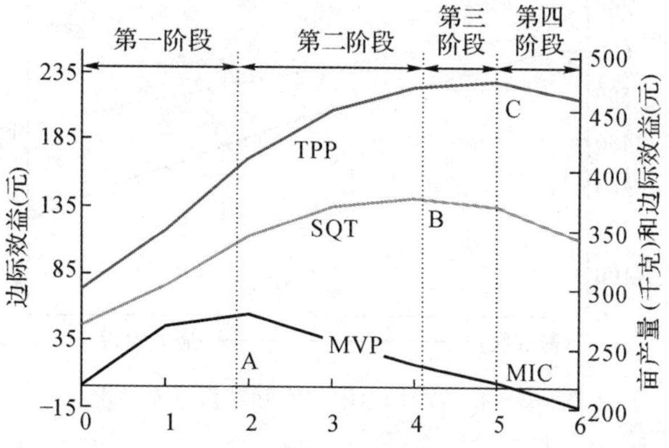

图4-1　氮肥用量与小麦亩产量、边际效益、纯效益的关系

(二)成果效益的分布

在农业推广实践中，常碰到一个普遍存在的现象，就是同样一个技术成果，在不同地区，或同一地区不同农户之间，产量收益和经济效益均表现出极显著差异，如同样应用“小麦、玉米吨粮田栽培技术”，在4万亩试验示范区平均亩产1096.3千克，亩效益86.2元，而在852.4万亩推广区，平均亩产仅为1026.2千克，亩效益降至49.8元。这就涉及成果效益的分布问题。仍以两个例子来说明这一现象的成因与解决对策。

莱州137是一个增产潜力较大的小麦新品种，1999年经专家对3亩攻关田实测验收，曾创出亩产773.86千克的记录；在品种区试中多点平均亩产为562千克，而在大面积生产中平均亩产在450千克左右，不同地区之间和同一地区不同农户之间变化幅度较大。这种变化的直观示意如图4-2所示。图4-2中aa′线表示生产中实际产量分布，aa′线以下部分是该品种在推广区内已获的总产量，cc′线表示上限产量，cc′线下至aa′线上部分是该品种在推广区内有可能达到的潜在总产量。bb′线介于aa′线和cc′线之间，baa′b′部分则是通过改善条件（如品种区试的地力和管理水平）可能达到的总产量。说明一项成果被分散的生产系统采用后，因条件的千差万别，产量上限将会被打去一大折扣，莱州137在区试点的平均产量仅是产量高限的72.62%，减少27.38%；一般推广区平均产量仅为产量高限的58.15%，减少41.85%。所以图4-2中的b点和a点总是低于c点，b′和a′点仍是低于c′点。图4-2还可说明一个重要问题，就是不同农户之间由于地力水平、投入水平、管理水平的差异，产量总是从最好农户向最差农户方向下滑。这是一个不可避免的现实，也是影响成果分布的主要问题。以三条线的斜率可以看出，cc′线是一条斜率为零的平行线，bb′线斜率大于cc′而小于aa′线。aa′斜率最大，也就是说最好农户与最差异农户之间的落差太大。如何采取扶贫和个别指导等措施，缩小农户之间的差异，是提高成果在推广区实际总产的最有效措施。因为，缩小最好农户与产量上限差距的技术难度较大，而且经济效益显著低于上一种途径。

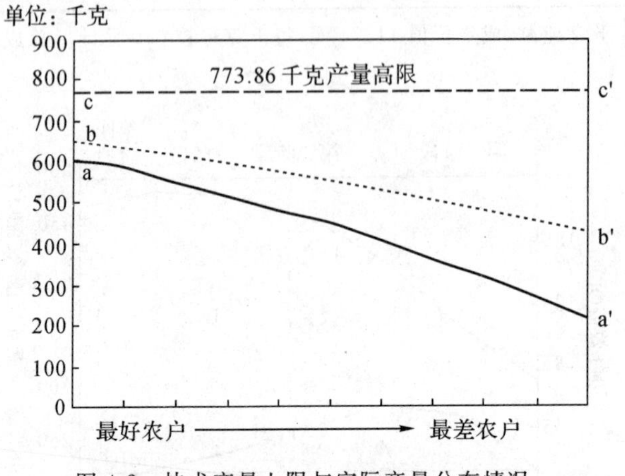

图4-2　技术产量上限与实际产量分布情况

在农业科技成果的转化中，不仅要提高成果的技术上限潜力，而且更重要的是提高成果的经济上限的潜力，对成果的技术经济评价是转化中的一个重要环节。

二、生态效益

改善生态条件是农业科技成果的基本效能之一。农业科技成果转化的结果，都应考虑提高生态效益，改善生态环境，维护生态系统的整体性、生物的多样性，提高可持续发展的能力。具体地讲，转化的结果应该有助于人类更科学有效地处理好当前利益与长远利益、局部利益与全局利益、宏观利益与微观利益、经济效益与生态效益之间的关系。科学开发利用无限资源，节约利用有限资源，使人类永远处在一个生生不息的可持续生态环境中。这既是农业科技成果转化的最高目标，也是转化必须遵循的原则。

瑞典科学家保罗·缪勒由于发现并合成了DDT，于1948年获得诺贝尔生物和医学奖，尽管他的成果对全球的病虫害防治和粮食增产做出了巨大贡献，但从生态效益的角度讲，他犯了选题方向的近视症。只注意经济效益而忽视了生态效益，即忽视了DDT残留给人类带来的负面影响。相反众多科学家利用基因工程技术研究生物农药代替化学合成农药，虽然对病虫的防治效果还不如化学农药，但给人类带来了良好的生态效益。

某一成果虽有显著的经济效益，仍要仔细分析是掠夺型的还是持续性的，短期内良好的经济效益是否会给远期的生态效益带来负面影响。A技术对某种资源带来的破坏是否能被B技术在短期内恢复，或者给B技术创造了更有利的条件。例如，水浮莲（学名凤眼蓝）是美国佛罗里达州的一种水生植物。它有着极强的生命力，一棵植株在条件适宜时，90天内可繁殖成2.5万株，一亩水面可产5万千克鲜草，足可以作为25头猪的饲料。而且它膨大的叶柄、绿叶、紫花，漂浮在水面，多姿多彩，颇有观赏价值。19世纪末各国纷纷引种，但它过分旺盛的生命力，使它成为剿杀其他生物的恶魔，给亚洲、非洲许多国家带来麻烦。20世纪70年代人们将水浮莲引入我国的滇池，最初十几年，像一般水草一样正常，起到净化水质和增加鱼类食物的良好作用。但随着近年滇池水质富营养化程度的提高，它的繁殖程度近于疯狂，八百里滇池成了水浮莲的世界，堵塞交通，使水体严重缺氧，危及鱼类生存。

三、社会效益

农业科技成果转化的社会效益，是建立在经济和生态效益基础之上的更高形式的综合性效益。正像江泽民同志致全国科普工作会议的信中所述："科学技术是第一生产力，是经济和社会发展的决定因素。未来世界各国的综合国力的竞争，将越来越首先表现为科技实力的竞争。我们要在下个世纪实现社会主义现代化和中华民族的伟大复兴，必须大力提高全民族的科学文化素质。科学技术被亿万人民群众所掌握，就能更好地成为利用和开发自然，推动社会文明进步的巨大力量。"

广大农业推广工作者，在从事科技成果推广转化过程中，所采用的试验、示范、咨询、培训、授课、音像宣传、科普著作等形式，将新的知识、新的技术或信息，源源不断地传播输送给广大农民，使他们的科技文化素质不断提高，从事农业经营的决策能力、操作管理技能也随之得到提高，而农民又是农业生产力中最为活跃的主体，这就形成了从生产力转化到新生力形成的自然循环。

从广义的角度讲，农业科技成果转化，增加了粮、棉、油、菜及畜、禽、鱼、贝的产量，改善了品质，为人们的衣食安全和身体健康提供了保障，使人们不再为衣、食而耗费太多的时间，可将越来越多的人从繁重的体力劳动中解脱出来，从事知识密集型创造性劳动。提高农业生产率、降低农业从业人员与社会各业人员的比例，是一个国家由农业向工业化过渡的基础，也是促进社会迅速发展的必由之路，这点不但可从发达国家与欠发达国家的对比中得到证实，从我国由传统农业向现代农业的发展进程中也可得到证实。

思考题

1. 何谓农业科技成果？它有什么特点？
2. 农业科技成果转化的特点是什么？
3. 如何挖掘农业科技成果的技术潜力和经济潜力？
4. 农业科技成果转化的全过程可分哪几个阶段？
5. 试述我国政府推广机构应如何改革才能与市场经济相适应。
6. 试述我国高等农业院校实施科技成果转化的发展方向。

第五章　农业推广试验与示范

基本要求：熟悉农业推广试验的类型、基本要求、设计的原则，掌握农业推广试验方案的拟订、实施与推广试验的总结，会进行农业推广成果示范与方法示范。

重　　点：掌握农业推广试验方案的拟订、实施与推广试验的总结，农业推广方法示范。

难　　点：掌握农业推广试验方案的拟订、实施与推广试验的总结。

第一节　农业推广试验

一、农业推广试验的类型

在农业推广过程中，不论是种植业，还是养殖业，均需要做各式各样的试验。由于这些试验规模有大有小，时间有长有短，涉及的因素有多有少，因而有多种分类方法。按因素多少可分为单因子、多因子或综合试验；按时间可分为一年或多年试验；按区域大小可分为小区和大区实验；按试验的性质划分，一般可归纳为适应性试验、开发性试验和综合性试验三大类型。

（一）技术适应性试验

技术适应性试验是将国内外科研单位、大专院校的研究成果，或外地农民群众在生产实践中总结出的经验成果，引入本地区、本单位后，在较小规模（或面积）上进行的适应性试验。

适应性试验的主要目的是观测检验新技术成果在本地区的适应性和推广价值。

任何一个新品种、一项新技术、新经验都有它产生和推广的条件，即使通过认真的常识性分析，从生态生产各方面判断估计这些新品种、新技术、新经验在当地大体上有增产增收的把握，也不等于完全有把握。因为这些技术成果对于推广者来讲都是间接的经验，缺乏感性认识，技术要点掌握不准，不经试验就大面积推广，有时还会造成严重损失，挫伤群众采纳新技术的积极性。例如黄瓜嫁接技术。

为了缩短推广周期，提高推广效率，适应性试验往往与简单的开发性试验结合进行。

例如，某单位从外地引进一个新的小麦品种，可按简单的对比试验设计，与当地推广的1～2个当家品种进行对比试验。这样既可观察新品种抗冻、抗病、抗倒、成熟期等在当地的适应性，又可在对比试验中获得该品种的增产效果。

再如，引进冀棉33B抗虫棉品种，与当地普通棉花品种做对照，一方面可观测抗虫棉在当地的适应性和可行性，又可通过对比获得抗虫棉的经济效益比较。

技术适应性试验一般可在较小的面积（或规模）下完成，并与当地主推技术做简单的因子对比。当引进新品种、新技术的产生地与拟推广地区在气候、土壤等生态因素相差较小时，有丰富经验的推广工作者可直接做开发性试验；而当引进新技术、新品种与当地生态生产条件相差甚大时，必须在完成一个生命周期（在时间上不同的物种相差甚大）适应性试验的基础上，再进行开发性试验和放大性生产试验。

技术适应性试验的面积（规模）可适当放大，人们常讲的生产试验（或称中间试验）就是放大的适应性试验。因为采用小区做适应性试验时，虽然可鉴别出生态适应性，但是它的实施条件一般比较优越，所获得的数据往往与大田生产存在一定的差距，而生产试验不仅面积较大，而且管理等条件贴近生产，更能反映新品种新技术的可靠性和可行性。

例如，一个冬小麦的新品系（或从外省引进的优良新品种），必须经过各省种子部门统一组织的省区试两年，然后推荐到生产试验一年，才可审定推广。通过多年多点的区域性生产试验，基本可掌握每个参试新品系（种）的生态适应范围，生产适应性、稳定性，并可从各个品系的对比中鉴别出增产效果。

放大型的适应性试验（即生产试验），虽然能更好地反映某技术成果的适应性效果，并兼有示范的作用，但在推广实践中，对新引进技术成果一般不采用这种试验形式，因为新技术成果具有不稳定性，往往会带来较多的损失。

所以，仍以小区适应性试验→小区开发性试验→生产示范的形式为主。

（二）探讨性开发试验

所谓开发性试验，是指对于某些引进的新技术、新品种、新项目，进行探讨性的改进试验，以寻求该项新技术成果在本地最佳实施方案，使其更加符合当地的生产实际，技术的经济效益得到更充分的发挥。

开发性试验是理论联系实际对原有技术成果进行改进创新的重要过程。

例如，一个新引进的作物品种，通过适应性试验仅可验证它在生育期、冬春性、成熟期等方面，是否与当地的光照、温度、降水量和分布情况及耕作制度相适应；而这个品种在本地区的最佳播种期、播种密度、最适宜的行株距，以及肥水最佳施用量、施用时期等并不清楚，必须做一些单因素多水平或多因素多水平的因子试验，寻找出在当地种植的最佳技术参数，以修正或改进原育种单位在特定条件下所获得的推荐参数。

开发性试验是技术推广工作中常见的也是最多的试验，如肥料方面的施用时期、施用数量、施用方式试验，新农药或植物生长调节剂的稀释浓度、喷洒时期、施用方法试验，设施栽培中的温度控制试验，养殖中的放养密度，饲料配比试验等均属于开发性试验。开发性试验多采用单因素多水平或多因素多水平的设计方法。

(三)综合性试验

综合性试验从理论上讲也是一种多因素试验,但与多因素试验的不同在于,试验所涉及因素的各水平不构成平衡的处理组合,而是将若干因素已知的最佳水平组合在一起作为试验处理。实际上,综合试验就是以第一目标为主线,将多个相关内容的技术成果的组装集成。

综合性试验的目的在于探讨一系列相关因素某些处理组合的综合作用,它不研究亦不能研究个别因素的独立效应和各因素间的交互作用。所以,这类试验必须在对于起主导作用的若干因素及其交互作用已经基本清楚的基础上才能进行。

选择一种或多种综合性试验作为新的技术处理与当地传统技术作对照,对迅速推广某些组装配套技术,可收到良好效果。

二、农业推广试验的基本要求

(一)试验目的要明确

农业推广试验要有明确的试验目的,即明确当地生产中急需解决哪些问题,解决这些问题的主要障碍因素是什么,采取哪些措施能够解决这些问题,要以此思路来确定试验项目,做到有的放矢。并通过对拟引入新技术成果的适应性、开发性试验,验证其适应性、先进性、实用价值、经济效益;结合当地气候条件、生产条件,对引入成果进行技术改进。

有了明确的目的不仅可以抓住问题的关键,而且可以节省人力、物力、财力,提高推广工作效率。

例如:通过观察分析,认为影响当地小麦产量再提高的主要因素是播种匀度,准备引进新机具以代替原有播种机。这要分两种情况,如当地主要使用畜力木耧,则可引进外槽轮播种机和木耧做对比试验;若当地已普及外槽轮播种机,则应引进水平圆盘播种机与外槽轮播种机做对比试验。

(二)试验要有代表性

适应性或开发性试验的代表性包括试验条件和试验材料两个方面。试验条件包括:自然条件,如气候、地形、地势、土壤质地、地下水深等;生产条件,如:土壤肥力、耕作制度、排灌条件、施肥水平、农业机械化程度、生产者技术水平和经济条件等。

自然条件和生产条件的代表性,是指试验条件应基本代表农业技术将要推广地区的自然和生产条件,只有这样,才能有助于该技术的迅速推广。否则,试验结果就很难应用到所服务的大田生产实践中去。例如,目的在解决盐碱地上小麦保苗技术,试验必须在盐碱地上进行。如果在一般地上进行,所获结果就不符合代表性的要求。

试验材料的代表性,是指试验所用材料必须是引入技术最典型的材料,对照也是最具典型代表的材料。例如,新旧品种试验,如果不是典型材料可能出现两种不真实结果:一是增产幅度太大,群众不信服;二是增产幅度过小,群众认为没有更换必要。特别是一些复混肥、农药、林果、苗木、新菌种等，在做试验时要格外注意生产厂家、商标号、规格、型号的代表性。

(三)试验结果要准确可靠

适应性试验与农业生产一样，是在开放系统中进行，受气候等不可控因素影响较大，因而重演性较差。但在气候等生态条件基本相同条件下，应能够获得与原试验基本相类似的结果，这是科技成果推广必需的前提条件，因而要求适应性试验和开发性试验结果必须准确可靠。这里所指的可靠包括试验的准确度和精确度两个方面。因此，在试验过程中，应在试验设计、材料选择、测试工具、量具及试验实施过程中的每一个环节认真严谨，使系统误差和随机误差降低到最低限度，保证试验的准确性。

三、试验设计的原则

克服系统误差，控制与降低随机误差是田间试验设计的主要任务，也是试验设计原则的出发点和归宿。要做到这一点，必须分析试验中主要受哪些非处理因素的影响，从试验设计中加以控制，从试验的实施和取样测定过程中加以控制，才能获得无偏的处理平均值和误差的估计量，从而进行正确的比较，得出符合客观实际的结论。

(一)重复原则

试验中同一处理在实际中出现的次数称为重复，从理论上讲重复次数越多，试验结果的精确度越高，但由于实施过程中受试验材料、试验场地、人力、财力的限制，一个正规的试验一般要求设3～5次重复。

设置重复有两个方面的作用:第一是降低试验误差，提高试验结果的精确度。第二个作用，是估计试验误差，只做一次试验的结果，无法估计误差，两次以上的重复试验，才能利用试验结果之间的差异来估计误差。

(二)随机原则

随机是指在同一个重复内，应采取随机的方式来安排各处理的排列次序，使每个处理都有同等的机会被分配在各小区上。随机的目的和作用在于克服系统误差和偶然性因素对试验精确度的影响。一般在试验中对小区进行随机排列，可采用抽签法或随机数字表法。

随机排列原则的理论依据来自于大样本概率的稳定性。但试验实践证明，当一个试验仅有3个重复时，采用随机的方法安排各处理在区组内的位置，其效果不尽理想，需要按均匀分布的原则进行人为调整。

(三)局部控制原则

局部控制就是分范围分地段地控制非处理因素，使其对各处理的影响趋向于最大程度的一致。

局部控制总的要求是在同一重复内，无论是土壤条件还是其他任何可能引起试验误差的因素，均力求通过人为控制而趋于一致，把难以控制的不一致因素放在重复间。

例如，土壤及肥力不均匀是影响试验的因素之一，增加重复次数虽可使试验误差降低，但由于试验田面积的增大，土壤差异也随之增加。为减少这种差异，则可采取局部控制的原则。采取按土壤及肥力变化趋势划分区组(重复)，每一区组内再按处理设置小区。这样就使得每个区组内各处理小区间很少受土壤差异的影响，土壤差异则主要存在于重复间，而这种差异又可以通过适当的统计方法予以分开。

田间布置如图 5-1 所示。当试验的处理数较少，正好等于重复次数时，一般采用拉丁方设计，拉丁方设计的优点是行与列均可成为一个区组(重复)，局部控制的效果最佳，如图 5-2 所示。

甲	丙	丁
乙	甲	丙
丙	丁	乙
丁	乙	甲
重复Ⅰ	重复Ⅱ	重复Ⅲ

高肥地——→低肥地

图 5-1　土壤肥力局部控制设计

D	A	B	C
C	B	A	D
A	D	C	B
B	C	D	A

图 5-2　4×4 拉丁方设计

(四)唯一差异原则

唯一差异原则又称单一差异原则，是指试验的各处理间只允许存在比较因素之间的差异，其他非处理因素应尽可能保持一致。

例如，油菜叶面喷施磷酸二氢钾试验，不能只设喷与不喷两个处理，因为两处理之间除了磷酸二氢钾之外，还有清水影响。正确的设计应是：①不喷施；②喷施等量的清水；③喷施适宜浓度的磷酸二氢钾液(若不清楚最佳浓度，可设几种不同浓度，并将每一种浓度作为一个处理)。

因农业生产中植物、动物生长发育及产量形成受多种因素的影响，若不遵循唯一差异原则，两种处理间虽然存在很大的差异，但这种差异是受何种因素影响而引起的，则无法判断。在推广的适应性试验和开发性试验中，一般需遵循唯一差异原则，而综合性试验则可例外。

四、农业推广试验方案的拟订与实施

(一)试验方案的拟订

试验方案也称试验计划，是指在试验未进行之前，依据当地科技推广的需要，拟进行哪方面的试验，采取何种方法进行试验，试验的设计，实施时间、场地，调查项目及测试仪器解决途径，期望得到哪些结果，所得结果对当地农业生产的意义和作用等诸项内容的一个总体规划。

拟订试验方案，一是为了使试验者的思路更系统、明晰，提高可行性。二是为了提供向上级有关管理部门申请经费或其他方面的协助。拟订试验方案应注意以下两个方面的关键问题。

1.试验题目的选择

推广试验的选题不如基础和应用研究那样广泛。它主要面向当地的生产实际，在高产、优质、高效和可持续发展的原则下，以解决当地生产急需的技术或有发展前景的实用技术为主。例如：①如何高效利用当地水资源的实用技术；②立体种植、复合群体的最佳搭配模式；③如何使瓜果、蔬菜产品中农药和重金属残留量降低的实用技术；④采用何种种植结构和耕作制度，更能发挥当地的自然资源和社会资源优势，提高生产效益；⑤在现有生产条件下如何提高作物的单作产量和质量的实用技术；⑥瓜果类产品保鲜和水产活体暂养的实用技术；⑦秸秆类废弃物综合利用实用技术等。

选题来源分两个部分：一是通过各种信息媒体得知并确认国内外研究部门或生产部门已有的，但尚不明确在当地是否可行的新技术成果；二是推广者或当地群众在生产实践中已经取得一些初步认识，但尚无十分有把握的技术项目。

2.试验因素及水平的确定

在拟订试验方案时，科学地选择试验因素和适宜的水平，不但可以抓住事物的关键，提高试验的质量和效益，而且可以节省人力、物力和财力，收到事半功倍之效果。

试验水平的确定应掌握好居中性、可比性和等距性三个原则。

①居中性，就是水平上下限之间应包括某研究因素的最佳点，因而水平的确定要适中。要达到这一要求，需了解原引新技术的推荐参数，又要根据自己的实践进行分析判断。

例如，一个玉米新品种的播种密度，育种单位要求在高肥地定植4000株，开发试验应将试验水平设在3000、3500、4000、4500和5000株(把握性较大时也应设3800、4000和4200株3个水平)。通常做法是在原有基础上向上下适当伸延，伸延幅度过小很可能找不到最佳点，过大势必拉大两个水平间的间距，这样最佳点虽落在上下水平之间，但仍难确定最适密度。

②等距性，即对某些可用连续性衡量(如长度、重量等)的因素，水平之间的距离要相等，以便于分析处理。

例如，温室大棚内CO_2浓度试验，不同水平可设计为260×10^{-6}、280×10^{-6}、$300\times$

10^{-6}、320×10^{-6}、340×10^{-6}，而不应设计为 250×10^{-6}、280×10^{-6}、300×10^{-6}、320×10^{-6} 和 340×10^{-6}。

③可比性，是指某些试验因素，无法用连续性度量进行统一衡量不连续的性状。

例如新品种试验，虽是单因素(即品种)试验，但处理(即水平)间是不连续的。各个品系在生育期之间、分蘖成穗能力或枝杈扩展能力之间、株型大小之间都存在很大的差异，因而需灵活使用唯一差异原则，将相同或相似的一类分为一组，分别进行试验，以增加真实特点的可比性。

(二)试验实施步骤

1. 制订实施计划

总体方案确定之后，需做一个详细的实施计划，主要内容包括简要的试验目的和意义，试验的地点、时间，试验的概况，田间种植图(小区面积、形状、处理排列，行、株距、保护区及人行道长宽，保护作物要求等)，调查内容、时期、标准，测产取样方法等。

2. 试验物质准备

试验进行之前，严格按计划要求购置准备多于试验实际需要量 20%～30%的各类物质材料，如机具、肥料、种子、农药、农膜、网具、配料工具、测试量具、纸牌、纸袋、尼龙袋等。不同试验需要物质不同，使用时期也不同，但必须在使用前 20 天，按计划规定的规格型号准备齐全。

3. 严格落实农艺操作

试验的实施过程，应严格按照唯一差异原则落实各项农艺操作，做到适时、准确、一致、到位。只有做到以上四点，才能将各处理真实的优点发挥出来，才能将误差降低到最低限度，不至于掩闭的实际效益。

4. 观测记载

观测记载数据是分析鉴别各处理间差异及形成原因的主要依据，要求在调查标准、测量工具、定点方法、取样方法等方面尽量做到统一。

5. 试验的收获

推广试验关注的重点是最终的结果，所以收获期的数据至关重要。对一些不以产量为主要考查目标的试验，可在收获前对相关目标进行及时、准确、多重复的测量调查。对以产量为目标的试验，一要采取实测法，不可用理论测产法；二要核准各小区面积；三要严把脱粒关、晾晒关和量具的统一性，以避免偶然性非试验因素带来的影响。

五、推广试验的总结

试验总结的过程，也是对研究事物再认识的过程。首先应对观测数据进行科学的归纳，运用统计手段从繁杂的现象中抽象出本质的规律，然后按照既唯物又辩证的多向思维去分析所获客观规律形成的原因，以便进行更深入的研究，达到真正意义上的再创新。对一些效果显著、规律性较好的试验可按科技论文形式撰写并发表；对某些无规律可循且效果不显著的试验，应及时修改试验方案，进行下一轮试验。

第二节　农业推广成果示范

一、成果示范的概念和作用

成果示范是指在生产者承包经营的土地(场所)或科技示范园等特定场地中,把经过当地适应性和开发性试验取得成功的某个单项技术成果或综合组装配套技术,严格按照其技术规程要求实施,将其优越性和最终效果尽善尽美地展现出来,作为示范样板,以引起周围生产者的兴趣及采纳激情,并采用适当的方式鼓励、敦促他们效仿的过程。

国内外的推广实践证明,在多种不同的技术推广方法中,成果示范是最为有效的方法。

成果示范的作用包括:

第一,成果示范是在适应性和开发性试验的基础上进行的,成果质量在创新性、成熟性、效益性、适应性和实用性等方面,优于当地原有的使用技术。示范点设在拟推广区的生态、生产环境中,效仿者不仅可以看到最终结果的优越性,通过参观、交流还可以了解到示范技术的基本操作过程,便于分析判断成功的把握性,采纳的欲望容易被激发。

第二,成果示范避免了一般技术传授的欠缺,示范过程可使仿效者充分使用视觉、听觉、触觉等所有感觉去考察认识新事物,并进行自己分析、判断,所以可有效地说服持有疑虑态度的生产者采纳新技术。

二、成果示范的基本要求

1.技术要成熟可靠

成果示范要求必须选用某些通过当地适应性和开发性试验,并取得成功的新技术成果。不能采用没有把握,或尚属试探性开发阶段的不成熟技术。否则会起反作用。

2.示范目标与农民和社会生产目标相一致

一方面,要以农民需求为出发点,选择某些与农民的“高产、稳产、优质、低成本、高效益”生产目标相一致的技术进行示范,才会受到农民的欢迎。

另一方面,示范的目标还要与社会生产的高效和可持续发展总目标相一致,不能为了农民的局部利益,影响当地的整体和长远意义。

例如,与林业生产密切相关的紫杉醇提取技术,就存在着两种目标的不一致性。红豆杉树皮(树叶)中含有万分之一的治癌特效物质——紫杉醇,其国际市场价格每公斤高达3000多美元,滇西地区丽江县的少数加工企业使用了这种提取技术,虽然给少量加工企业和部分农民带来了丰厚利益,但导致全县大部分的国家一级保护植物——红豆杉的树皮被剥光,损害了整体利益。

只有做到示范目标与农民和社会(政府)目标的一致,才能最大限度地调动各方面的积极性，既得到政府的支持，又受到群众的欢迎和拥护，最后获得良好的示范效果。

3. 具备成果示范的必需条件

成果示范的重要意义在于将拟推广的技术成果尽善尽美地展示给参观者，激发效仿者的采纳欲望。因此推广人员与生产者应共同创建出示范样板。样板必须具备充分体现的条件：

第一，每一组示范，需要有1～2名既掌握新技术原理，又有熟练操作技能的推广人员，他们有足够的时间和精力，经常到示范点进行全面指导和关键环节的讲授及操作，以保证示范技术成果规程的正确实施。

第二，要有一个理想的农户或其他形式的生产实体，作为示范点。

选择标准：

①所经营的土地（或场所）有足够大的规模，并与推广地区的生产条件相一致。

②有一定的文化水平，热爱农业科技，接受新事物的能力强，并自愿与推广人员合作的带头户。

③有较强的责任感、荣誉感，在当地有一定的威信和影响力。

④有丰富的实践经验，有一定的经济基础并有充足的劳动力和相应的生产资料。

4. 示范点的选择和布局要合理

首先，示范的目的和意义在于展示。为了给更多的参观者提供方便，扩大影响效果及辐射范围，示范点都应设在交通十分便利，排灌等基础设施完善，既便于机械或畜力的农事操作，又远离村落或其他障碍物，土壤均匀的大田中。

其次，地块条件要符合成果要求。示范点的多少及布局应酌情而定，原则上每个乡镇设一处示范点。对于一些窄长的乡镇可设两处，对那些相对比较集中，乡镇之间距离较近，可在几个乡镇的中心点设一处即可。

最后，还一种形式是集中示范，即把多项不同的示范项目集中起来，设在由政府或企业支持协调下建立的不同形式的科技示范园内。在科技示范园内集中示范的方法，往往会给边远村落的生产者增加参观的交通费用，但也避免了分散示范不稳定性的缺点，可以充分发挥人员和设施相对集中的优势，而且参观者每一次参观可同时学到多个所关心的新技术，自由参观者较多。

三、成果示范的方法步骤

1. 制订示范计划

一个成功的成果示范，事前要对示范过程中所涉及的诸多问题制订全面而细致的实施计划。内容主要包括示范的内容、时间、地点、规模，预期指标，生产资料的来源及保障，观摩学习人员的范围，组织形式，参观时期，讲解内容，技术人员和示范农户的义务和权利，观察调查项目及方法等。

2. 示范地点（场所）和示范户的确定

示范负责人应按照成果示范的基本要求原则，到拟设立示范点的地区（村）进行实地考察，确定示范地的大致框架区，并对框架区内所涉及的农户做间接调查，然后将几个符合要求的农户召集一起，认真座谈。最后确定1～2户自愿合作者。

3.加强指导，创建高质量的示范样板

示范场地落实之后，推广人员应与示范户团结协作，严格按照计划要求，认真落实各项农艺操作。推广者将示范技术的要点及相关知识耐心地传授给示范户中的技术带头人，示范技术的每个关键环节必须亲自参加。

通常情况下，示范田不需像试验田一样设同等规模的对照，但必须保留一个较小规模的对照区，作为参观的对比参照物。

为了吸引自由参观者的注意力，一般可在示范点附近的道路旁建一个醒目的示范标志牌。牌上注有示范题目、内容、生产指标、技术负责人（或技术依托单位）、示范单位（或示范户姓名）等。

4.观察记载

成果示范是一种推广教学方法，为了准确地给参观者提供一些他们所关注的数据，如品种名称、施肥量、灌水量、用工情况、株行距、各生育期的调控指标、产量效益等，应按计划要求及时、准确地进行观察记载，并将平均数记入观察调查记载表中，作为资料保存供总结使用。

5.组织观摩

组织参观是成果示范的重要目的。

观摩的组织形式有两种：一是由政府出面组织相关人员；二是由推广者发邀请函或电话邀请相关人员。

观摩时间和次数的安排，应视示范项目的不同，酌情安排在最关键的时期。如设施果树高产栽培技术示范，可安排四次：第一次在幼苗定植期，第二次是树形控制修剪期，第三次是人工授粉期，第四次是采收之前。

参观的程序。当参观者按通知或邀请按时到达参观现场后，首先由推广人员介绍示范的技术概况和本次参观的主要内容，并发放有关资料。接下来就是分组实地观摩，示范负责人和示范户要在带领参观过程中，及时解答参观者的各种咨询，并对某些不同观点交换意见。最后到一个固定场所观看录像，由示范负责人、示范户代表和有关的领导人做总结发言。

四、成果示范的总结

一项成果示范结束后，应及时写出一份综合的技术总结。总结包括两部分：一是工作概述，主要包括示范的背景、规模、组织形式、影响效果、经验与不足等；二是技术部分，主要包括示范技术增产增效指标、投入情况、管理措施及各关键生育期的调控指标等，并附原始记录和录像、照片等资料。

成果示范总结材料的价值：一是积累材料，充实推广教学内容。二是向政府或企业等资助单位的管理部门提供资料，以便上一级推广管理部门完成大范围的工作总结，同时作为制订下一轮推广计划时的参考依据。三是向技术成果研制单位反馈信息。

第三节　农业推广方法示范

一、方法示范的概念和应用

1. 概念

方法示范是指推广人员利用适宜规格的植物、动物、农机具或其他实物做直观教具，将某些仅通过语言、文字和图像来表达显得困难、传授效果极差的操作性技能（或技巧），通过实际操作演示与语言传授相结合的方式传授给农民，并现场指导他们亲自操作，直至掌握其技能要领的推广教学方法。

2. 应用

方法示范属于技能类示范。例如：果树的嫁接、修剪整形、环剥、人工授粉技术、棉花整枝打杈、水稻抛秧技术，均适于方法示范。有资料表明：当人们只靠听来学习，只能记住内容的 20%；只通过看来学习，可记住所学内容的 35%；而两者结合起来则可记住内容的 65%。听、看、做结合起来学习效果最佳。

由于农民长期从事循环往复的农事操作活动，具有较强的形象思维能力，而抽象的逻辑思维较差，因而缺乏形象模具的教学方法往往收效甚微。

方法示范可使农民通过视觉、听觉、触觉等全部感官进行体验学习，并将听、看、做和讨论交流相结合，能在较短时间内领会并掌握语言和文字较难描述的技能，所以，方法示范是一种被普遍采用且效果显著的推广教学方法。

二、方法示范的基本要求

1. 短时准确

方法示范的内容（题材）必须是当地群众最需要解决的问题，且适合当众表演。由于方法示范多数是在田间、地头，教学环境不同于教室，观众的注意力不易集中，所以要尽量在短时间内精确地完成示范操作。否则群众反感，效果不佳。

2. 操作为主、讲解为辅

示范者要事先做好反复练习准备，把实际操作分解成几个部分进行演示，在示范过程中要将每个操作展示清楚，不能用语言来代替。但对一些关键性的技术操作，也要做简要的讲解，讲清为什么只能这样做，而不能那样做，它的原理是什么等。

3. 农民亲自操作

一项新技术，听起来、看起来好像容易掌握，但真正做好是不容易的，因为有一个操作是否熟练、准确的问题。因此，要求农民对每一个步骤要亲自去做。做对了推广人员要给予肯定，做错了要帮助他们改正，直到全部掌握为止。

三、方法示范的步骤

(一)方法示范计划的制订

无论推广人员有多么丰富的经验,每次进行方法示范,都要根据示范的目的和内容写出示范计划。同样内容多次重复的示范,也应根据以往的体会对计划作更完善的修改。计划包括的目的,示范题目及主要内容,示范所需材料和直观动、植物教具,示范时间和场地,观众邀请的形式,解答的主要问题,示范过程的总结等,以保证示范整个过程有条不紊地进行。

(二)方法示范内容的准备

准备的内容包括实物教具、场地和操作演示技能及讲解要点三个部分。

1. 实物教具

如果是做树木嫁接示范,必须在适宜嫁接的季节内,有足够的砧木和鲜活的贮藏接穗,以及环剪、辟刀、塑料等。

水稻抛秧示范,需准备适龄的秧苗和已经整好待播的水稻田。

2. 场地和辅助设备

有些示范需要足够大的场地,如新的农机具功能调控,每更换一种功能需要一定的操作作业区,因而需要事先选择好作业场地。此外,一些必要的机械图解挂图,农作物根、茎、叶、花、果构造或生长发育机理示意图等,都是提高方法示范所必需的辅助教具。

3. 操作和讲演预试

推广人员要对示范操作和讲演做好充分的准备,示范前需反复演示,确保示范时精确,短时内完成,讲解简洁、准确、易懂、易记。

(三)示范的组织

方法示范的对象往往是一些专业性较强的生产者,当示范的时间、地点、重点内容确定之后,可通过政府以通知的形式,由推广者直接发邀请函的形式,或者在电视、报刊等大众媒体上播出或刊登广告等形式组织学习者。

(四)方法示范的实施

1. 介绍

首先要介绍示范者自己的姓名和所从事的专业,并宣布示范题目,说明选择该题目的动机及其重要性。要使推广对象对新技术产生兴趣,感到所要示范的内容对他来说很重要并且很实际,而且能够学会和掌握。

2. 示范

示范者要选择一个较好的操作位置,要使每位观众能看清楚示范动作。操作要慢,要一步一步地交代清楚,要做到说明(或解释)和操作同时进行,密切配合。用语要通俗、易懂。

3. 小结

将示范中的重点提出来，重复一次并做出结论，以给观众留下深刻的印象。在进行小结时要注意：①不要再加入新的内容；②不要用操作来代替结论；③要劝导学习者效仿采用。

(五)操作练习和回答问题

示范结束后，在推广人员的直接帮助下，每个推广对象要亲自操作，对不清楚、不理解或能理解但做不到的事情，推广人员要耐心重新讲解、重新示范，纠正错误的理解和做法，鼓励他们再次操作练习，直至达到技术要求为止。

四、方法示范的总结

方法示范的总结比较简单，主要包括示范的内容、时间、地点、组织形式、示范效果及示范的优缺点等，同时将示范的体会，特别是需注意的重点及需要改进的方面记载下来，作为青年推广人员的学习借鉴资料。

思考题

1. 农业推广试验与科研试验有何异同？
2. 如何有效控制试验误差？
3. 如何做好成果示范？
4. 如何做好方法示范？

第六章　农业推广教育与培训

基本要求：通过本章的学习，弄清推广教育对象的学习特点，掌握推广教学原则、农民技术培训方法和推广人员培训的必要性。

重　　点：推广教育对象的学习特点，推广教学原则，农民技术培训方法。

难　　点：推广教育的内容及教学方法的综合运用。

第一节　农业推广教育

农业推广教育以农民为对象，以推广工作、农村开发和农民的实际需要为教材，以提高农民素质、繁荣农村经济、改善农民生活为目的。因此，了解农业推广教育的特点和规律，掌握推广培训技能，对于做好农业推广工作是至关重要的。

一、农业推广教育的特点

1. 普及性

普及性是指农业推广教育是面向农业生产、面向农村的社会教育工作。

农业推广教育的对象包括：成年农民、农村基层干部、农村妇女和农村青少年。由于他们的文化程度参差不齐，因此工作面广、量大。

2. 内容的实用性

农业推广教育的主要对象是成年农民，他们是农业科技成果的直接接受者和应用者。他们学习的目的不是为了储备知识，而是为了解决生产生活中遇到的实际问题，完全是为了应用。因此，农业推广教育必须适应农村经济结构变化和农业生产、农民生活的实际需要，理论联系实际，做到学以致用。

3. 实践性

农业推广教育是一项实践性很强的工作。它是根据农业生产的实际需要，按照试验、示范、技术培训和技术指导、服务这一程序实施的。在这一过程中，不仅要向农民传授新知识、新技能和新技术，帮助农民解除采用新技术的疑虑（知识的改变—态度改变—个人行为改变—群体行为的改变），转变他们的态度和行为，而且还要同他们一起进行试验，向他们提供产前、产中、产后等服务。由于这种教育方式具体、生动、活泼、实用，农民易于接受。

4. 时效性

时效性包含两层含义：一是现代科技日新月异，新技术更新周期短，一项新成果如不及时推广应用，就会降低推广价值。二是农民对科学技术的需要往往是"近水解渴"，要求立竿见影。

因而，农业推广人员应该不失时机地帮助农民获得急需的技术，必须善于利用各种有效的教学方法，把先进的科技成果尽快地传递给农民，以提高科技成果的扩散与转化效率。

二、农业推广教育的教学原则

1. 理论联系实际原则

理论联系实际原则即教学内容的实际、实用、实效原则。

农民学习和掌握科技知识的最终目的是为了解决农业生产、生活中遇到的实际问题。因此，农业推广教育要针对农业生产实际中存在的现实问题，进行广泛的调查研究，了解农民目前的迫切需要，掌握他们需要哪方面的新技术、新知识、新信息，有针对性地确定农业推广教育的内容。同时把推广教育内容与农业生产、农民生活紧密结合起来，使推广内容更具实用性和时效性。

2. 直观原则

农业推广教育的对象是农民，他们最现实，不但要亲眼看到、亲手摸到，而且还渴望了解成果取得的过程。这就要求在农业推广教育过程中要为农民提供具体的知识和充分的感知，把经验、知识与具体实践结合起来，充分运用实物直观（如观察实物标本、现场参观、实习操作等）、模像直观（如模型、图片、幻灯片、电影、电视录像等）和语言直观运用（如表演、比喻、模仿、拟人等对客观事物进行具体、生动、形象的描述）。即把"看"、"讲"、"做"有机结合起来，使抽象的理论具体化、直观化，这样，对农民才具有强劲的吸引力和说服力，才能获得良好的教育效果。

3. 启发性原则

农业推广过程中，推广人员要善于启发农民，调动农民的自觉性、主动性和创造性；要让农民多发表意见，提出自己的见解。培养农民对所学的内容正确与否的判断能力，并通过对话、交流看法等方式创造一个和谐、融洽的气氛，要与农民互教互学。

4. 因人施教原则

因人施教原则是指根据农民的年龄层次、个性差异和文化程度等不同的特点，有的放矢地进行教育。

如：对热情不高，较保守求稳的农民——要耐心示范，用事实说话；对文化程度低、经济条件差的农民——要在力所能及的情况下，解决他们的困难，坚定他们学习的信心；对实践经验丰富，有一定文化程度，经营能力较强的农民——则要引导他们对农业科技理论知识的学习，促进知识更新，提高文化素质。

三、农业推广教学方法

推广教学的方法多种多样，而且各有其灵活性。当推广教学目的、内容确定以后，配合使用多种教学方法可以使所要推广的信息或技术得到最大程度的传播。在推广教学中采用的教学方式、方法越多，推广信息、技术也传播得越快、越广。如果几种教学手段能很好地结合，不仅可使推广人员与农民的个人接触达到较好的效果，而且在许多场合，推广人员即使不在场，也可以增加推广接触的次数。

同时重叠应用两种教学方法，可以扩充教学过程的内涵，活跃教学气氛，增加学习者教学内容的理解和记忆，提高教学效果。推广教学中选用的方法，应该注意重叠使用。例如在示范教学时进行小组讨论，可以更有效地达到成果示范或技术示范的教学目的。此外，农民认识、理解、接受的信息和技术，主要是靠直观感受，而不是靠推理分析。实践中，应尽可能地选用成果示范、技术示范、现场指导、挂图、幻灯、电影、录像、电视等教学手段，以提高推广教学的效果。

1. 集体教学法

集体教学法是在同一时间、场所面向较多农民进行的教学。集体教学方法很多，包括短期培训班、专题培训班、专题讲座、科技报告会、工作布置会、经验交流会、专题讨论会、改革研讨会、农民学习组、村民会等多种形式。

集体教学法最好是对乡村干部、农民技术员、科技户、示范户、农村妇女等分别组织，内容要适合农民需要，时间不能长。

可利用幻灯、投影、录像等直观教学手段，以提高效果。

2. 示范教学法

示范教学法是指对生产过程的某一技术的教育和培训。如介绍一种果树嫁接或水稻育秧等技术时，就召集有关的群众，一边讲解技术，一边进行操作示范，并尽可能地使培训对象亲自动手，边学、边用、边体会，使整个过程既是一种教育培训活动，又是群众主动参与的过程。

注意事项：①一般要有助手，做好相应的必需品的准备，保证操作示范顺利进行。②要确定好示范的场地、时间并发出通知，保证培训对象到场。③参加的人不能太多，力求每个人都能看到、听到和有机会亲自做。④成套的技术，要选择在应用某项技术之前的适宜时候，分若干环节进行。⑤对技术方法的每一步骤，还要把其重要性和操作要点讲清楚。

3. 鼓励教学法

鼓励教学法是通过教学竞赛、评比奖励、农业展览等方式，鼓励农民学习和应用科研新成果、新技术，熟练掌握专业技能，促进先进技术和经验的传播。

特点：可以形成宣传教育的声势，利于农民开阔眼界，了解信息和交流经验，激励农民的竞争心理。

4. 现场参观教学法

组织农民到先进单位进行现场参观，是通过实例进行推广的重要方法。参观的单位可以是农业试验站、农场、农户、农业合作组织或其他农业单位。

优点:通过参观访问,农民亲自看到和听到一些新的技术信息或新的成功经验,不仅增加了知识,而且还会产生更大兴趣。

注意:参观人数不易太多,以利行动方便和进行参观、听讲及讨论。

第二节　农民技术培训

(一)农民学习的特点

1.学习目的明确

农民学习动力来源于学习目的和学习动机。这都产生于实践的需要,并对学习效果有很大的影响。

农民学习的目的通常是为发家致富,改善生活,提高社会经济地位,求得个人发展以及对子女的培养。这种明确的学习目的和动机,使其产生了强烈的学习愿望和学习积极性。

2.较强的认识能力和理解能力

农民的认识能力是建立在已有的实践经验和感性知识基础之上的。他们在多年的生产、生活中形成的各种知识与丰富的经验,对理解当前的感知对象(科学技术),有着在校学生不能比拟的优越性,从而产生了较强的认识能力和理解能力。农民在学习中借助这些丰富的实践经验和一定的基础知识,就能联系实际思考问题,并举一反三、触类旁通。

3.精力分散,记忆力较差

农民虽有较好的认识能力和理解能力,但记忆保持力较差。农民既要参加生产劳动,还要承担家务,还有社会活动,精力容易分散,接受知识较快,遗忘也较快。因此,农业推广教育宜采用直观的具体指导、学用结合和通过重复学习等多种办法来帮助他们的记忆,提高学习效果。

4.学习时间有限

农民担负的生产、生活和工作任务繁重,尤其是农村妇女,负担更重,学习时间少,困难大。另外,农民要自行安排生产劳动时间,没有统一的作息制度。同时,居住分散,学习时间不易集中。因此,在农业推广教学中要为农民业余学习创造条件,尽可能利用夜间、雨天、冬闲等生产空闲时间,安排和组织他们学习。

5.农民之间的相互学习

在实践中,农民常常是向其他农民学习的东西多于农业推广人员所教的东西。农民之间的相互学习,是一种重要的方式,特别是革新技术的传播。

二、农民短期技术培训方法

对于一些技术含量较高的项目,一般是先培训科技示范户。

(一)对科技示范户的技术培训

1. 科技示范户的选择

一般选择一些当地的技术骨干,他们有一定的文化基础,影响力强,思想活跃,接受新事物快,有主动参与的要求,有明确的学习目的,是农村中的先进力量。

2. 培训的内容

培训的主要内容是讲授示范项目技术要点,培训操作技能;鼓励其为当地农民服务;传授其如何影响农民、传播技术、消除保守思想的方法。

3. 培训方法

(1)组织现场培训

组织现场培训是利用现场直观环境,言传身教,使科技示范户容易理解、接受,它也是在示范项目进行之前,组织科技示范户到试验田,边观察、边讲解、边实地操作,并鼓励科技示范户模仿,反复进行,直到其掌握为止。

(2)田间指导

田间指导在执行示范项目的进行过程中,农业推广人员每周用1～2天进行田间的巡回指导,以解决现实存在的问题。并根据反馈信息,发现有普遍存在的问题,就要重新组织进行短期的再培训,甚至有必要组织进行现场的再培训。

(3)个别接触

个别接触贯穿于示范项目进行的全过程,为了使示范户不至于失去示范的兴趣,农业推广人员要经常到农民家拜访或邀请农民来做客,进行双向沟通,以便传递信息,讲授知识,培养感情,加强协作。

(二)对普通农民的短期技术培训方法

对普通农民的培训形式更需要灵活多变,并针对不同区域和不同类型的农民采用与之相适应的培训方法。主要的培训方法有:

1. 技校培训

技校培训就是各乡镇建立农业技术学校,农民通过到农技校来学习,增长知识,提高素质。科、教、推三方面联合组成巡回讲师团进行宣传培训。这种形式要深入农村基层,根据农民参与、从众的心理,调动起广泛的积极性。其有一定权威性,容易赢得农民的信任。

2. 成果示范和方法示范

在一些交通要道周围、公路两旁或集市所经路旁布置好示范点,做一醒目的标记,使人只要从此经过就能参加讨论,或通过组织大家到示范户的示范田参观,通过示范户的讲解、操作,加以传授,再加上推广人员的补充,从而达到培训的目的。

3. 服务咨询

在一些繁华地带(集市、贸易中心)设置咨询网点,接受农民咨询。

4. 现场会

通过组织大家到那些采用效果明显的地块,参观、讨论、介绍经验,进行表扬鼓励,激励大家接受新技术。

三、农民职业培训——“绿色证书”制度

“绿色证书”是指农民达到从事某项农业技术工作应具备的基本知识和技能要求，经当地政府或行政管理部门认可的从业资格凭证，是农民从业的岗位合格证书。

“绿色证书”制度在发达国家是一项法规性的制度，农民要经营农业，必须取得绿色证书资格。我国在借鉴国外农民职业教育经验的基础上，结合我国农村经济发展的现实需求，农业部自1990年开始在全国组织实施绿色证书工程，逐步在中国农村确立了“先培训、后上岗”的农民职业技术资格证书制度。

(一)“绿色证书”工程的实施范围和实施对象

1.国家对“绿色证书”工程实施范围的界定

“绿色证书”制度的实施范围，主要包括种植、畜牧兽医、水产、农机、农村合作经济管理、农村能源和农业环境等行业。农机管理和农村合作经济管理行业已在农机驾驶员、操作、维修以及农村会计、审计、合同仲裁等岗位，继续推行目前实行的培训、考核、发证等有关规定，并使之逐步完善。凡从事这些岗位工作的农民达到农业部规定要求，获得的专业资格证书可视同于专业类农业技术资格证书，并具有同等效力。

2.国家对“绿色证书”工程实施对象的界定

实施“绿色证书”制度的最初目的是培养一支农民技术骨干队伍，作为农民学历教育与实用技术培训之间的一个层次。所以绿色证书工程的重点是乡、村干部，乡、村技术推广人员，种植业、养殖业大户，科技示范户，农村妇女，复转军人和一些技术性较强岗位的从业农民。但从各地的实施情况来看，上述界定已经限制了绿色证书培训的力度，很多省(直辖市、自治区)都在扩大“绿色证书”培训范围上进行了有益的探索。

(二)“绿色证书”的资格标准

取得“绿色证书”的农民，必须达到岗位规范规定的标准。农民技术资格岗位规范包括政治思想、职业道德、岗位专业知识、生产技能和工作经历、文化程度等方面的要求。岗位专业知识和技能，是技术资格岗位规范的重要内容。“绿色证书”获得者要比较系统地了解本岗位的生产和经营管理的基础知识，每个岗位的专业课包括3～5门课程，300学时左右。种植业、养殖业等生产周期较长或技术性较强的岗位，至少要通过一个以上本岗位生产周期的实践，掌握本岗位的生产技能并达到熟练程度。

第三节　农业推广人员培训与提高

农业推广人员的培训，是指农业推广人员职前和在职的学习、培养和训练提高的过程，也是对推广人员继续教育和提高工作能力的过程。

一、职前培训

职前培训是指对准备专门从事推广工作的人员进行就业前的职业教育。职前培训是由于推广人员就职前往往是某一专业，难以适应岗位的多种需求，所以，上岗前必须进行针对性培训，目的是使刚从事推广工作的人员掌握一定的技术与技能，从而使其具有承担推广工作的能力。

这项工作一般由国家的中、高等农业教育学校来完成。教育部门根据推广部门的要求和推广人员应该具备的各种素质，拟订教学大纲和教学计划，通过学习和实习，使他们在就业前就具备推广人员的基本知识和素质。

一般是通过开设(农业推广学)课程来解决。另外，辅以社会调查、科学研究、生产实习等环节，效果更佳。

(一)职前培训的主要内容

具体包括：

①农业各个领域的专业技术知识，如农业、林业、畜牧、兽医、农机、蔬菜、渔业等，这些知识主要是通过专业课程的学习来解决。

②培养在农村基层为农业生产、农业推广做出贡献的思想，了解推广工作的目的、推广组织及推广人员的职责。

③培养推广人员的推广教学方法和技能，掌握各种试验方法以及推广方法的优缺点。

④培养拟订推广计划的知识与技能、组织实施的知识和技能、总结宣传的知识的技能。

⑤培养示范、说明和分析问题的能力，掌握各种视听传播工具的功能和使用方法。

⑥了解和熟悉当地群众的文化和乡村社会组织，找出这些文化与社会组织成立并存在的理由。

⑦熟悉消息的来源与获得的方法。

(二)职前培训的类别

一般将推广人员按工作性质分为 3～4 种类别，即管理领导类、技术和专家类、推广人员或官员类和基层推广工作人员。其中基层推广工作人员是人数最多的一类。在许多国家，基层推广工作人员又是推广工作第一线的领导。

对于各类推广人员所要求的职前培训，各个国家的要求有所不同。这在一定程度上取决于各个国家农业教育部门的种类和相对职能。

管理和领导人员，除了应接受专业技术教育之外，还应具有在人才选择、咨询、人员管理、工作评价、培训计划、发展和管理以及监督指导方面的才能。

专项技术推广人员，要求具有农业科学或某一专业领域(例如园艺、种子等)的大专学位。此外，大多数人都还应该具有基本的种植和养殖技能，以使他们能圆满地在农户中完成示教工作任务，还需具有一些基本的培训技能。

二、在职培训

在职培训是指推广组织为了保持和提高推广人员从事本职工作能力所组织的学习活动。每个推广人员，从就职开始，到职业生涯结束为止，都有义务接受培训，也有权利要求参加培训，以提高自己的专业水平，有效地完成推广任务。推广机构应在组织结构上为职工参加培训提供尽可能多的机会。

(一)在职培训的必要性

具体包括：

①一个农业推广人员所具有的知识是有限的，即使是比较高级的推广人员，在知识日新月异的今天也会深深感到知识的匮乏，需要不断地补充新知识。

②通过在职培训，可以重新温习过去学过的知识，结合工作实践进一步加深理解和掌握。

③知识是日新月异的，推广人员需要不断地更新知识和技能，以适应当前和当地农业和农村发展的需要，解决自己通过自学所不能解决的问题。

(二)在职培训的类别

具体包括：

①系统培训，即为期3个月到1年不等，系统地讲授推广原理和技术(技能与方法)的培训。

②专题培训，即针对一些专门的课题进行的培训。

③更新知识的培训，是指在技术不断更新的形势下，对推广人员进行最新知识和技术的培训，以适应新的形势。

(三)在职培训的主要内容

具体包括：

①更新和进行基础专业教育、现代推广理论和技术的教育。

②掌握新技术、新信息、更新应用技术。

③根据推广工作需要的专业教育。

④掌握农业发展形势的主要特征，讨论有关任务和工作方法。

⑤掌握新的视听、宣传工具，补充新的教学手段。

(四)在职培训的主要方法

世界银行对发展中国家的农业推广人员的在职培训方法，对我们来说有很好的借鉴意义，其方法主要有：

1.每月讲习班

每月讲习班的地点是推广专家在职培训的主要集中地，也是推广和科研人员定期接触的地方。一般是举办为期两天的讲习班，目的是定期提高推广专家的专业技能，以适应农民对实际技术的需要。

2. 两周培训班

两周培训班的主要任务是继续提高村推广员和乡推广员的专业技能，这种培训班两周培训一次。

3. 生产推荐项目培训

它是对农民进行农业技术措施的专门推广教育培训。这些措施的生产技术和经济效益要适合农民的生产条件。

第四节　科技特派员

一、实施科技特派员进行农村科技创业行动的意义

科技特派员工作源于基层探索、群众需要、实践创新，是农村改革发展的重要成果。科技特派员制度发源于福建省南平市，1999 年该市在闽北贫困山区推广科技特派员制度。实施四年多来该市农业总产值由 1998 年的 61.94 亿元增加到 2002 年的 103.83 亿元，农民人均纯收入年均增长率达到 8.2%，是全省平均水平的 2 倍。“南平现象”引起了社会的广泛关注。自 2002 年开展科技特派员试点工作以来，各地方在实践中创造了各具特色的科技特派员创业与服务模式，在全国形成了充满生机的良好格局。目前，已有 7.2 万余名科技特派员长期活跃在农村基层、农业一线，围绕当地产业和科技需求，与农民建立“风险共担、利益共享”的利益共同体，开展创业和服务，有力推动了农业科技成果转化和应用，形成了科技人员深入农村开展创业和服务的有效机制，为增加农民收入、发展农村经济做出了重要贡献。科技特派员工作得到了党中央、国务院的充分肯定，受到了广大农民的积极欢迎。一是科技特派员肩负着指导生产、推广科技、密切党群关系的特殊使命，他们不同于科技下乡和科技进村，科技特派员制度是把科技植入农村的行为，从短期行为转化为长期行为。二是不同于选派科技副职，科技特派员不是基层的行政领导者，而是直接参与生产实践，是市场经济的主体之一；不同于传统的农业科技推广，科技特派员制度把对农民的培训、咨询行为转变为与农民结成利益共同体而面向市场的行为。三是不同于简单的扶贫，科技特派员制度是把帮助农民脱贫解困转变为示范带动，带着他们干，做给他们看。四是不同于机关干部分流下派，科技特派员制度把干部的被动锻炼变为主动创业发展，为科技人员施展才华搭建起一个平台。科技特派员工作通过体制机制创新，充分调动了科技人员和农民创业积极性，引导科技人员深入农村创业服务，鼓励科技特派员领办、创办、协办科技型农业企业和专业合作经济组织，培育新型农村生产和经营主体，将科技、知识、资本、管理等生产要素向农村聚集，为农村改革发展注入新的活力。党的十七届三中全会明确指出，我国总体上已进入以工促农、以城带乡的发展阶段，进入加快改造传统农业、走中国特色农业现代化道路的关键时刻。新形势下，开展科技特派员

农村科技创业行动，依靠科技创新发展现代农业，建设社会主义新农村，统筹城乡发展，实现农村经济社会全面、协调、可持续发展具有重要意义。

二、指导思想、发展目标和实施原则

（一）指导思想

以邓小平理论和"三个代表"重要思想为指导，全面贯彻落实党的十七大和十七届三中全会精神，深入贯彻落实科学发展观，按照加快形成城乡经济社会发展一体化新格局的根本要求，紧紧围绕我国现代农业和新农村建设对科技的需求，以科技特派员创业链建设为重点，以体制机制创新为动力，以政策引导支持为保障，促进科技要素带动资金、人才、信息、管理等其他生产要素向农村聚集，加速农业科技成果转化，促进区域优势特色产业及县域经济发展，推动农村经济社会又好又快发展。

（二）发展目标

力争用5年的时间，使科技特派员工作多部门联合推动机制更加健全，农村科技创业政策环境不断优化，全国性互联互通的科技特派员农村科技创业服务平台基本建立，科技特派员培训体系基本完善，科技特派员社会化服务组织逐步健全，科技特派员服务领域大大拓展，区域优势特色产业不断壮大，当地农业产业化水平显著提升，基本形成科研单位、高等院校、涉农企业、农林业技术推广机构、农业产业化经营组织、广大乡土人才全面参与，科技特派员来源渠道不断拓展的科技特派员农村科技创业新局面。

——培养一批科技创业人才。建设一支15万人的科技特派员队伍，使科技特派员工作覆盖全国75%以上的县（市、区、旗），提高基层科技创新和服务能力。

——培育壮大一批区域优势特色产业。建设150个科技特派员创业链，建设一批科技特派员创业基地和科技成果转化中心，促进150个区域优势特色产业发展，有力推进县域经济发展。

——转化一大批科技成果。引进农林动植物新品种5万个，推广先进适用新技术5万项，大幅度提高科技成果转化率，促进农业与农村经济增长方式的转变。

——带动一批大学毕业生和农民工就业。带动5万名大学生和农民工参与科技特派员农村科技创业行动，开展科技创业和服务，创造一批新的就业载体，以创业带动就业，以创业实现就业。

——扶持一批科技型农村生产经营主体。引导科技特派员领办、创办、协办2万个农村科技型企业，扶持和培育2万个农民专业合作社，提高农民组织化程度。

——带领广大农民致富。通过开展科技特派员农村科技创业行动，推动传统农业技术改造、升级和创新，培育农村新的经济增长点，直接带动农户人均收入年同比增长10%左右，促进农民增收致富。

(三)实施原则

具体包括:

——以人为本,尊重首创。坚持以人为本,尊重农民和科技特派员的意愿,实现双向选择,保护科技特派员和农民的合法利益,不断创新科技特派员工作方法和模式。

——统筹规划,分类指导。统筹规划全国科技特派员农村科技创业工作,加快农村基层科技能力建设。按照不同区域农村科技发展的基础和潜力,因地制宜,分类指导,突出特色。

——突出创业,强化服务。突出科技创业,在创业中强化服务功能,推动多元化农村科技服务体系建设,为农民提供就业创业、民生、健康等方面的科技服务。

——着眼产业,关注民生。立足于壮大区域优势特色产业,发展现代农林业,推进新农村建设,把科技创业和科技服务的领域由产中向产前和产后延伸,由生产向市场和流通延伸,由发展经济向改善农村生活环境和生态环境拓展。

——创新机制,系统推进。推进体制机制创新,坚持政府引导,集成政策、资金、项目等科技资源,加大投入。坚持市场驱动,通过建立风险共担、利益共享利益共同体,实现互利共赢。注重社会参与,发挥科技创业协会等中介机构的作用。

三、主要任务

(一)以科技特派员创业链建设为核心,培育壮大区域优势特色产业,推进县域经济发展

1.建设一批科技特派员创业链

科技特派员创业链是指科技特派员参与创业的产业链。围绕区域优势特色产业,建设一批科技特派员创业链。整合资源、营造环境,引导科技特派员带领农民创办、领办、协办科技型企业、科技服务实体或合作组织,培育和壮大一批区域优势特色产业,促进县域经济发展。

2.实施科技特派员创业重大项目

围绕科技特派员创业链建设,针对农业产业链关键环节和瓶颈问题,实施一批重大科技创业项目,集成转化应用一批先进科技成果,提升农业产业链科技含量。

3.深入产业链各环节开展创业和服务

用新型工业化的思路发展现代农业,按照市场需求和比较优势,对农业产业链合理分工,支持科技特派员在产业链各个环节开展创业和服务。以科技特派员创办的实体为载体,将信息、科技、金融等生产要素植入产业链,并进行有效集成。

4.提高农民组织化程度

支持科技特派员通过创业,组建专业协会、合作社和企业,培育壮大农村生产经营主体,实现小生产与大市场的有效连接,提高农民组织化程度和农业抗风险能力。

(二)搭建全国性互联互通的科技特派员创业服务平台,为科技特派员创业提供有力支撑

1. 创业信息服务平台

结合农村信息化建设,建设省级农村科技创业信息服务平台。建设一支农村信息科技特派员队伍,结合星火科技 12396 农村科技信息工作,推进资源共享、互联互通、专家与农民有效互动的农村信息化服务。

2. 创业孵化器平台

建设一批农村科技孵化器,改善农村科技创业条件,培育新型农村科技企业;鼓励科技特派员进入国家和地方孵化器创业。

3. 创业技术专利与产权交易平台

整合资源,合理布局,在全国选择部分具备条件的城市,支持发展若干区域性技术专利与产权交易中心,推动地方科技特派员创业技术专利与产权交易网络平台建设。

4. 创业成果展示交流平台

建立科技特派员创业成果数据库,构建虚实结合的科技特派员成果展示交流平台,充分利用交易会、展示会等多种形式组织开展科技特派员创业成果展示交流,发挥网络、报刊、电视等新闻媒体的作用,充分展示交流科技特派员科技创业的成果。

5. 创业金融服务平台

搭建科技部门与金融部门,金融机构与科技特派员创办经济实体之间的沟通平台,促进科技特派员工作与金融服务的结合;充分发挥现有金融机构作用,探索建立新型农村金融机构,发展农村各种微型金融服务,加大对涉农科技型中小企业的信贷支持力度;探索建立科技特派员信用体系和授信制度,进一步拓展科技金融工作。

(三)建立健全培训体系,不断提高科技特派员创业能力

1. 建立培训基地

具体包括:科学规划,合理布局,在全国建立有分工、有特色的科技特派员培训网络和体系;支持建立一批具有地方特色的省级培训基地;鼓励有办学条件的地方,建立科技特派员培训基地或科技特派员创业学院;动员共青团组织及其他社会力量开展培训;充分利用高等院校、共青团就业创业见习基地、农村青年就业创业培训基地、社会各类职业教育培训机构、星火学校等开展形式多样的科技特派员培训。

2. 完善培训内容

围绕提升科技特派员创业服务能力,因地制宜,科学规划培训内容,重点开展生产技术、企业管理、市场营销、电子商务、法律法规、财税政策、金融保险等全方位的创业技能培训,不断增强科技特派员的发展后劲,把科技特派员队伍培养成为一支精业务、懂技术、会经营、善管理、扎根基层的科技队伍。

3. 加强科技创业培训

依托科技特派员培训基地,发挥科技特派员传、帮、带的作用,开展农民科技致富能人、农村科技示范户、农村中小企业从业人员、农村经济人、农民技术员等乡土科技带头

人，高校毕业生，农村初、高中毕业后未能继续升学的人员，大学生村官的培训，提高创业人员的创业能力。

(四)通过体制机制创新，建立新型社会化农村科技推广服务体系

1. 建立健全科技特派员社会化服务组织

鼓励科技特派员协办、领办、创办农民专业合作经济组织。通过建立农民专业合作经济组织，提高农民组织化程度，引导加工、流通、储运设施建设向优势产区聚集，提高农业的抗风险能力。探索建立科技特派员创业协会，为科技特派员创业提供服务。探索建立科技特派员创业基金会，为科技特派员创业提供公益性社会资助。

2. 继续推进多元化农村科技服务体系建设

在加快科技特派员社会化服务组织建设的同时，继续支持科研院所、高等院校发挥科技、人才等方面的优势，围绕区域优势特色产业，继续完善农业专家大院、农业科技园区、星火科技 12396 等科技服务模式，推进产学研、农科教结合，完善多元化的农村科技服务体系建设，为发展现代农业、新农村建设提供形式多样的科技服务。

3. 引导社会力量支持和参加农村科技创业

鼓励引导各类民间社会资本支持科技特派员农村科技创业，加强与共青团组织等社会团体及民间组织合作，将科技特派员农村科技创业融入各种惠农社会活动中，探索建立科技特派员社会奖励机制。

四、政策措施

(一)完善科技特派员选派政策

1. 拓宽科技特派员来源渠道

进一步拓宽选派渠道和范围，坚持“以人为本、双向选择”原则，鼓励科研院所、高等院校、农林科技人员深入农村开展创业服务。支持鼓励高校毕业生、返乡农民工、农村青年致富带头人、大学生村官、离退休人员及企业人员，参与科技特派员农村科技创业行动。

2. 创新科技特派员选派方式

继续支持科技人员以科技特派员或科技特派团的方式深入基层、进入企业开展创业和服务，支持鼓励事业单位、企业和农村合作经济组织以法人科技特派员的形式参与创业，支持跨区域选派科技特派员。鼓励高等院校、科研机构组成科技特派团到边疆、贫困地区及灾区开展创业和服务。

3. 探索科技特派员利益机制

按照市场经济规律解决科技成果与农民的结合问题，鼓励科技特派员以项目支撑、资金入股、技术参股、技术承包、有偿服务等形式，与农民尤其是专业大户、农民专业合作经济组织、龙头企业等结成利益共同体，实行“风险共担，利益共享”，形成科技特派员创业的利益激励机制。

4.建立健全科技特派员创业保障机制

落实国务院《关于发挥科技支撑作用促进经济平稳较快发展的意见》精神，科技特派员在派出期间，其原职级、工资福利和岗位保留不变，工资、职务、职称晋升和岗位变动与派出单位在职人员同等对待，并把科技特派员的工作业绩，作为评聘和晋升专业技术职务(职称)的重要依据。对于做出突出贡献的，优先晋升职务、职称。落实《中华人民共和国科学技术进步法》，制定职务科技成果股权激励的政策细则，对做出突出贡献的科技特派员按照规定实施期权、技术入股和股权奖励等形式的股权激励。

(二)加强财政金融支持

1.加大财政支持力度

加大科技特派员农村科技创业行动的资金投入，以项目、贴息或后补助等形式，支持科技特派员创业。各地要结合当地实际，增加财政科技投入，研究设立地方科技特派员专项资金，支持科技特派员农村科技创业行动。

2.集成现有资源

引导各类科技资源有效集成，加强优化配置，集成国家科技计划、地方科技计划，带动相关行业和领域的项目、资金等各类科技资源向科技特派员工作倾斜，支持科技特派员创新创业和服务。

3.拓展融资渠道

探索建立科技特派员农村科技创业担保机制，探索设立担保基金，帮助科技特派员企业获得资金支持；开展对科技特派员的授信业务和农村科技小额贷款试点业务，支持农业科技成果转化和产业化；开展科技保险试点工作和支持科技型中小企业信贷的科技金融创新合作模式；鼓励科技特派员、农民和企业按有关规定出资组建担保基金或担保公司等。

4.创新科技金融机制

科技部门和金融监管部门要为金融机构和科技特派员企业搭建沟通交流平台，创新金融服务品种或工具；推动风险投资和科技创新紧密结合，支持和培育具有较强自主创新能力和高增长潜力的涉农科技企业进入创业板融资，逐步建立多元化、多渠道、高效率的科技特派员创业投资支持体系。

5.落实税收减免政策

科技特派员创办的企业，享受企业研发费用加计扣除政策。法人科技特派员、科技特派员创办的企业、农村专业合作经济组织，可按规定享受国家相关支农优惠政策。

五、组织实施

1.建立部门联合推动机制

加强部门协调与合作，科技部、人力资源社会保障部、农业部、教育部、中宣部、国家林业局、共青团中央、中国银监会联合成立科技特派员农村科技创业行动协调指导小组和协调指导小组办公室，办公室设在科技部，建立完善部门联合推进机制，为科技特派员工作提供有力的组织保障。

2.强化绩效考核

坚持导向性与实用性相结合、定量指标与定性指标相结合、目标责任与评估监督相结合，研究制定科技特派员农村科技创业行动目标责任制考核管理办法，把科技特派员工作纳入市(区、县、旗)工作的考核范围。

3.健全激励机制

适时对做出突出贡献的优秀科技特派员、科技特派员团队以及科技特派员工作组织管理机构等予以表彰奖励，调动科技特派员基层创业的积极性，激发创新创业精神。积极支持和倡导社会各界参与科技特派员工作，探索社会力量设奖，对科技特派员农村科技创业行动中的优秀科技特派员予以奖励。

4.注重舆论宣传

将科技特派员工作纳入中宣部等部门开展的文化、科技、卫生"三下乡"活动中，通过举办讲座、组织巡讲团、召开工作经验交流会、开展典型事迹新闻专访、开辟专刊专栏等多种方式，宣传科技特派员基层创业的典型经验、典型事迹和奉献精神，营造良好的舆论环境。

六、充分发挥地方作用，鼓励基层创新

科技特派员工作是基层探索和实践创新的产物。各地要继续因地制宜、积极创新，建立健全科技特派员工作的长效机制。

1. 加强组织领导

鼓励各地建立多部门联合的科技特派员工作协调机制，设立专门工作机构，配备专门人员，为科技特派员工作提供组织保障；探索成立科技特派员创业协会，扩大科技特派员工作的社会参与。

2.完善政策措施

各地要针对科技特派员工作任务目标、科技特派员待遇、教育培训等方面制定指导意见和措施，为科技特派员农村科技创业提供政策保障和支撑条件，营造良好的政策环境。

3.创新体制机制

鼓励各地推进体制机制创新，建立和完善科技特派员工作的投入机制、激励机制、协调机制、选派机制和管理机制等，形成推动科技特派员工作健康发展的长效机制。

4.加强队伍建设

鼓励各地建立和完善科技特派员选派机制，更广泛地吸引科技人员、乡土人才、企业和社会团体、大中专院校毕业生、返乡农民工等，加入科技特派员行列，到农村开展创业和服务。

5.建立激励机制

各地方要建立和完善激励机制，对做出突出贡献的科技特派员、科技特派员派出单位、管理部门及相关人员给予表彰奖励；制定科技特派员目标责任制绩效考核管理办法，完善科技特派员工作绩效评价考核机制。

思考题

1.农业推广教育有何特点?

2.农业推广教育的教学原则是什么?

3.对科技示范户的培训与普通农民的培训有何不同?

4.为什么农业推广人员要高度重视在职培训?

5.如何建立科技特派员长效机制?

第七章　农业推广沟通与方法

基本要求：理解沟通的概念和含义，了解沟通的作用和分类。掌握农业推广沟通的要素、程序和特点。掌握农业推广沟通的准则、要领和技巧。

重　　点：探讨提高农业推广沟通效果的基本途径。

难　　点：切实提高农业推广沟通的实践技能。

第一节　农业推广沟通的概念

农业推广就是农业推广人员和农民进行信息交流、相互沟通的过程。通过与农民的沟通，推广人员可以更好地了解农民的各种需要与要求，可以针对农民的实际需要为农民提供信息、传授知识、传播技术，提高农民的技能和素质，改变农民的态度与行为。

一、沟通的概念

（一）沟通的含义

沟通是指在一定的社会环境下，人们借助共同的符号系统，如语言、文字、图像、记号及形体等，以直接或间接的方式彼此交流和传递各自的观点、思想、知识、爱好、情感、愿望等各种各样信息的过程，是社会信息在人与人之间交流、理解与互动的过程。

沟通的目的在于交流思想、表明态度、表白感情、交换意见、表达愿望等，通过沟通达到了解各自的行为动机和发展需要，从而影响别人和调整自己的态度和行为，达到预期理想的结果。

沟通的基本特征：在沟通中，沟通双方位置可以变换，即发送者可以变为接受者，反之，接受者也可以变为发送者；沟通双方必须使用统一的或相同的符号，否则沟通难以进行；沟通双方对交往的情景有相同的理解，否则就无法进行沟通；沟通双方是互相影响的。

（二）农业推广沟通的概念

在农业推广工作中经常使用的人际沟通，就是指推广人员和推广对象之间彼此交流知识、意见、感情、愿望等各种信息的社会行为。农业推广沟通是指在推广过程中农业推广人员向农民提供信息、了解需要、传授知识、交流感情，最终提高农民的素质与技能，改变农民的态度和行为，并根据农民的需求和心态不断调整自己的态度、方法、行为等的一种农业信息交流活动。其最终目的是提高农业推广工作的效率。

沟通贯穿于农业推广的全过程中，体现在各种推广方法的具体应用之中。例如，农业推广人员深入农户了解农民的实际需要，获得农民的需求信息；据此信息提供给农民相应的技术、技能及知识，从而提高农民的科技素质和经营水平，使农民的生产经营得以改善与提高，就是一种沟通活动。

二、农业推广沟通的重要性

(一)沟通的作用

1. 有利于个人的生活和发展

沟通在现代社会生活中到处可见，是人与人之间交往的主要形式。英国文豪萧伯纳曾经说过："假如你有一个苹果，我也有一个苹果，当我们彼此交换苹果，那么，你和我仍然是各有一个苹果；但是，如果你有一种思想，我也有一种思想，当我们彼此交换这些思想，那么，我们每个人将各有两种思想。"这段话生动形象地说明了沟通的重要性。

2. 提高组织的运行效率

任何一个组织，无论是政府、军队，还是公司，缺少沟通，必然影响其发展。对组织自身而言，为了更好地在政策允许的条件下，实现发展并服务于社会的目的，也需要处理好与政府、公众、媒体等各方面的关系。对一个组织或单位内部而言，人们越来越强调"团队精神"。有效沟通是一个组织良性运行并获得成功的关键；对组织外部而言，沟通能够实现联合与互补，通过有效的信息沟通把组织同其外部环境联系起来，使之成为一个与外部环境发生相互作用的开放系统，提高有效决策的能力。

3. 促进人类社会进步与发展

如果说劳动是个体行为，那么沟通则是人类的群体行为。最初，人类为了获得更好的生存条件而沟通，现在人类为了获得更多的科学技术、文化知识、社会认同等更高层次的需求而进行信息与思想的沟通。沟通通过改变意识和观念来促进社会发展。沟通还使社会成员进一步了解各种社会规范如法律、纪律、道德、习俗等，形成一个良性的大环境。沟通使人们了解社会与科技的进步，消除矛盾与障碍，把不利因素转化为有利因素，把消极力量转化为积极力量，有利于加快社会变革和发展。

(二)农业推广沟通的重要性

每一项具体的农业推广活动一般应包括两大要素，即推广内容(信息)和推广方法(沟通)。内容与方法的有效结合是推广工作成败的关键，也是影响推广工作效率的主要因素，即：推广内容(信息)×推广方法(沟通)＝推广效果。两者缺一不可，如：

内容(10)×方法(0)＝0

内容(0)×方法(10)＝0

内容(5)×方法(5)=25

内容(4)×方法(6)=24

农业推广的内容(信息)要传播给接受者(农民),此内容是为农民服务的,必须是切中农民所需要的、有实际意义的、能被农民所接受的;而沟通则是信息传递的必然过程,没有沟通,再好的信息也不能起任何作用。在某种意义上说,沟通往往比信息更为重要。这是由于信息(技术、方法、经验等)为一种客观存在,但农民对信息的感受、理解、态度、接受则是多种多样的,要受到多种主、客观因素的影响;同一推广内容可以遇到农民不同的态度和看法。所以,推广人员要根据不同推广对象的实际情况,有针对性地采取有效的沟通方法,才能达到预期的效果。

三、农业推广沟通的分类

(一)根据沟通不同可划分为正式沟通与非正式沟通

1. 正式沟通

正式沟通是指在一定的组织体系中,通过明文规定的渠道进行的沟通。包括上行沟通,如乡农技站向县推广中心报送汇报材料,反映执行推广计划中的问题等。下行沟通,如上级部门下达政策、规章、任务、计划等。平行沟通,指同级推广机构之间的信息交流。交叉沟通,指不同组织层次的无隶属关系的成员之间所进行的信息交流,如与外地各级推广机构的信息交流。

这种沟通的优点是正规、严肃、富有权威性,参与沟通的人员普遍具有较强的责任心和义务感,从而易于保持沟通内容的准确性和保密性。缺点是信息传播速度慢,传播范围小,缺乏灵活性。

2. 非正式沟通

非正式沟通是指非组织系统所进行的信息交流,如农技推广人员与农民私下交换意见,农民之间的信息交流等。此种沟通不受组织的约束和干涉,可以获得通过正式沟通难以得到的有用信息,是正式沟通有效的、必不可少的补充。非正式沟通除了交流工作信息外,还有更多情感交流,对于改变农民的态度和行为具有相当重要的作用。

(二)根据沟通媒介不同可分为语言沟通和非语言沟通

1. 语言沟通

语言沟通是指利用口头语言和书面语言进行的沟通。口头语言沟通简便易行,迅速灵活,同时伴随着生动的情感交流,效果较好,如技术讨论会、座谈会、现场技术咨询、电话咨询等,缺点是信息在传递过程中容易失真;书面语言沟通,指利用报纸、通讯、小册子、电子邮件、QQ 等进行的沟通,书面语言沟通受时间、空间的限制较小,保存时间较长,信息比较全面系统,但对情况变化的适应性较差。

2. 非语言沟通

非语言沟通是指借助非正式语言符号如肢体动作、面部表情等进行的沟通。主要包括表情、目光语、体态语、装饰、时空距离等。研究表明，在人获得的信息总量中，语言沟通的作用只占7%，语调的作用占38%，表情的作用占55%左右。

农业推广人员在进行推广活动时所表露出来的真诚、热情，可以调动农民自愿采用行为发生，提高其参与社会变革活动的积极性。非语言沟通与语言沟通往往在效果上是互相补充的，两者同时使用能够提高沟通效率和效果。

（三）根据信息反馈状况不同分为单向沟通和双向沟通

1. 单向沟通

单向沟通是指发信者与接收者地位不变，如技术讲座、演讲等，主要是为了传播思想、意见，并不重视反馈。单向沟通具有速度快、干扰小、条理性强、覆盖面广的特点。在意见十分明确，不必讨论，又急需让对方知道的情况下，宜采用单向沟通。如病虫害一旦发生，必须及时防治，推广人员可以采用单向沟通方式向农民发布病虫害发生情况及预防措施。

2. 双向沟通

双向沟通是指沟通过程中发信者与接收者地位不断交换，信息与反馈往返多次，如小组讨论、咨询会等。双向沟通速度慢、易受干扰，但能获得反馈信息，了解接受状况，同时使沟通双方在心理上产生交互影响，能使双方充分地阐释和理解信息。

（四）根据沟通主体范围不同分为个人沟通和大众沟通

1. 个人沟通

个人沟通是指个人之间直接面对面或通过个人媒介进行的沟通，如书信、农家访问、电话咨询等。个人沟通具有针对性强，可以直接解决问题的优势，如农业推广人员与农民的直接沟通，可以解决农民关心的问题。但这种沟通方式的沟通成本较高，而且要针对典型农民进行。

2. 大众沟通

大众沟通是指借助大众传播媒介如报纸杂志、广播电视、互联网络等进行的沟通，如科技广告、科普杂志、农技110等。大众沟通具有信息传播速度快、数量大的特点，但对反馈信息接受慢。

在农业推广工作中，在创新采用的不同阶段，不同沟通的作用不同。在认识阶段，大众沟通的作用较大；而在试用与采用阶段，个体沟通的效果更为明显。

（五）根据沟通的内容不同可分为信息沟通和心理沟通

1. 信息沟通

信息沟通是指以交流信息为主要目的的沟通。在农业推广沟通中，推广人员提供给农民的各种信息，如气候信息、病虫害信息、新技术信息等均为信息沟通。

2. 心理沟通

心理沟通是指人的感情、意志、兴趣等心理活动的交流。例如，通过推广人员耐心的科技教育转变农民对新技术的态度，从拒绝采用到主动采用；对于生产上遭受挫折的农民，经过推广人员的协助，找出问题，确定对策，使农民鼓足勇气、克服困难等。

第二节 农业推广沟通的要素、程序和特点

一、农业推广沟通的要素

农业推广沟通是一个多因子构成的复杂过程，主要包括五个要素：传送者、接收者、信息、渠道和媒介、环境。只有这些沟通要素有机地结合在一起时，才能构成农业推广沟通体系，实现信息的有效交流。

(一)沟通主体

沟通主体是指承担信息交流的个人、团体及组织。根据他们在沟通活动中所处的地位和职能不同，沟通主体又分为发送者与接收者。

1.发送者

发送者又叫信源，指在沟通中主动发出信息的一方。在农业推广活动中，推广人员一旦获得了农业创新信息，就会产生向农村、农民传递此项创新的意向和行为。这时，推广机构和人员就成为信源。发送者在沟通中居于主动地位，把要传送的技术、信息等，通过加工变为接收者(农民)能够理解的信息发送出去，经过一定的渠道让农民接受。因此，传送者是首先发起沟通活动的一方。

2.接收者

接收者是指接收信息的一方。推广人员发出信息后，农民通过一定的渠道接收信息，有选择地消化这些信息，并转化为自己所能理解的形式，采取一定的行为，将此行为结果反馈给发送者，所以接收者是被动的沟通者。

在双向沟通中，发送者和接收者是相对的，农业推广机构及人员与农民互为发送者和接收者，共同构成农业推广沟通的主体。

(二)沟通客体

沟通客体是指沟通的内容，主要由信息、情感、思想等构成。

1.信息

信息是发送者与接收者之间以某种相互理解的符号进行传递沟通的信息。信息作为沟通客体极为普遍，它是发送者所要表达的内容，如技术、方法、经验、意见、见解等。农业推广中，信息是一种客观存在，是农业推广的内容，一般以农业科普文章、讲话、简报及声像资料的形式进入沟通过程。

2.情感

情感常常被作为沟通的客体。推广人员与农民之间如果互相尊重，双方共同商讨技术问题，彼此发表各自看法，相互吸取对方的有益意见，相互满足心理上的需要，就会产生亲密感和相互依赖感。由此可见相互的“感情投资”的重要性。在农民群体中，其内聚力

的大小决定于农民之间的人际关系状况。用感情沟通的手段可以提高与农民群体的凝聚力，增加农民主动采用农业新技术的积极性。

3. 思想

思想称为观念。思想沟通的普遍性表现在农业推广上是农业科技进步的必要条件。没有思想沟通，就没有社会进步。如“生产发展、生活宽裕、乡风文明、村容整洁、管理民主”的新农村建设方针，极大地促进了农民思想解放。集体指导所采用的讨论会、座谈会、评价会等都是现代农业推广思想沟通的好方式。

（三）沟通渠道

沟通渠道是指传送和接受农业信息的通道和路径。农业推广中常见的沟通渠道有以下几种类型。

1. 接力式渠道

接力式渠道由首先发出信息的人经过一系列的人依次把信息传递给最终的接收者；接收者的反馈信息，则以相反的方向依次传递给最初的发出信息者。这一沟通渠道信息发送速度慢，在传递过程中，信息容易被误传和失真。

2. 轮式渠道

轮式渠道即由一个人把信息同时传递给若干人，反馈信息则由此若干人直接传递给最初发出信息的人。现在很多农资企业技术人员直接到田头集体指导即属于此种类型。

3. 波浪式渠道

波浪式渠道是指由一个人将信息传递给若干人，再由这些人把信息分别传递给更多的人，使信息接收者越来越多，反馈信息则以相反的方向回流，最终流向最初发出信息的人，即平常所说的“一传十，十传百”。推广工作中，由推广人员首先指导示范户、重点户，这些农民充当“二传手”再把创新知识、技术传递给周围一大批农民，就属于此种类型。

4. 跳跃式渠道

跳跃式渠道是指参与沟通的多数人相互之间均能有信息交流的机会。例如在推广工作中，根据实际需要，推广人员组织农民参加小组讨论会、辩论会等。

（四）沟通媒介

沟通媒介是指沟通的信息载体和信息传播工具。推广沟通常用的媒介有以下几个方面。

1. 大众传播媒介

大众传播媒介利用电视广播、报纸杂志、互联网络等大众媒介进行信息传播，具有速度快、覆盖面广的特点，但反馈信息少，对接收者的接受状况了解较少。

2. 声像宣传媒介

声像宣传媒介是指利用电影、录像带、多媒体技术等进行沟通。虽传播速度及覆盖面不及大众传播媒介，但反馈信息多，对接收者的接受状况有较多的了解。

3. 语言传播媒介

语言传播媒介即通过口头语言和书面语言进行信息传播，前者如讲座、谈话、培训讲课、小组讨论等，后者如科技图书、科普文章、科技通讯、培训教材等。

(五)沟通环境

沟通环境是指沟通时周围的环境和条件，既包括与个体间接联系的政治制度、经济制度、政治观点、道德风尚、群体结构等社会整体环境，又包括与个体直接联系的学习、工作、单位或家庭等区域环境，对个体直接施加影响的社会情境及小型的人际群落，比如当地的经济条件、思想观念、科技水平等。

沟通主体之间的关系可以看做沟通的人际环境。沟通主体之间的人际关系是指沟通主体之间的亲密程度、信任程度以及相互间的亲和力。农民最不喜欢的就是那些“官不大，架子不小；本事不大，脾气不小”的干部。

二、农业推广沟通的程序

(一)农业信息准备阶段

农业信息准备是指农业推广人员通过多种途径获得农业信息，有了传播的意向，为信息的传递所做的准备工作，该阶段具体包括以下工作。

1. 确定农业信息内容

确定农业信息内容即在正式沟通以前，先系统地分析本次沟通所要解决的问题、目的、意义及信息的质量、适合性等。推广人员应尽可能收集信息，在众多的信息中选择使用。

2. 确定信息接收者

确定信息接收者即确定信息传送给农村中的集体或个人、领导或群众、示范户或一般农户等。农业推广人员根据实际情况，分析推广对象确定合适的推广对象。如果推广对象选择不当，造成农民积极性不高或推广范围小，将大大影响推广效率。

3. 确定信息传递时间

信息传递的时间很重要，过早则时机不成熟，不一定能引起对方兴趣；过晚，则由于时过境迁而失去使用价值，因此要把握好沟通的时机。特别是农业生产技术，季节性强，更要注重实效性。

(二)农业信息编码阶段

农业信息编码就是指农业推广人员将所要传播的信息，以语言、文字或其他符号来进行表达，以便于传递和接收。信息编码有以下三方面的要求：

①农业信息表达要准确无误，农业推广沟通最常用的工具是语言和文字。在与农民进行沟通时，要使用简单明了、通俗易懂、形象生动的语言文字来准确地表述科学概念、原理及技术方法。农业推广人员要把表达口语化，把概念通俗化，把原理简单化，使农民准确掌握信息。

②沟通工具要协调配合，例如书面语言和口头语言相配合，语言沟通和非语言沟通相

结合。要根据沟通内容选择适当的沟通工具。例如，推广人员把电脑、投影仪、幕布带到推广现场，利用多媒体技术进行推广宣传。

③要考虑农民的接收能力，在编码时要考虑农民的文化水平和接收能力。农民对信息的接受相对较慢，因此在一次沟通中，信息量不能太多，否则影响沟通效果。

(三)农业信息传递阶段

农业信息传递是指推广人员借助沟通工具，通过一定的渠道，把农业信息传送出去的过程。有效的传递，要注意以下三点：

①选择合适的工具和渠道，同一信息可以通过不同的渠道和工具来传递，在选择工具和沟通渠道时，根据信息的特点，选择既经济实惠又效率高的渠道和工具。

②控制好传递的速度，传递的速度过快，可能会使对方接收不完全，信息失真；过慢，则可能坐失良机，影响沟通效果。因此，推广人员在传递信息时，要使信息传递速度适合农民的接收能力。

③防止信息内的遗漏和误传，农业推广人员在信息传递中，要尽最大努力排除各种干扰因素，避免信息内容遗漏和误传，力求做到准确、完整。

(四)农业信息接收阶段

农业信息接收是指农民从沟通渠道接收农业信息的过程。推广人员要创造良好的接收信息的环境，确保农民在接收信息时力求做到完整，不漏掉传递来的每一个信息符号。

(五)农业信息译码阶段

农业信息译码是接收者将获得的信息转换为自己所能理解的概念的过程，又称译解或解码。要求接收者能充分地发挥自己的理解能力，准确地理解所接收信息的全部内容，不能断章取义，更不能误解传递者的原意。农业推广人员要及时、正确地引导，使理解和接收有困难的农民能够准确理解信息。

(六)农业信息反馈阶段

农业信息反馈是接收者(农民)对接收到并理解的信息内容加以判断，向传递者(推广人员)做出一定反映的过程。

①反馈要清晰、主动，反馈者要清楚地说明自己的意见，便于传送者了解接收者的全部想法，以便进行及时调整。推广人员态度要热情，要鼓励农民多提反馈意见，积极倾听，要耐心、细致地解答农民的疑问。

②反馈要及时，迅速的反馈可以使传递者及时了解传递信息被接收的程度，便于传递者及时采取相应措施，这样才能提高沟通效果。推广人员平时多与农民沟通，在推广的各个阶段主动去寻求农民的反馈信息，及时改进推广活动。

三、农业推广沟通的特点

(一)沟通双方的平等性

在沟通中,推广人员和农民都是参与者,两者关系平等。当然,在一般情况下,推广人员往往作为传送者,而农民往往作为接收者,两者相互提供的信息数量和作用是不同的。但双方的地位和人格是平等的。家长式、长官式的沟通方式,不仅会伤害农民的感情,还会降低沟通效果。

(二)推广人员主动适应农民

农业推广人员处于沟通中的中心地位,是沟通的组织者和发动者。推广人员应该主动了解和适应农民,而不是农民去适应农业推广人员。在农业推广活动中,农业推广人员是根据农民的具体生产条件、具体需要决定沟通的方法和内容,例如,推广人员推广多采用当地语言,少用学术语言。

(三)沟通双方互相影响

农业推广人员与农民进行沟通,对各自的心理和行为都会产生一定的影响。农业推广的最终目的是让推广对象接受推广者的推广服务,提高他们的技术、见识、能力和素质,必须让他们有提问题、亲自操作、总结成功和失败的经验教训等机会,农业推广者从中指导、引导、督促、鼓励等。

(四)沟通具有开放性和选择性

农业推广人员与农民的沟通往往不是一对一,而是与农民群体的沟通。同时,与农民沟通的渠道是多种多样的,但是,农业推广沟通的开放性不是无方向的,而是农业推广人员和农民从一定的需要出发,各自对对方有选择。

(五)沟通体现多层次性和侧重性

由于自然资源条件的不同,社会、经济的因素差异,对农业推广的需要层次也不一样,这就决定了农业推广沟通的多层次性,但由于推广内容和对象的差异,这就是农业推广沟通中的侧重性。

第三节 农业推广沟通的准则、要领和技巧

一、农业推广沟通的基本准则

(一)沟通的内容要与农民生产状况相关

要做到这点,推广人员需要把农民划分为若干类群,了解各个类群的兴趣、爱好、需要与问题,从而有针对性地提供技术和信息咨询服务。例如,在持续的旱灾期间,同农民谈论土壤改良技术,农民是不会有多大兴趣的,而农民关心的问题是干旱对作物生长发育的影响与有效的抗旱技术,因为他们面临的紧迫问题是解除旱灾。有时候,推广人员传播的新技术的确对农民有作用,但农民可能不以为然。出现这种情况,推广人员要深入了解农民不接受新技术的原因,如果是由于语言方面的障碍,推广人员要耐心向其解释新旧技术之间的关系与差异,用新技术的成果示范来引导与教育农民。

(二)维护和提高沟通内容的信誉

沟通能否成功在很大程度上取决于信息接受者对待信息源的态度和方式。例如,一个农民认为某个推广人员是可信赖的朋友,那么他对这个推广人员提出的建议就会抱积极的态度从而加以采纳。如果他对报纸或其他信息源抱消极或否定的态度,他就倾向于忽视这些信息源提供的信息。

获得信任是有效沟通的基础和前提,推广人员应该具有廉洁公正、平易近人的形象,从而得到农民打心眼里的尊重、佩服和信赖。推广人员应能够应用沟通艺术形成轻松和谐的沟通气氛,沟通时注意自己的语词、表情、情感及农民的反应,及时调整自己的行为,使沟通双方的交往愉快而自然,从而强化沟通活动的效果。

推广人员还应努力做到尊重农民,真诚地帮助农民,针对农民的文化素质、生活习惯、技术要求、心理特点。进行沟通活动,尽可能平等对待各类农户,处理好与当地政府的关系,处理好与当地意见领袖的关系。

(三)沟通的内容应简单明了

在推广沟通内容的组织与处理中应注意以下三点:

1.选用正确的传播媒介

在农业推广信息处理时,要选择适宜的传播媒介,编码简单易懂,适合农民的接收能力。多运用模型、图片、图表、实物来传播新技术,通常比只用语言文字符号效果更好。

2.解释新出现的概念

在传播每一个新的概念之前需要指明其意义。因为对传播者而言可能是很简单的术语,但接受者可能并不理解。

3.注意信息的逻辑顺序和结构

推广人员在组织信息时,要注意信息的逻辑顺序和结构安排,尽可能使信息的理解与接收简单、明了,这样农民就更容易理解。

如制定技术操作规程,农业设施建造规范和主要农作物病虫草害综合防治流程。或者将推广技术编成群众好学易记的"顺口溜",能够收到良好的效果。

(四)适当重复信息的关键内容

1.口语传播信息中的重复

在口语传播信息中,由于信息传递速度快,农民很容易遗忘信息的内容,重复特别重要。推广人员在进行培训、讲座时,要在适当时机重复一些重要内容,通常需要重复的内容为重点、难点,澄清误解,举例说明。把传播的新信息和旧信息联系起来,对已知的信息和未知的信息进行比较,更容易看出它们之间的异同,从而更清楚地了解新事物的价值。

2.多种信息源进行信息重复

通过多种信息源进行信息重复效果更佳。例如,人们以前已经从大众传播媒介上了解到某项技术,若再在某地进行成果示范和方法示范,带领农民到现场考察,使其接受培训和指导,农民会更相信这项技术。

3.强化信息反馈

农业推广人员要保持与农民的密切联系,倾听他们的意见,并注意吸收和使用已经由农民自己发展的"乡土知识",加强双向沟通,用人与人之间信息交流的形式对对方施加影响力。在新技术传播到农户后,应经常了解掌握技术使用效果和使用中遇到的问题,以便及时改进和提高。对不适应条件或效益不理想的技术要立即停止推广,以减少不必要的损失。

(五)信息内容应及时并适用

推广人员需要根据不同推广对象的兴趣、需要与问题,有针对性地提供技术和信息咨询服务,同时要考虑当地的自然与生产条件。

一要考虑当地农业结构,在优势产品上优先推广,农民积极性最高,也最易获得成功。

二要考虑当地的立地条件,选定的推广项目是否适合当地的土壤、气候、水源条件,是否扬长避短,发挥技术优势,弥补不足。

三要考虑当地农民的传统种植习惯,允许新技术有一个逐步规范的过程。

四要考虑农业结构调整的需要。农民自己选定的种植项目,往往适应当时市场需求,代表他们种植愿望,以此为切入点选定适用技术最易获得理想效果。

(六)重视沟通网络

在农业推广过程中,农业推广人员必须充分认识到自己是在同农民、农业企业、有关机构团体一道推广技术并交流信息,需要与农村的基层行政组织、农民技术协会以及参与农业服务的农业科研机构、教育机构、生产资料供应机构、市场营销机构、金融与信贷机构等各种机构团体进行有效的沟通,在这种沟通网络中推广人员是关键的一员。

用数字化的信息来指导、服务农户是农业推广沟通的发展方向，目前许多地方已有成功的尝试。实现农业推广的信息化需要政府发挥主导作用，将农业科技信息网列入农业基础设施项目，修建乡村的信息公路，如果能够实现农业科技信息网“村村通”，将使农业推广工作产生一个大的飞跃。

（七）改善沟通环境

1. 改善沟通的社会、文化环境

社会、文化环境是指农民的文化水平、价值观、宗教信仰、传统习惯、传统生产操作方法等。改善这些环境能提高推广机构和推广人员的工作效率。文化程度低的农民，很少采用新技术；而文化程度较高的农民，则积极主动采用新技术。

2. 改善沟通心理、外部的物理环境

沟通的心理、外部的物理环境的改善，可以提高推广沟通效率。例如，在闷热的房间里，农民很难聚精会神地听讲。同样，在烈日当空或寒风刺骨的野外，农民也不可能全神贯注地观看示范、接收信息。在刺耳的噪声环境中，农民根本无法听清推广人员的讲话。

二、农业推广沟通的基本要领

（一）摆正“教”与“学”的相互关系

在沟通过程中，推广人员应具备教师和学生的双重身份，既是教育者，要向农民传递有用信息，同时又是受教育者，要向农民学习生产经验，倾听农民的反馈意见，要明白农民是“主角”，推广人员是“导演”，因此，农民需要什么就提供什么，不是推广人员愿意教什么，农民就得被动地接受什么。推广人员与农民两者是互教互学、互相促进、相得益彰的关系，推广人员应采取与农民共同研究、共同探讨的态度，求得问题的解决。

（二）正确处理好与农民的关系

国家各级推广机构的推广人员既要完成上级下达的任务，又要为农民服务。在农民的心目中，常认为推广人员是代表政府执行公务的。推广人员有时也会不自觉地以“国家干部”的派头出现。这就难免造成一定的隔阂，影响沟通的有效性。所以，在农业推广中，推广人员一定要同农民打成一片，了解他们的生产和生活需要，与他们一起讨论其所关心的问题，帮助他们排忧解难，取得农民信任，使农民感到你不是“外来人”，而是“自己人”。

（三）采用适当的语言与措辞

要尽可能采用适合农民的简单明了、通俗易懂的语言。例如，解释遗传变异现象时可用“种瓜得瓜、种豆得豆”等形象化语言。解释杂种优势时可用马与驴杂交生骡子为例来说明等。切忌总是科学术语的“学究腔”、“书生腔”。同时还要注意自己的语调、表情、情感及农民的反应，以便及时调整自己的行为。

（四）善于启发农民提出问题

推广沟通的最终目的就是为农民解决生产和生活中的问题。农民存在这样那样的问题，但由于各种原因（如文化素质、传统习惯等）使其很难提炼出问题的概念，或提出的问题很笼统。这就要善于启发、引导，使他们准确地提出自己存在的问题。例如，可以召开小组座谈会，相互启发，相互分析，推广人员加以必要的引导，这样就可以较准确地认识到存在的问题。

（五）善于利用他人的力量

由于目前推广人员数量较少，不可能直接面对千家万户，把工作“做到家”。因此，要善于利用农民中的创新先驱者为“义务领导”、科技示范户等，把他们作为科技的“二传手”，借助他们的榜样作用和权威作用，充分利用“辐射效应”，使农业科学技术更快更好地传播，取得事半功倍的效果。

（六）注意沟通方法的结合使用和必要的重复

多种方法结合使用常常会提高沟通的有效性，所以要注意各种沟通方法的结合使用。如大众传播媒介与成果示范相结合、家庭访问与小组讨论相结合等。行为科学指出，人在单位时间内所能接收的信息量是有限的，同时，在一定的时间加以重复则可使信息作用加强。所以在进行技术性较强或较复杂的沟通时，适当进行重复能够明显增强沟通效果。例如，大众传播媒介，需要多次重复才能广为流传，提高传播效率。

三、农业推广沟通的技巧

（一）留下美好的第一印象

农业推广人员到一个新的工作地点，要与别人第一次见面。初次见面，别人往往对你形成一定的认识，这就是第一印象。农业推广人员，要给人以好的第一印象，即朴实、诚恳、勤奋、大方。因为推广工作的对象主要是农民，他们都非常朴实，只有给他们一个朴实的印象，推广人员才便于与之交流和沟通，才有利于开展工作。而面带笑容、自然开朗、朴素大方、积极肯干，就会给人留下美好的第一印象。

（二）做农民的知心朋友

农业推广工作者，必须成为农民的知心朋友。推广人员要克服以下四方面的缺点：

1. 封闭内向

农业推广活动需要推广人员与农民进行大量的交流，如果推广人员性格过于内向，平时少言寡语，不大愿意主动与人交往，就会被人误认为是“高傲”、“难以接近”，就会疏远想与推广人员接触的人。

2. 心胸狭窄

推广人员如果心胸狭窄、嫉妒心重、缺乏自知之明、容不得别人，就会断送友情和人缘。在农业推广活动中，推广人员应心胸宽广，性格开朗，与人为善。

3. 性格多疑

如果推广人员多疑、对他人不信任、从不与人进行心灵沟通，就很难建立良好的人际关系。推广人员应该相信农民，与农民坦诚相待。

4. 狂妄自大

若推广人员觉得自己知识渊博、经验丰富，自以为是、狂妄自大、瞧不起人，会引起农民群众的反感，就会拉大与农民的心理距离。

因此，要获得推广事业的成功，要做农民的知心朋友，应努力做到以下几个方面：

一是尊重他人，关心他人，对人一视同仁，富于同情心；

二是热心集体活动，对工作高度负责；

三是稳重、耐心、忠厚、诚实；

四是热情、开朗、喜欢交往、待人真诚；

五是聪颖，爱独立思考，善于解答别人提出的问题；

六是谦虚、谨慎、仔细、认真；

七是有多方面的兴趣和爱好，不受本人所学专业的限制；

八是知识渊博，说话幽默。

(三)与农民沟通之前先“认同”

1. 认同的含义

农业推广工作比较单调，下乡时会看到农村的大杂院，狗、猪满院跑，鸡、鸭满院飞，初做推广工作都会不习惯。怎么办？这就需要“认同”。“认同”在心理学上是指在千差万别当中，在一定的条件下能够在某些方面趋向一致。认同的过程就是协调人际关系的过程。

2. 认同的三个阶段

(1)顺应

顺应就是要求一方迁就另一方。迁就在沟通中很重要，双方暂时迁就，就会有机会互相了解、体谅，各自就会逐渐打开心扉，开始说真话。

(2)同化

顺应可能是不十分乐意，也许是一种策略，而同化则是另一回事，最后可以“入乡随俗”。“人家这样干我也这样干。”“老推广人员能这样咱也能这样。”“他是人咱也是人，为什么不能像他那样呢？”这样干得多了，下乡次数多了，就习惯了、适应了，觉得没有什么不舒服不自在了，这就是被同化了。

(3)内化

内化就是推广人员长期和农民在一起，各方面或某些方面都达到高度一致，十分默契，对于推广对象的性格、兴趣、习惯和作风等摸得很透，十分适应，双方觉得非常合得来。

3. 认同的原则

推广人员和推广对象表现亲密、和睦、团结一致的认同是正常的，但还需注意，这种认同往往是在非原则问题上，并注意用好的同化差的、真的同化假的、文明的同化落后的、积极的同化消极的，不能本末倒置。

（四）站在对方的角度上看问题

推广人员每推广一项技术，每说一句话，都要站在对方的角度上看问题，不妨做这样的假设："我如果是他会怎么看？怎么想？怎么做？"即设身处地，换位思考。做到了这一点，农民就会对推广人员或推广人员的推广内容感兴趣。实事求是地、客观地站在对方的角度上看问题，应该成为农业推广工作者的工作原则。

（五）善于利用人们迷信成功者的心理

人们都有探求别人秘密的好奇心理，每个人都有迷信成功者的心理，推广人员要善于利用这一心理。例如，当你试验某一项技术获得成功，确信可以推广时，你应该先让推广对象看你的结果，不要轻易将技术的关键道出，让对方先对你产生迷信，他就会更相信你的技术肯定对他有用。相反，在他还没有引起足够重视的情况下，你便将技术讲给他听，他会不相信，或者认为没这么简单，这样，你的话就不能打动他。而当他对你、对你的技术产生了迷信心理之后，抱着渴求的心理在迷惑不解的时候来找你，你一旦说出，他便有茅塞顿开之感，使他对技术理解得深、掌握得好，并且传播也快。

（六）了解、利用风俗习惯为农业推广服务

农业推广人员每到一地，首先必须了解当地的风俗习惯、风土人情，努力做到"入乡随俗"，才能成为一个受当地群众欢迎的人，不了解当地风俗习惯就容易闹笑话，甚至直接影响推广工作。了解了风俗习惯，就可以利用这些为农业推广服务。如近年各地兴起的"科技赶集"，就是一种非常行之有效的推广方法。一些推广人员利用集日人多、集中的特点，宣传科学技术，进行技术经营，收到了非常好的推广效果。国外农业推广人员也利用人们到教堂做礼拜的习惯，将教堂作为传播技术的场所。比如在教堂里发放宣传品、新种子等，起到了很好的推广效果。发达国家遍布全国的俱乐部、周末晚会，都是他们宣传、推广技术的主要场所。这些方法既符合了当地的风俗习惯，又顺乎自然，生动活泼，涉及人员多，推广面大，推广效果好。

（七）善于发挥非正式组织的作用

非正式组织的存在，对农业推广活动有积极作用，也有消极作用。就其积极作用而言，它可以沟通在正式交往渠道中不易沟通的意见，协调一些正式组织难以协调的关系，减少正式组织目标实施中的阻力；同时与非正式组织成员的沟通，还可以结识许多新的朋友，扩大推广效果。就其消极作用而言，容易形成小圈子，一个人有消极的情绪后，会影响到一大批人。

要注意发挥非正式组织的积极作用，纠正和克服消极作用。如在农业推广中，就需要寻找非正式组织中的领袖人物，可以将其培养成科技示范户、科技标兵。利用他在非正式组织中的地位和威信，形成科技推广的"辐射源"，以其为中心向四周成员"辐射"，将科技

新信息迅速传播，使农业推广收到事半功倍的效果。

四、提高沟通效果的措施

（一）提高沟通信息的清晰度

可采用以下方法提高沟通信息的清晰度。

①增加沟通的渠道。通过多种渠道向农民传递信息，可以提高农民对信息的接受效果。

②明确沟通的问题及传递的信息。推广人员要明确自己与农民沟通的问题是什么，传递的信息是什么，选取最主要的信息，有针对性地与农民进行沟通。

③沟通中要言行一致。农业推广人员要言行一致、实事求是地与农民交流，不能夸夸其谈，不干实事。

④沟通中用语简单。农业推广人员与农民沟通时，要考虑农民的接受能力，不断提高自己的语言表达能力。语言表达要深入浅出、形象生动、朴实无华。

（二）增加沟通双方的信任度

推广人员和推广对象在沟通过程中，如果坦诚相待，自始至终保持亲密、信任的人际关系，并采用有效的沟通方式，农民就会感受到推广人员的热情和真诚，为农业推广沟通奠定感情基础。

（三）及时获得沟通的反馈信息

反馈信息对沟通双方都很重要，它是沟通的重要环节，可以增进理解，实现良性互动。反馈信息要及时发出，而且要具体、明确，这样推广人员才能根据农民的反馈意见调整自己的心理和行为。

（四）积极创造良好的沟通氛围

良好的沟通气氛，是顺利进行沟通的重要保证，而不良的沟通习惯既影响沟通本身的进行，又影响人际交流、人际关系和人际评价。

（五）沟通语言要通俗易懂

推广人员要尽可能选择适合当地农民文化背景的语言。用于信息沟通的语言不仅要简明扼要、通俗易懂，而且还要根据当地农民文化背景的差异，选择合适的语言，这样可让对方充分理解其中的含义。

（六）善于非正式沟通

由于非正式沟通往往可以获得比正式沟通更好的效果，因此，如果有一些信息沟通用正式沟通效果不理想，可选用非正式沟通。

（七）主动聆听

聆听是一个综合运用身体、情绪、智力寻求理解和意义的过程，只有当接受者理解发送者要传递的信息，聆听才是有效的。接受者只有主动聆听，才能更好地理解发送者的信息内容。主动聆听的特点有：

①排除外界干扰，如噪声、风景等；

②目的明确，一个优秀的聆听者总倾向于寻找说话者所说内容的价值和含义；

③推迟判断，不要妄加评论和争论，至少不要在开始时就下结论；

④把握主题，根据信息的全部内容寻求发送者的主题。

思考题

1. 如何理解沟通和农业推广沟通的含义？
2. 沟通的重要意义是什么？
3. 农业推广沟通的要素是什么？沟通的一般程序包括哪几个阶段？
4. 农业推广沟通的基本准则是什么？
5. 农业推广沟通的基本要领是什么？
6. 农业推广沟通的技巧有哪些？
7. 提高农业推广沟通的主要措施是什么？

第八章　浙江农民信箱

基本要求：了解农民信箱系统特色，掌握农民信箱使用及常见问题的解决。

重　　点：农民信箱使用。

难　　点：农民信箱使用中常见问题的处理。

第一节　农民信箱系统特色

浙江农民信箱是面向“三农”的公益性系统，全省农民、农技人员、农业企业人员、政府工作人员及其他涉农人员均可以实名形式申请使用。农民信箱系统是根据省委、省实施“八八战略”和建设“平安浙江”的要求，省人民政府决定在全省实施百万农民信，推进农业信息化进村入户，农民可通过网络和手机实现远程沟通，获取政策信息、息、市场信息和服务，进行产品交易的系统软件。以本系统所构建和支撑的信息化是一个覆盖全省农技人员的为农服务平台、企业与农民的对接平台、农民的电子商、党和政府为广大农民群众服务的联系平台。

实施“百万农民信箱工程”的历史背景

要基于三个方面：

一是当前互联网上信息爆炸现象日益加剧，涉农网站成千上万，但农民文化素质又相低，网络知识尚处在启蒙阶段，要他们选择、加工、处理纷繁复杂的信息，难度大，成效而农村交通不便，信息闭塞，农民又急需通过互联网这一低成本、高效率的渠道来获息。

二是随着农业结构调整的不断深入，农民对信息服务方式等需求发生了新的变化，特种养大户、购销大户、农民专业合作社、农业龙头企业等农业经济主体，急需通过网络速及时地获取有效的信息，提高生产经营效益。

三是当前的网络信息，包括一些电子商务，不同程度地存在信息不真实、诚信度低等，一定程度上制约了网上农产品产销的对接，因此急需构建信息真实、诚信可靠的网产销市场”。

二、“浙江农民信箱”总体架构

“农民信箱”是根据“数字浙江”建设的总体规划和“以用促建”的原则，通过研究开发方便、实用和可管理的系统应用软件，利用互联网技术，借助现有的农技服务体系和运营商的网络设备，以低成本构建的农民网上交互的信息化平台。使农民能够借助电脑和手机短信进行网上交流，快速、便捷、免费地获得各种技术信息、市场信息、农产品买卖信息和系统提供的其他服务。

农民信箱分系统信箱和普通电子信箱两部分。全省农民、专业合作社、农业龙头企业和其他人员都可申请注册登记。系统信箱是给注册用户开设的可管理信箱，用户可在任何互联网接入地上网，收发信件；也可通过系统信箱发送手机短信。普通电子信箱是给注册用户开设的 POP3 电子信箱，主要用于对系统信箱以外的对象收发邮件。农民信箱统用户按从事专业、行业、主营品种、职级、职称列为 13 大类、280 个小类和买进、卖出个方向。

三、“浙江农民信箱”主要功能

1. 网上推销功能

农户可通过信箱就近调剂余缺。如农户有小猪、菜苗、秧苗等农产品，原本需集市交易，有信息箱后，可以自己上网或通过电话、手机短信等委托农技 110 信息向本村、附近村或全乡发短信，在集市日还未到时，就可完成销售。如有大宗农产向更大范围发信息，进行推销。

2. 网上采购功能

企业可通过农民信箱收购农产品。如农业龙头企业收购原料，可通过发邮件本乡、附近乡镇以至全县、全市、全省农户联系收购。如农户从其他地方获悉外某单位有自己所需要的种苗，即可从用户列表中找到听说的种苗提供者，使模糊的得清晰、直接，取得便捷可靠的联系渠道，并购买到自己需要的种苗。

3. 网上联系功能

农民可通过信箱进行远距离免费联络。如外出打工人员，从网吧登录农民信母的信箱中发信告知在外情况；家中父母通过村级终端管理员协助操作，打开自己接收子女发来的邮件，同时，也向子女信箱发信叙述家乡情况。

4. 信息获取功能

用户登录农民信箱，即可获得农业生产技术指导、气象消息、农产品市场信息等

5. 网上桥梁功能

各级政府、涉农部门可通过信箱向农民发送政策信息；有关部门可通过信箱向行民意调查，问政于民；农民可通过信箱向各级政府和部门反映情况。

四、“浙江农民信箱”的特点

“浙江农民信箱”具有五大特点：

①按身份证实名制开户注册；

②发信与手机短信结合；

③由权威部门发布公共信息；

④采用分级授权管理；

⑤根据权限可以分类群发短信和信件。

五、“浙江农民信箱”的特性

“浙江农民信箱”的突出特性包括：

①可信性。“农民信箱”采取实名制注册登录，对信息真伪可进行甄别核实，从而较好地解决困扰异地交易的诚信问题。

②可靠性。在“农民信箱”系统上发送信件，每发必到，不用担心信件丢失或收不到。

③实用性。“农民信箱”旨在给农民一件实用的工具，使分散居住的农民通过信箱，在网上虚拟地过上和城市居民一样的生活。

④方便性。“农民信箱系统”的设计非常方便操作，使各级农技人员“一看就会，不学也会”，农民只要会用手机就会使用。

⑤实惠性。申请使用信箱的农民和种类人员得到了一个网络平台的服务，而不需要缴费，长期无偿使用。

浙江农民信箱较好地解决了长期以来存在的信息不对称、供求双方难以对接等问题，同时由于它是实名制可管理的信箱，不同于任何互联网上的电子信箱系统，每一个用户在系统中发出的经济信息和其他信息，都有记录、可追溯，因此也有效解决了网上信息不真实、诚信危机等问题。

六、农民信箱申请范围

浙江省及下辖市、县各级政府、涉农部门、乡镇基层政府领导和工作人员，各级农(林、牧、渔)技推广机构服务人员，各行政村班子全体人员，各涉农企业管理人员、农民专业合作人员，农村种养大户、农产品营销大户，普通农民，农贸市场经销户，以及超市、酒店、食堂等采购人员均可申请注册使用农民信箱。但申请者必须填写申请表并经本人签字，由各级农业部门管理员注册开户后，方可使用农民信箱。浙江农民信箱登录网址：http://www.zjnm.cn，具体联系方法和申请表格可见“百万农民信箱专题”(http://zt.zjagri.gov.cn)。

第二节　农民信箱使用

一、基本帮助

1. 如何申请注册成为浙江农民信箱用户？

省、市、县（市、区）各级政府、涉农部门、乡镇基层政府领导和工作人员，各级农（林、牧、渔）技推广机构服务人员，各行政村班子全体人员，各涉农企业管理人员、农民专业合作组织人员，农村种养大户、农产品营销大户，普通农民，农贸市场经销摊点及超市、酒店、食堂等相关人员均可申请注册使用免费信箱。但申请者必须填写申请表并经本人签字，由各级农业部门系统管理员注册开户后，方可使用农民信箱。

申请表根据不同类型设计了 6 张不同表式，按用户的类型选择相应表格填写，经各级系统管理员审核姓名、级别、身份证等后，交用户签名，发给初始用户名和密码。系统管理员根据申请表注册开户，用户初次使用时，打开农民信箱网站（www.zjnm.cn）输入初始用户名和初始密码（初始用户名和初始密码在申请农民信箱时告知）。登录后，立即修改初始用户名和初始密码，即正式启用浙江农民信箱，可发送供求信息、邮件、短信等。修改后的用户名和密码将作为今后登录农民信箱的用户名和密码，要妥善保管。

2. 如何登陆浙江农民信箱？

（1）在浏览器地址栏输入域名：http://www.zjnm.cn。

（2）输入用户名和密码，点击“登录”按钮，即可登录农民信箱，如图 8-1 所示。

图 8-1　登录浙江农民信箱

3. 为什么第一次登录一定要修改账号信息？

管理员开通用户账号后，其账号默认为用户的身份证号，为了增加安全性，希望用户初次登录后必须修改用户名，可以用自己的汉字姓名，也可用姓名的拼音，也可输入任意的字母或数字，并建议用户修改管理员提供的初始密码，防止他人登录，如图 8-2 所示。

图 8-2　个人信息维护

4. 忘记账号密码该怎么办？

如果忘记了账号和密码，农民可以和当地农业部门联系，获取账号或新的密码。

5. 如何修改个人信息？

用户登录后，通过“个人信息维护”可以修改“用户名”、“密码”、“单位”、“住址”、“邮编”、“个人简介”等信息，如果需要修改“姓名”、“用户类别”、“手机号码”等信息需要和当地管理员联系。

二、个人信件

1. 如何发送个人信件？

(1)点击系统中的“个人信件”，然后选择“写信”，进入到个人信件发送界面，并能看到“您现在正在发送：个人信件”的提示，如图 8-3 所示。

(2)点击“选择收件人”，页面跳出用户选择对话框，选择要发送的对象，点击单位前的文件夹图标，展开各单位的人员，选择具体要发送的人，点击“添加”，选中的人就会出现在右边的方框内，同一单位的人可多次选中“添加”或双击鼠标左键，如同时还要再发送给其

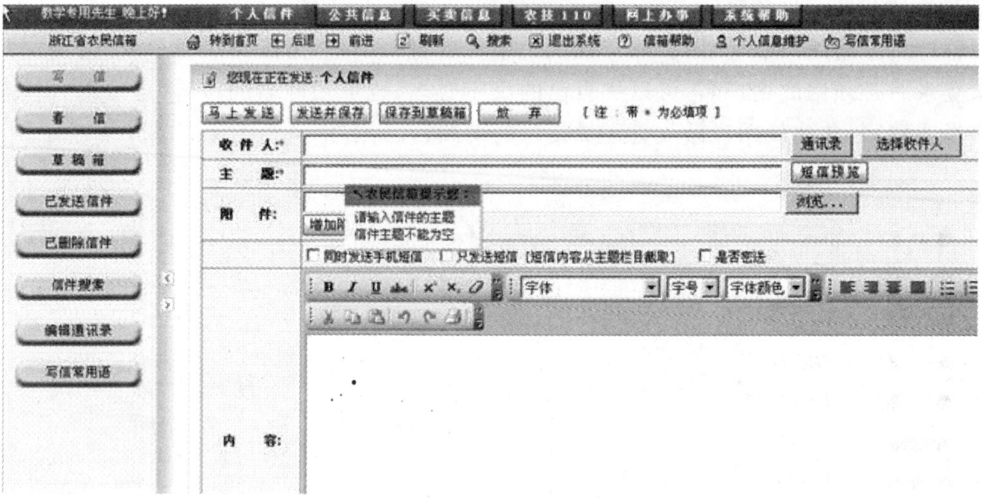

图 8-3　发送个人信件界面

他单位的人，点击此人单位前的文件夹，选中要发送的对象，点击“添加”。如果直接选择单位文件夹意为发送给此单位的所有人，如果选错了人，在右边框中选中选错的人，点击删除，直到选择完发送人后(普通用户，一次发信限于 5 封以内)，按“确定”。选中的人会出现在收件人方框内。

选择收件人的第二种方法，在不知对方是什么地区，只知向某一类的人员发信，可以通过搜索。点“选择收件人”后，在“用户选择”网页对话框中，在“按地区浏览”项中选择搜索的地区范围，如在浙江省范围就点击“浙江省”，再选“按类别搜索”，在“类别”处，通过下拉菜单选择具体的类别，点击不同的类别会出现不同的具体子项，在相应的子项中选择你要搜索的具体项目，也可以在“关键字”处输入关键字，多个关键字间可用“+”相连，点击“开始搜索”进行搜索，根据搜索的结果，选中具体的联系人，逐个选择添加或整页添加，添加到右边的方框，选完所有人后，按“确定”。选中的人会出现在收件人方框内，如图 8-4、图 8-5 所示。

选择收件人的第三种方法，点击“通讯录”，将添加在通讯录中的人员选中添加到右边框，选完后按“确定”。

(3)在主题栏中写上要发送的主题，也可通过点击《“农民信箱”写信常用语》，复制合适的句子，粘贴到主题栏。在主题栏下方的附件框中，可以加入附件，现一次发信附件最多能有 3 个，单个附件最大容量为 4MB。添加第一个附件的方法为点击附件框右边的“浏览”，在本地机器上找到相应的文件双击，文件名会跳到附件框中，若还要添加第二个附件，点击附件框下方的“增加附件”按钮，页面会出现另一个输入框，点击框右边的“浏览”加入第二个附件，如还有第三个附件，同上操作。

在下面的大方框内，写上具体内容(见图 8-6)，也可点击《“农民信箱”写信常用语》，复制合适的句子，进行粘贴。(复制可按 Ctrl+C，粘贴按 Ctrl+V)

发送信件方式有三种：一是在完成上述步骤后，直接按“马上发送”；二是如果此信要同时发送到用户的手机上，在“是否同时发送手机”前打钩；三是此信只发送到手机上，在

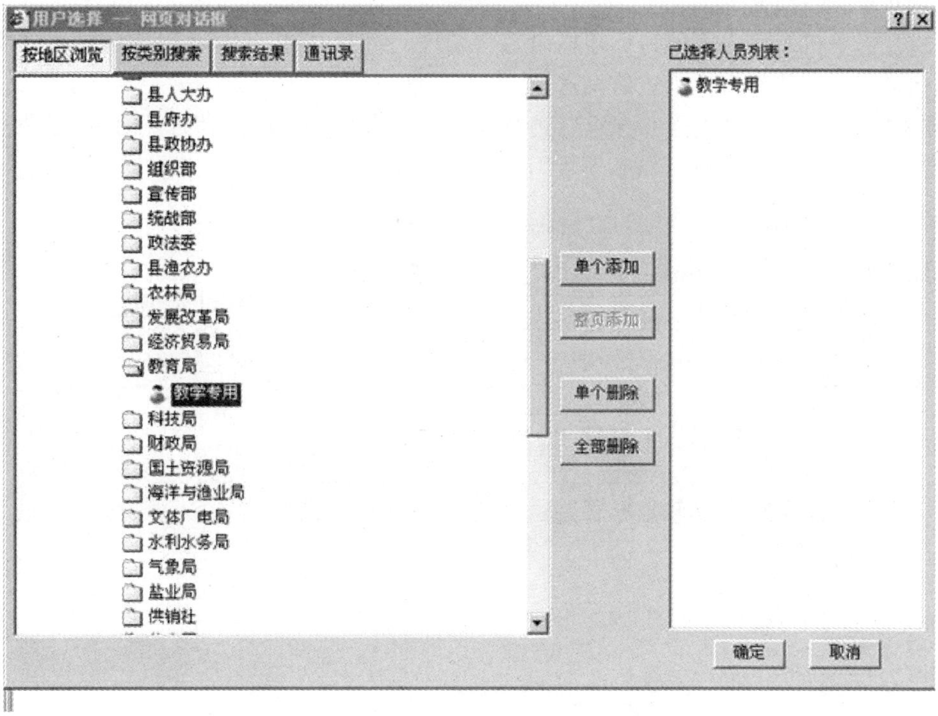

图 8-4　用户选择—按地区浏览界面

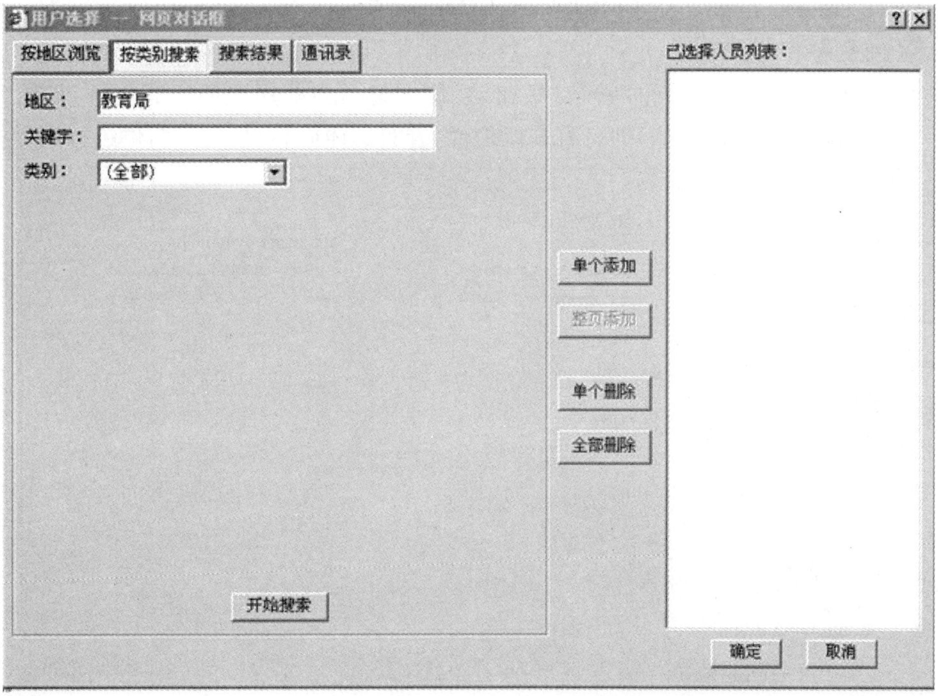

图 8-5　用户选择—按类别搜索界面

“只发送短信”前打钩。

注：发送手机短信内容即为标题栏内容，标题栏字数最好在 50 个汉字以内，超过按 2 条发，信件正文不能作为手机短信发送。

点击“马上发送”或“发送并保存”，进行发送。点击“马上发送”信件不会在“已发信”中保留，点击“发送并保存”，信件会在“已发信”中保留。

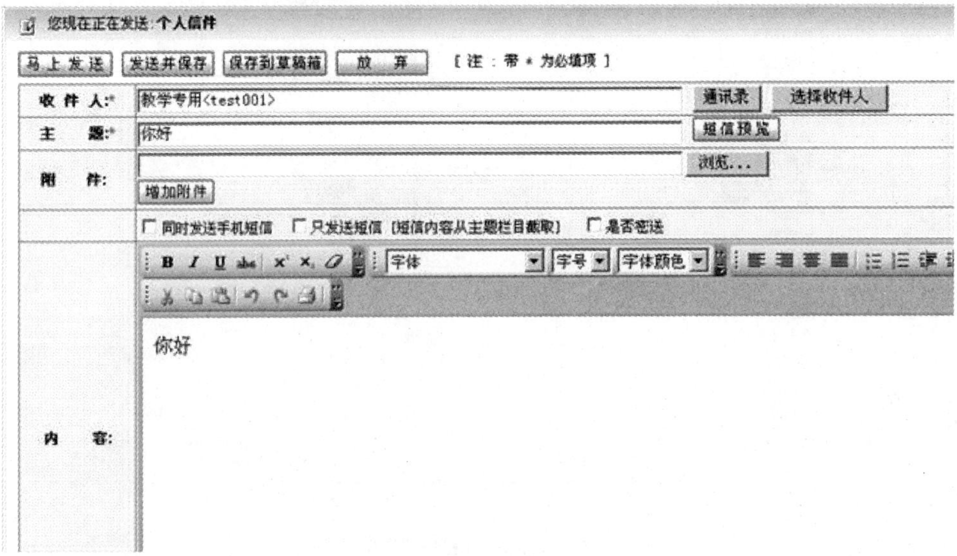

图 8-6　个人信件—写信

2. 如何查看个人信件？

在“个人信件”功能区，点击“看信”按钮，系统会显示当前用户的所有信件，如图 8-7 所示。点击你要看的信件标题，即可打开该信件，看阅具体内容，也可对信件进行回复、转

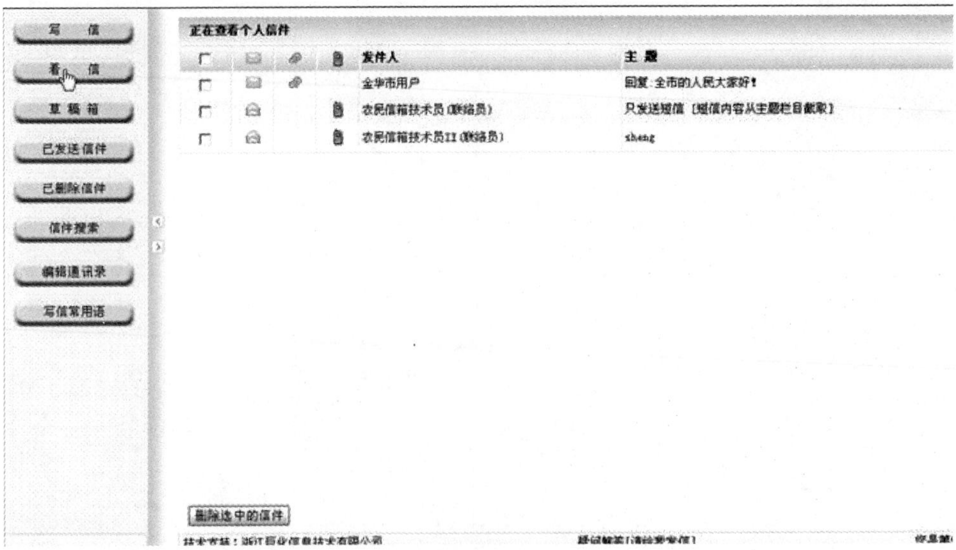

图 8-7　个人信件—看信

发、另存、打印等操作。在转发时，若此信本带有附件，现要连同附件一起转发，就点击“增加附件”下方的“原附件”前的小框，页面会刷新一下，附件自动加入，会与信一起转发给对方。对不需要的信件可以在信前的小框内打钩，然后点击“删除”按钮，予以删除，也可以一次选中多个要删除的信件，集中删除。

三、公共信息

1. 如何发送公共信息?

当用户具有发布公共信息的权限后，进入“公共信息”版块，点击“投递公共信息”，将会出现具有发布权限的公共信息类别选择，如图 8-8 所示。

图 8-8　投递公共信息

选择发送类别，会有提示“您现在正在投递政策信息”的信息，输入标题、发文单位、保留时间等信息后，点击“投递”，将会以用户所处的地区级别自动发布在对应的信息栏目中。

2. 如何查看公共信息?

农民信箱具有极大的信息量，其信息主要有：各级政府部门提供的政策信息，农技部门提供的技术服务信息，气象部门提供的气象消息、中长期预报和气候分析，农产品专业市场提供的市场行情、市场趋势分析资料。各级政府机关发布的公共信息包含：①本级政府、各部门单位已经发布上网的信息，为方便农户查看，以公开信的方式，在本系统公共信息区再发；②本级政府、各部门单位在开放性互联网站上不发，只定向提供给本区域农户的各类非涉密的公共信息；③其他和农业农村相关的信息。用户点击公共信息后，可依次点击政策信息、最新农情、市场行情、气象消息、系统公告等，看到各级政府机关单位提供的丰富信息。并且可以通过“浏览更多省级信息”来浏览各省、市、县、镇、村的所有公共信息，如图 8-9 所示。

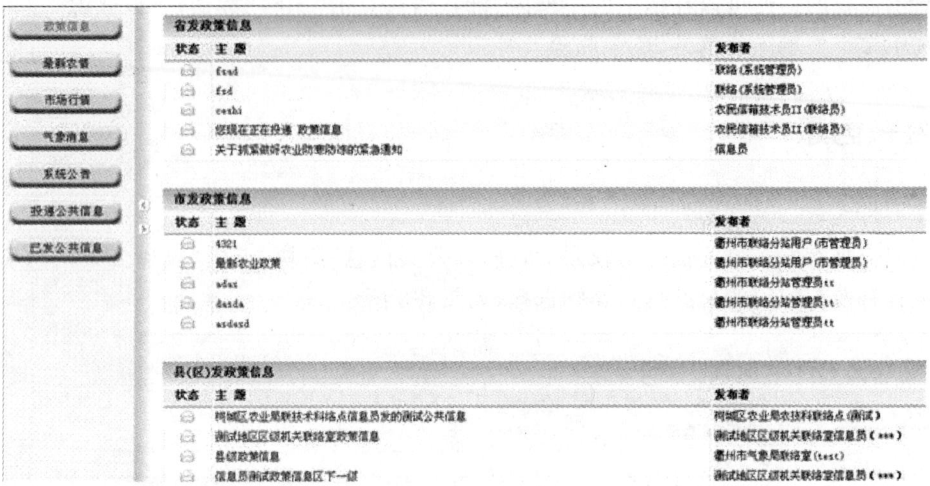

图 8-9　查看公共信息

四、买卖信息

1. *如何发送买卖信息?*

系统中的所有用户无论是否拥有摊位都可以在农民信箱里发布买卖信息，不同的是：没有摊位的用户只能将信息发送到“买卖信息”中；拥有摊位的用户可以将自己的买卖信息一次输入，同时发送到“买卖信息”和“摊位”，并自动分类到“专业市场”，而且可以集中管理自己以前发布的信息。

如果用户要发布买卖信息，可以点击左边导航栏中的“发送卖出信息”或“发送买进信息，出现如图 8-10 所示页面。

信息中包括了名称、种类、数量、价格、图片和说明等内容，用户根据需要如实填写。

货物的数量需要填入一个有效的数字，对于每种货物都有不同的标准计量单位，计量单位会随着货物种类的改变而自动改变。

货物的价格分为三种：单一价、区间价和面谈价。如果选择单一价，则允许输入一个确定的价格；如果选择区间价，则需要输入价格的范围；如果选择面谈价，则无需输入价格。

为了符合农产品的实际情况，货物的出售时间分为常年销售和季节性销售，如果是季节性的农产品，则可以输入未来上市的时间区间。出售地点是指货物的提货地点。

摊主如果有条件的话可以为自己的商品配一幅图片，该图片会显示在摊位的货架上。

如果系统中的以上信息还不足以描述清楚货物的情况，那么，可以在货物说明框中输入更详细的信息对货物作进一步的说明。

如果用户没有自己的摊位或者摊位货架已经满了，则系统自动将信息只发送“买卖信息”。

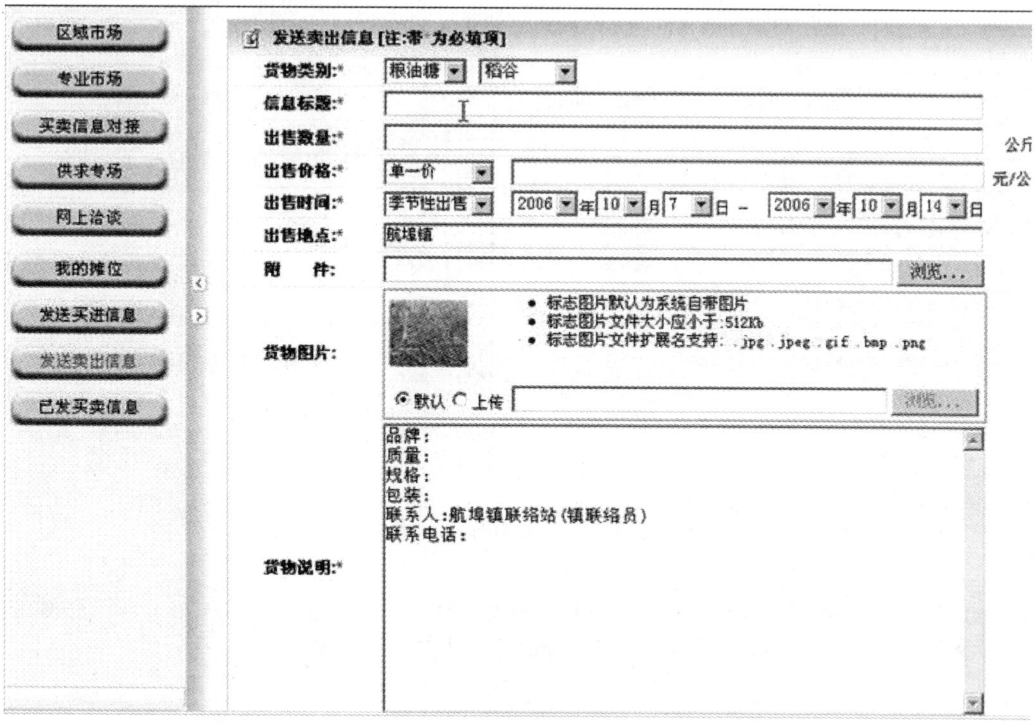

图 8-10　发送卖出信息

表单填写完成之后点“发送”按钮来提交，提交之后信息不会立即显示，而是先提交管理员审核，信息审核完成以后，买卖信息自动分类到相应的位置显示。

如果在信息填写过程中，出现临时性事务，可以点击“保存为草稿”按钮，将当前编辑的内容保存起来，便于下次修改完善后再发布。

2. 如何查看买卖信息?

用户需要查看买卖信息，可以点击“买卖信息”对接按钮进入买卖信息对接模块进行浏览，买卖信息对接模块以一览表的方式，汇集最大的信息量，从总览角度对买卖信息进行显示，可按商品分类或按行政区域进行等多种方式排列总览，最大限度地方便农民实现信息的对接。

买卖信息对接模块的缺省界面延续原来“买进卖出信息”功能的界面布局，采用买进卖出信息分左右列表的显示方式，并按照信息的审核时间倒排，最新发布的信息，排得越靠前。一页显示买进卖出信息各 20 条，若显示不下，则点击“更多…”分页显示所有符合条件的信息，如图 8-11 所示。

用户可以根据地区名称的导航，点击则显示该地区的买卖信息，用户可以选择按列表还是按图标排列，系统还提供了“按时间顺序排列”、“按点击次数排列”、“按商品名称排列”、“按价格排列”等排列方式，用户也可以分别按照主题、发布人等方式按关键字查找，也可以按专业类别进行过滤，更大程度方便了信息的对接，如图 8-12 所示。

点击某条具体的信息，则显示该买卖信息更详细的情况。该页面的显示内容进一步丰

图 8-11 查看买卖信息

图 8-12 地区排列信息

富，可以自动提取货物的数量、价格、出售时间、出售地点、品牌、质量、规格、包装等详细信息。如果对这条信息感兴趣，还可以直接点击“我要与摊主联系”按钮直接给摊主发信联系，如图 8-13 所示。

3. 如何进行买卖对接？

根据与传统信息发布逆向的全新思维方式，系统提供了用于查找潜在客户和分析竞争对手的匹配功能。在用户自己发布的买卖信息页面有两个“买卖对接”的按钮，分别是“在本地区范围对接”和“在全省范围对接”，点击此按钮后系统会根据自己发布的信息内容自动从其他摊位中搜索其他摊位的相关信息，例如出售柑橘，点击“买卖对接”按钮，系统就会自动找出需要收购柑橘的信息，并以列表的方式显示出来，如图 8-14 所示。

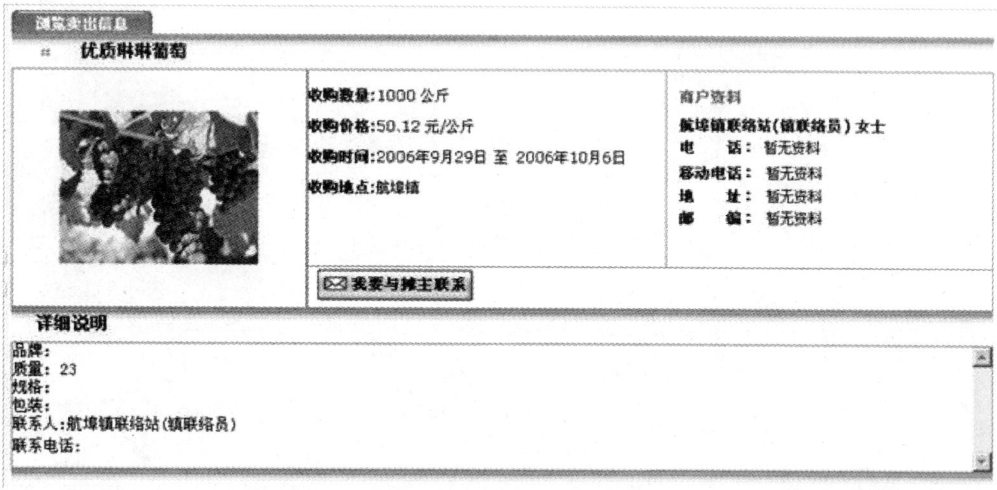

图 8-13　显示买卖详细信息及与摊主联系按钮

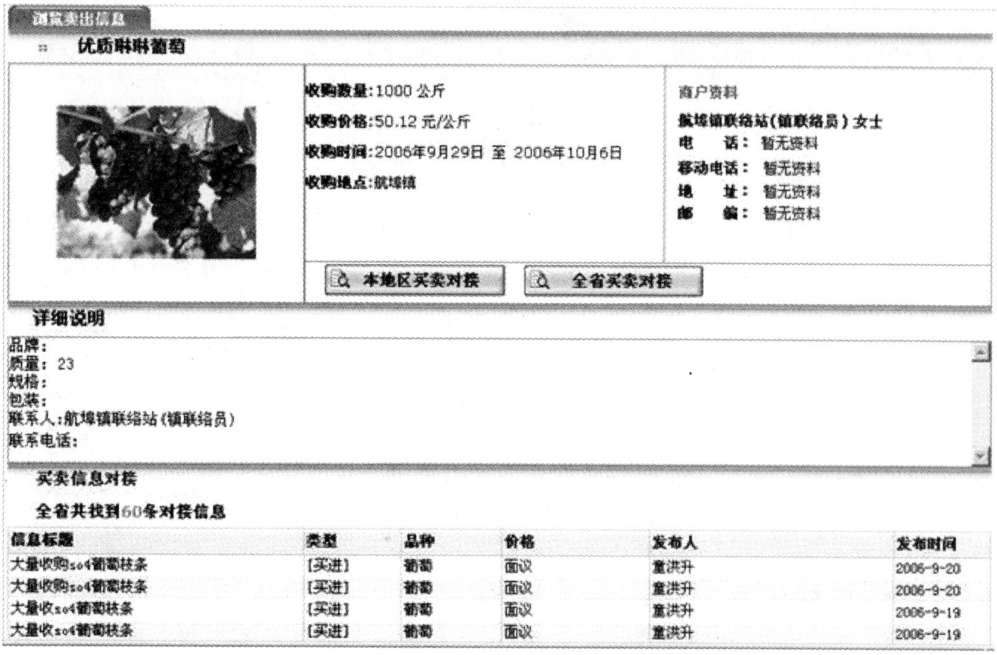

图 8-14　两个"买卖对接"按钮

五、农技 110

1. 如何浏览农业信息资源集成?

《农业信息资源集成》是一个农业信息资源服务平台,集成了国内外农业技术、市场信息、农业企业相关的网站网页和浙江省农技人员相关信息。您可以通过按地区分类查找到浙江省内某一市、县、乡镇及全国兄弟省市、国家部委、国外的有关信息，也可以通过按产业分类查找到农业有关信息，如图 8-15 所示。

图 8-15　农业产业分类馆

(1)查找农业技术网站网页

查找市场信息网站网页，查找农业企业网站网页的使用方法相同，以查找农业技术网站网页为例说明。点击“查找农业技术网站网页”栏目，出现“按地区分类查找网站网页”，“按产业分类查找网站网页”，“搜索”和“导读”。

①点击“按地区分类查找网站网页”，出现省本级、各市、部委、兄弟省市地区列表，点击省本级、部委、兄弟省市直接查看所属地区的农业技术相关网页、网站。点击省内 11 个市，出现市属下的县(市、区)名称及县(市、区)前三条信息，点击相应的县(市、区)出现所属的乡镇及各乡镇的前两条信息。点击具体的信息可直接浏览相关网页、网站。

②点击“按产业分类查找网站网页”，出现各大产业及产业下的部分最新的网页、网站。点击具体的产业出现下属产业及此产业下的相关网页、网站。产业可层层下点，点击具体的网页、网站的名称，可浏览此网页、网站。

③搜索。输入要搜索的内容，如“水稻”，点击“确定”，会出现本栏目中所有有关水稻的网页、网站。在“按地区分类查找网站网页”和“按产业分类查找网站网页”中都有一项搜索条，只要输入“关键字”，可实现本集成系统、雅虎、百度或 google 中的搜索。

④导读。栏目中最新的被推荐的网页、网站名称及简要介绍，可直接点击，浏览具体的网页、网站。

(2)查找农技人员相关信息

点击“查找农技人员相关信息”，出现“按地区分类查找农技人员”，“按行业分类查找农技人员”，点击“按地区分类查找农技人员”出现省本级、市，点击市出现市本级及所属县，点击县出现县本级及所属乡镇，点击乡镇出现具体农技人员，点击具体农技人员，查看农技人员信息。点击“按行业分类查找农技人员”，出现农、林、水、综合、其他行业，点击具体行业分类出现具体农技人员，点击具体农技人员，查看农技人员信息。

2. 如何浏览农技资料？

农技资料以资料库形式，收集全国性和国外普遍性的技术信息，以及国内、省内、各市县的地域性技术信息，分门别类、分时期、分地区建立，可灵活实现搜索查找功能。资料由县以上农业技术人员搜索整理上传，省内农业网站的农业技术资料也可导入，还可以由农技人员在回答咨询问题时直接形成。农技资料的表现形式为将农技资料分日期和类别显示，可以先选择年份和月份，再按类别逐层查看，也可以根据标题中包含的关键字搜索，如图 8-16 所示。

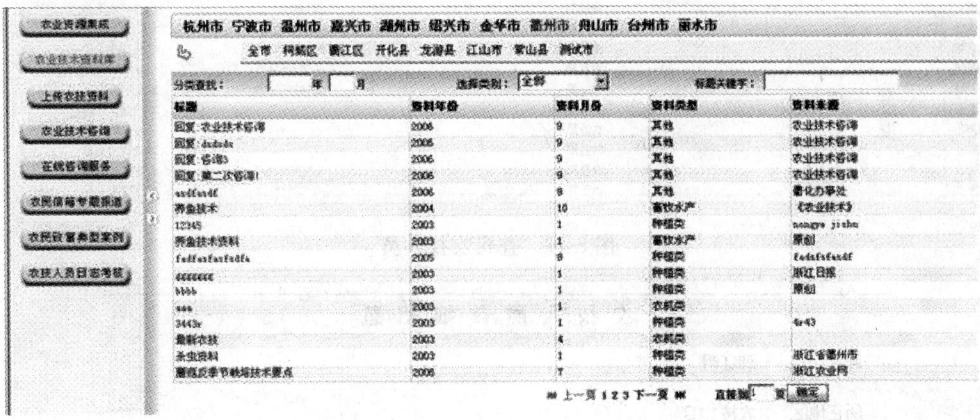

图 8-16　农技资料的表现形式

3. 如何使用农业技术咨询？

农业技术咨询模块实现分地区、分专业的农技人员快速查找，重点支持电话、发信、短信方式咨询功能的实现，并能显示各地区农技 110 的电话，咨询和答复的内容可以直接抄送农技 110 人员，热点咨询的答复可以在网上公布并进入分类农技资料库，如图 8-17 所示。

点击专家的姓名，显示如图 8-18 所示。

点击向该专家咨询问题，则转入发信界面，但该功能与普通的发信功能有差异，会自动向本地区的农技 110 抄送信件，如图 8-19 所示。

农技人员通过个人信件可以收到此信件，收信方法与普通信件一致，但在回复此信件时可以选择是否抄送到农技 110，形成农业技术资料库。

4. 如何使用在线咨询？

该模块为实名文字实时咨询室，给农民和农业技术人员之间架起了一座可信、便捷的网上技术咨询桥梁。用户登录农民信箱，进入咨询室，即可向在线的农业技术人员进行技术咨询，也可通过信件、短信预约再进入咨询室进行技术咨询。

①用户根据身份进行选择，如图 8-20 所示。

②专家进入咨询室后，进入等待服务状态，如图 8-21 所示。

③非技术人员进入此咨询室时，系统将显示在线的专家列表和状态，若状态是空闲，

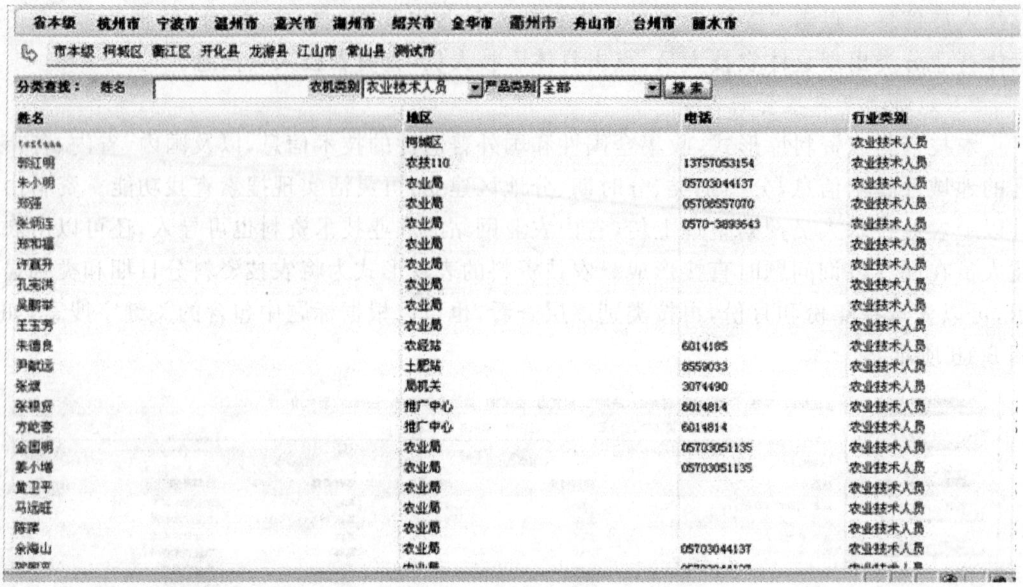

省本级 杭州市 宁波市 温州市 嘉兴市 湖州市 绍兴市 金华市 衢州市 舟山市 台州市 丽水市

市本级 柯城区 衢江区 开化县 龙游县 江山市 常山县 测试市

分类查找： 姓名 农机类别 农业技术人员 产品类别 全部 搜索

姓名	地区	电话	行业类别
testaaa	柯城区		农业技术人员
郭红明	农技110	13757053154	农业技术人员
朱小明	农业局	05703044137	农业技术人员
郑强	农业局	05708557070	农业技术人员
张炳连	农业局	0570-3893643	农业技术人员
郑和福	农业局		农业技术人员
许赢升	农业局		农业技术人员
孔宪洪	农业局		农业技术人员
吴鹏举	农业局		农业技术人员
王玉秀	农业局		农业技术人员
朱德良	农经站	6014185	农业技术人员
尹献远	土肥站	8559033	农业技术人员
张斌	局机关	3074490	农业技术人员
张根贤	推广中心	6014814	农业技术人员
方屹豪	推广中心	6014814	农业技术人员
金国明	农业局	05703051135	农业技术人员
姜小增	农业局	05703051135	农业技术人员
黄卫平	农业局		农业技术人员
马远旺	农业局		农业技术人员
陈萍	农业局		农业技术人员
余海山	农业局	05703044137	农业技术人员

图 8-17 查找农技人员

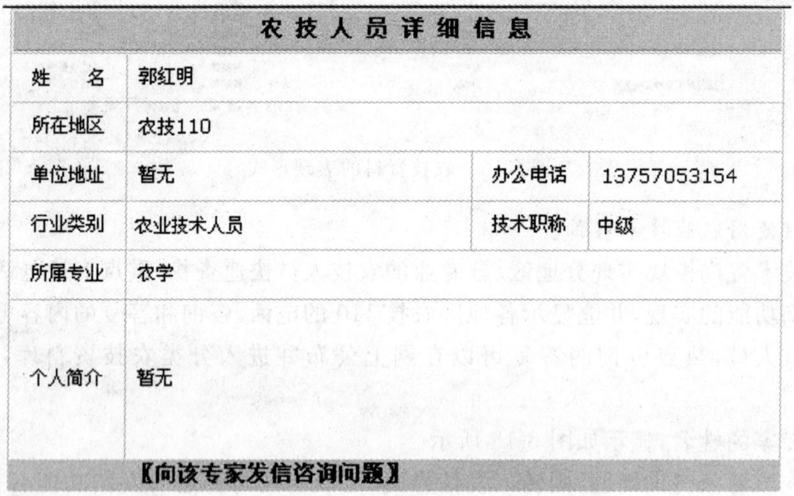

农技人员详细信息			
姓 名	郭红明		
所在地区	农技110		
单位地址	暂无	办公电话	13757053154
行业类别	农业技术人员	技术职称	中级
所属专业	农学		
个人简介	暂无		
【向该专家发信咨询问题】			

图 8-18 农技人员详细信息

点击该专家的名字，即可向他咨询，如图 8-22 所示。

点击状态为空闲的专家姓名，即可与专家一对一地进行交流，如图 8-23 所示。

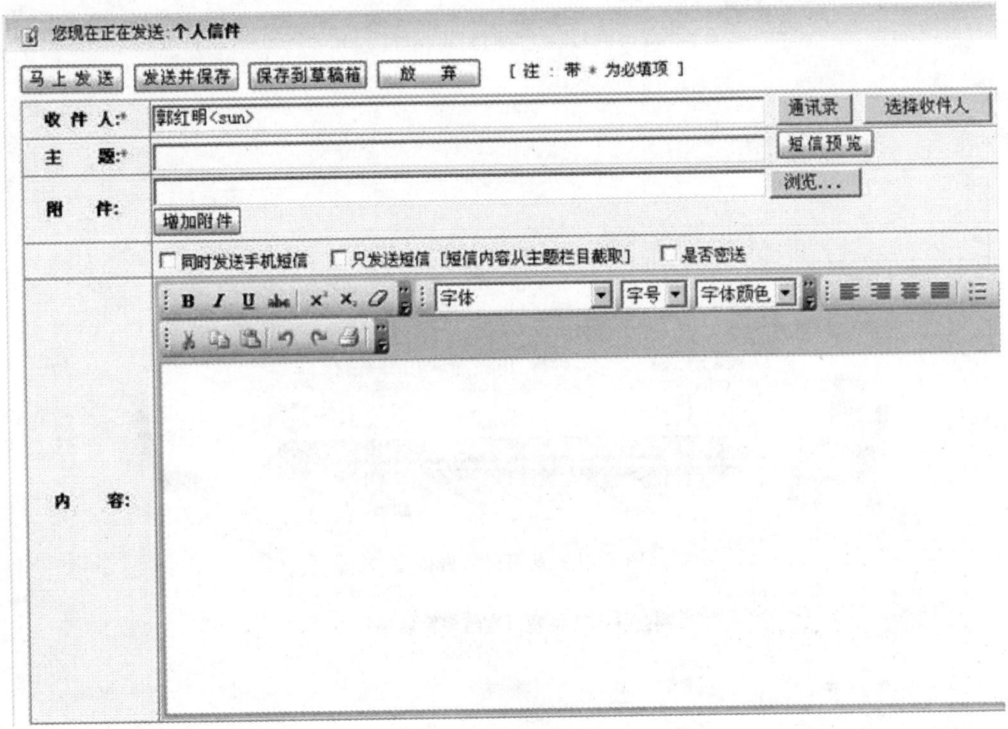

图 8-19　向专家咨询

图 8-20　身份选择

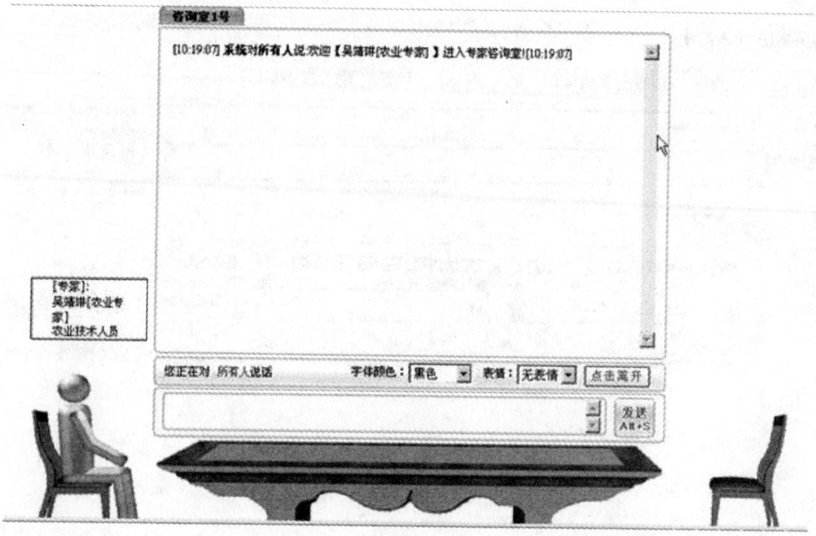

图 8-21　专家进入咨询室

农业技术咨询室 [在线专家名单]

在线专家姓名	专业	职称	所属单位	电话	状态
张无忌	农业技术	正高	省农业厅	0571-123456789	忙碌
赵敏	水产技术	中级	省农科院	0571-123456789	忙碌
杨逍	林业技术	副高	开化县农业局	0570-3086666	空闲
范遥	林业技术	副高	开化县农业局	0570-3086666	空闲
小昭	养殖技术	初级	省农科院	0571-56698796	忙碌
张三丰	水产技术	中级	省农科院	0571-123456789	忙碌
杨不悔	林业技术	副高	开化县农业局	0570-3086666	空闲
周芷若	林业技术	副高	开化县农业局	0570-3086666	空闲
阿离	养殖技术	初级	省农科院	0571-56698796	忙碌

图 8-22　系统显示在线专家列表和状态

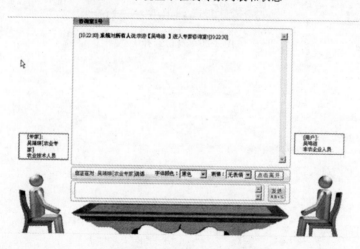

图 8-23　与专家一对一交流

第三节　农民信箱使用中常见问题

● **我换了手机号码，不知在哪里修改？**

更换手机号码应及时在本系统中修改，否则无法接收短信。现在个人维护中不允许修改手机号码，请与系统管理员联系。

● **附件文件名乱码或者无法下载**

根据本系统所采用的技术，必须把浏览器"总是以 UTF8 发送 URL"的选项取消，才能够正确使用附件，否则附件可能无法显示！

具体设置方法为：点击"工具"菜单→点击"Internet 选项"→点击"高级"→找到最后一行，把"总是以 UTF8 发送 URL"前面的√去掉→点击"确定"按钮，完成设置。本设置需要重新启动后才能起效，所以请先关闭浏览器，然后再重新打开浏览器，进入农民信箱系统。

● **输入用户名和密码后，屏幕一闪就退出**

可能是浏览器安全设置中，隐私设置成"阻止所有 Cookie"的原因，将安全级的隐私先设置成"中"或更低，等能够登入系统后，再逐步将隐私级别逐步加高。

具体设置方法为：点击"工具"菜单→点击"Internet 选项"→点击"隐私"，移动滑竿到"中"，点击"应用"按钮，点击"确定"按钮，完成设置。重新尝试登录系统。

● **用户离开计算机一段时间，回来重新操作，系统跳到登录界面**

鉴于系统的安全性考虑，当用户长时间不操作系统时(20 分钟)，系统的 Session 将过期，系统自动退出。

● **发送手机短信无法收到**

目前，系统中的信件的收发和短信的收发是通过不同的技术实现的，如果信件和短信同时无法收到，则整个农民信箱系统出现故障，需要立即与联络总站或软件开发公司联系；若信件能收到，而短信收不到，则说明短信机故障，需要立即与联络总站或软件开发公司联系，或和移动/联通公司的管理员联系。

● **用户发送的买卖信息不能显示**

买卖信息必须经过审核才能显示，需要各级管理员及时审核。

● **用户已经建立，但在选择收件人中看不到这些用户**

用户必须正式启用后才能使用和接收信件，需要该用户自行用身份证号登录后才能使用，或者由信息员代为启用(将用户名从身份证改为其他编号即可)。

● **没有手机可不可以注册**

没有手机，照样可以申请农民信箱，可利用电脑使用农民信箱。没有手机，除收不到短信提示功能外，基本不影响农民信箱的正常使用。

● **手机短信收不收费**

接收短信：接收短信不是定制(订阅)的，因此始终不会收费。信箱用户会不定时的收到政府有关部门发布的一些信息，如突发气候来临前的预警信息，都是免费的。

发送短信:信箱用户从信箱中发送短信,自农民信箱开通后的两年内也是免费的。

浙江农民信箱工作平台在“三农”中的前瞻性作用现已十分明了。农民信箱在某地区推广进展快慢,取决于对信箱使用的普及率,而普及率的高低,其决定因素是对基层注册用户的培训力度,培训范围越大,农民信箱作用就越广泛。要提高农民信箱的生命力,关键是提高应用水平,尤其要加强对基层各类涉农企业、农业合作社、基层农户的培训。只有把培训工作切实抓紧抓实,使广大用户充分发挥农民信箱功能,才能不断保持农民信箱旺盛的生命力,并极大地发挥其功能。

思考题

1. 为什么要在全省实施“百万农民信箱工程”?
2. “浙江农民信箱”总体是怎样一个架构?
3. 浙江农民信箱具体如何实施?
4. 如何申请注册使用“浙江农民信箱”?
5. 如何使用在线咨询?

第九章　农业推广项目计划与管理

基本要求：掌握农业推广项目计划制订方法；理解农业推广项目计划的逻辑格式；掌握农业推广项目计划的编制程序；掌握农业推广项目管理。

重　　点：掌握农业推广项目计划制订方法与管理。

难　　点：掌握农业推广项目计划的编制程序。

第一节　农业推广项目计划概述

农业推广计划是推广机构或农业推广人员预先拟订的农业推广工作的具体内容和步骤。

一、农业推广项目计划的格式

农业推广项目计划如表9-1所示。

表9-1　农业推广项目计划表（逻辑框架矩阵表）的格式

层次	内容描述	客观可验证的指标	指标的出处	重要假设
总目标 项目目标 成果 活动		投入方式	投入成本	
				前提条件

二、农业推广项目计划的目标层次

从图9-1可以看出，“层次”项目的纵列表明目标层次，其逻辑关系是：“总目标”是由“项目目标”构成的；“项目目标”是由“成果”构成的；“成果”是由“活动”构成的。这是自上而下来看纵列的逻辑关系。

如果自下而上看，可以看出其逻辑关系是：项目“活动”的完成表明达到了项目的“成果”的实现，项目“成果”的实现表明达到了“项目目标”，“项目目标”的实现为“总目标”的实现做出了贡献。这里需要说明的是，总目标一般是多个项目目标实现的结果。

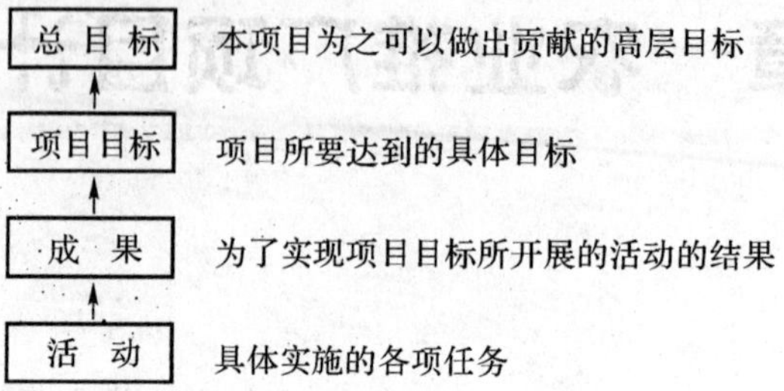
总目标
本项目为之可以做出贡献的高层目标
项目目标
项目所要达到的具体目标
成果
为了实现项目目标所开展的活动的结果
活动
具体实施的各项任务

图 9-1　推广计划的目标层次关系

为了表述清楚，目标层次的逻辑关系可用表 9-2 加以说明。

表 9-2　目标层次的逻辑关系

总目标的重要性是什么？	总目标构成项目逻辑框架的最上层次，其他项目也可能为此目标做出贡献
项目目标的重要性是什么？	项目目标是一个具体项目要达到的目标，可以用来评价某一项目最后结果的成功或者失败，项目管理的使命是要努力保证此目标的实现
项目什么时候结束？	项目在达到项目目标的时候，意味着目标群体已经受益，这时仍要确信项目取得的成就有持续性
为什么仅有一个项目目标？	一个项目目标有利于项目的管理和实施，如果遇见一个项目有两个项目目标的情况，最好分为两个项目
如何确定项目成果？	项目成果要么来自目标分析的目标树，要么来自具体的技术研究
如何确定项目活动？	三种来源渠道： 一是目标树； 二是具体的技术研究； 三是项目参与者的意见
为什么要做“活动”计划？	所计划的活动要详细到可以运作的程度，要做到可行性和可信度的结合，主要目的： 一是制订工作计划，安排时间跨度； 二是必要的资源计划； 三是确定预算

三、农业推广项目计划的指标

与纵向的目标层次关系相似，逻辑框架矩阵表的指标关系表现在表内横向序列的第一行，如图 9-2 所示。

图 9-2 推广计划的指标关系

四、农业推广项目计划制订方法

(一)制订农业推广项目计划的基本原则

制订推广项目计划应该遵循的总原则包括：根据各级政府有关发展农业和农村经济社会的方针、政策、法规，结合地方经济发展规划，按照广大农民提高生活水平和素质的实际需求，把国家的利益、集体的利益和农民的利益三者有机地结合在一起，协调处理好局部利益与全局利益的关系，眼前利益与长远利益的关系；充分发挥和提高各项资源的综合效率，使推广工作产生巨大的经济效益、社会效益和生态效益。

制订推广项目计划应该遵循的具体原则包括：

①计划的科学性原则。

②计划制订过程的参与性原则。

③计划内容的整体性原则。

④计划的可行性原则。

⑤计划制订与执行的连续性原则。

(二)制订农业推广项目计划的编制程序

制订农业推广项目计划一般需要遵循下面的工作程序和步骤：

①明确推广计划制订的目标和服务对象；

②组建计划制订小组；

③开展调查研究和情况分析；

④确定农民的需要、需求和兴趣；

⑤确定问题、资源和重点；

⑥确定推广项目及项目目标；

⑦设计推广项目的成果；

⑧制订推广活动计划；

⑨制订推广实施计划；

⑩形成完整的农业推广计划书面报告。

(三)制订农业推广项目计划的方法

1. 问题分析

(1)问题分析的目的

通过小组讨论与分析,在较短的时间内与参与者一起对某一特定问题的原因、导致的结果等方面进行分析并按照一定的逻辑层次加以整理、归纳。问题分析有助于农民需求的确定,在讨论与分析过程中更好、更快地认清某一事物的本质,以便参与者将注意力集中到问题、原因和影响方面并达成共识,为进一步讨论解决方案打下基础。

(2)问题分析的步骤

确定主要问题、中心问题以及中心问题的因果关系分析。

(3)注意事项

①把问题描述成不利的状态;

②要针对现有的问题,避免那些可能的、想象的或将来出现的问题;

③不强调问题的解决方法,而只强调不利状态的事实;

④中心问题的描述应切中问题的要点;

⑤注意不断提醒大家对不同层次上问题、原因、结果的表达与描述,要注意问题的表述中不要用“缺少”、“没有”等词汇;

⑥可以邀请参与者直接写卡片,也可以由支持者或其助手帮助书写(注意书写后向意见的提供者确认是否准确);

⑦要尊重每一位参与者,不要加以简单地用‘对’或‘不对’的评价,可以要求他们对自己的意见加以说明并在讨论后进行修改。

例如,某贫困省的粮食短缺问题非常严重,人们只能靠吃国家返销粮来维持生存。当地干部、群众想开展一个项目解决这一问题,首先开始了问题分析,其结果如图 9-3 所示:

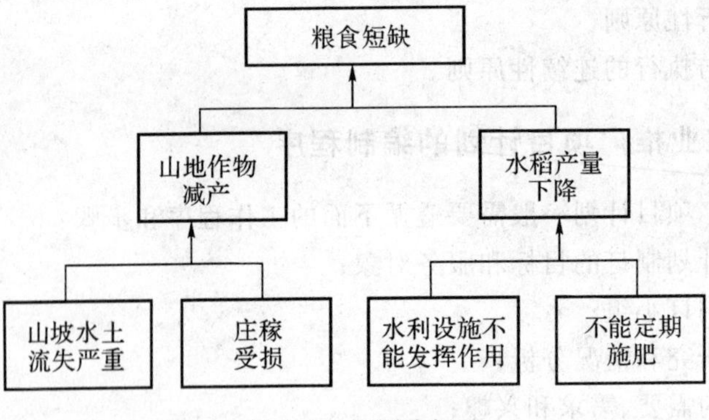

图 9-3　问题分析

2. 目标分析

(1)目标分析的目的

目标分析的主要目的是:①明确问题树中各层次的目标;②找出解决具体问题的方法;③建立目标树。

（2）目标分析的步骤

①将目标树上的所有问题从上至下改变成目标。

②检查目标与问题关系的正确性和完整性，在必要时可以对描述进行改变。

③确信将因果关系变成手段和目标的关系。

从问题树转化为目标树，只需要将问题树中的问题从消极态或否定态变为积极态或肯定态就可以了。例如，在问题分析中关于某贫困省的粮食短缺问题，也可以从上面的问题树转变为目标树，如图 9-4 所示。

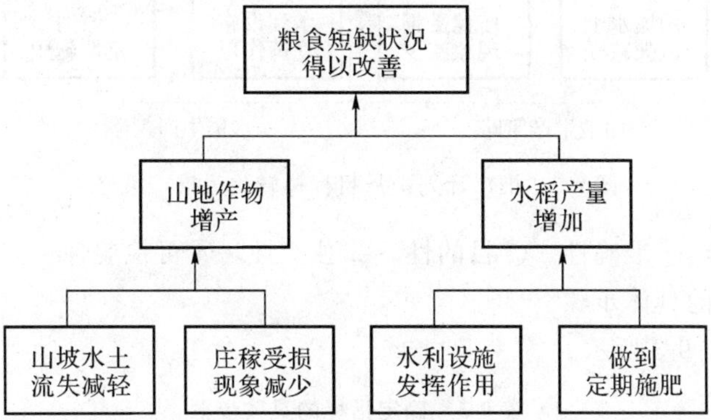

图 9-4　目标树

3. 策略分析

策略分析指对目标树分支的选择，因此也称替代分析。

（1）策略分析的目的

策略分析的目的是：①选出一个或几个可能作为项目的方案；②找出项目的不同解决途径；③决定要采用的项目方案。

（2）策略分析的步骤

①指出不切实际的目标。

②标出显示不同项目出发点或不同项目组成部分的不同手段/目标连线。

③用号码或标题标出这些不同途径。

④在评价和选择不同方案时要考虑：发展政策上的优先顺序，地区间的具体条件（包括技术、物资、人力），投入和产出的经济效益，时间上的持久性，其他合作机构的竞争或合作。

⑤确定最佳项目方案。在考察鉴定和可行性研究的基础上对不同计划方案的费用和收益情况进行分析，由团体讨论或领导决定。举例如图 9-5 所示。

4. 指标分析

（1）指标的概念及其特点

客观可验证的指标是指达到总目标、项目目标和成果的具体标准。这些标准被用来监测和评价目标取得的程度和进度。因此，这些标准应该是客观可验证的，它们应能回答以下问题：①数量（多少）；②质量（怎么样）；③目标组或项目对象（谁）；④时间（什么时间开始，什么时间结束）；⑤地点（在哪里）。

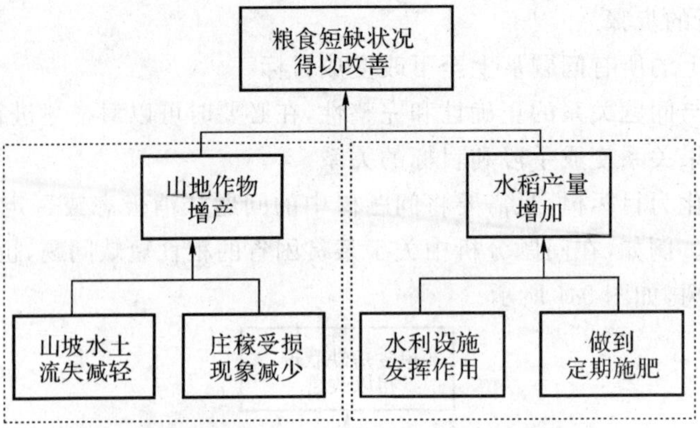

图 9-5　推广计划中从目标树转化为推广策略

具备以下特点：①准确性。②目的性。③独立性。④可检验性。

(2)确定指标的具体步骤

具体步骤如表 9-3 所示。

表 9-3　确定指标的具体步骤

步　骤	事　例
①确定目标	农民的玉米产量得到提高
②确定目标群体	小农(有 2 亩以下耕地的农民)
③数量	1000 户小农增加玉米产量 30%
④质量	保持 1989 年收获时的同等质量
⑤时间	1990 年至 1993 年
⑥地点	甘肃省××县××乡

(3)指标检查

检查所确定的指标是否足以达到所要取得的目标要求，否则需作适当调整。

(4)指标的出处(来源)表述

指标的确定如表 9-4 所示。

表 9-4　指标的确定

为什么确定客观可验证的指标?	表述总目标、项目目标和成果的特征 使管理项目更加客观 提供更加客观的监测和评价基础
指标应具备哪些标准?	数量、质量的具体化 相关性 独立性(专一性) 每一特定的目标或成果均有一具体的指标 可检验性(所需要的信息可以得到，如时间、地点等都很清楚)

续 表

每个目标或成果是否仅有一个指标?	每个目标或成果有必要建立多项指标,这样有利于对项目目标或成果取得成功的程序的检测
是否总能够找到一个指标?	应该至少每个目标具有一个指标。如果不容易发现直接用于检验的指标,可以用间接指标代替 直接指标如丰收的成果可用"增加产量"表示;间接指标如"农民收入得到增加"可以用建房条件的改善(如砖瓦、水泥材料)来表示
所有目标是否都可以用客观可验证指标的术语加以描述?	有时比较困难,但要尽可能找到表示数量、质量方面的可验证方式,这样可以使项目管理、监测和评价更具客观性

指标出处的确定如表 9-5 所示。

表 9-5 指标出处的确定

为什么要表述指标的出处(来源)?	为了确信所表述的项目目标和成果的检验指标来自准确可靠的信息,即客观可检验性
在哪里可以发现?	项目外:提供适当的信息源 项目内:计划收集信息的活动
怎样评价指标出处?	两条标准:可靠性、易于得到
什么时候确定指标的出处?	在项目准备阶段,项目目标和成果被确定以后。有些可以在项目实施过程中确立

五、农业推广项目计划的形成

(一)农业推广项目计划的形成步骤及其逻辑关系

1. 农业推广计划表的形成

农业推广计划表的形成可以分为以下 10 个步骤:

①确定项目目标。

②确定为实现项目目标所要达到的成果。

③确定为达到每项成果所需要开展的活动。

④确定总目标。

⑤用"如果……那么……"的逻辑关系自下而上检验纵向逻辑关系。

⑥确定每一层次所需的重要假设。

⑦分别依次确定项目目标、成果和总目标的客观可验证的指标。

⑧确定指标的出处(或称验证手段)。

⑨确定活动成本预算。

⑩对照检查表检查整个逻辑框架的设计。

2.农业推广计划的逻辑关系

与目标分析相同,逻辑框架矩阵的主要结构表现在对原因和影响的因果关系的分析上。这种关系越明显,项目设计就越好。这就是所谓"如果……那么……"的关系。

3.农业推广项目计划表的重要假设和预算

(1)重要假设的含义及条件

"重要假设"是对那些在项目的控制范围以外,却对项目的成功起影响作用的条件。在确定重要假设时,如前所述,一般要回答这样的问题,即"哪些外部因素对项目的实施和持续性显得特别重要,但项目本身又不能施加控制?""重要假设"的作用是提醒项目管理者注意监督此类条件的变化。如有可能,应施加一定的影响,使其尽可能向有利于项目实施方向转化。

列入逻辑框架矩阵表的重要假设一般要具备三个条件:

① 对项目的成功很重要;

② 项目本身无法对此进行控制;

③ 有可能发生。

在项目设计时,某一条件有100%实现的可能性很少,同时如果真是这样,也没有必要列入重要假设内。在不确定的前提下,不确定程度越低,项目设计越有把握。重要假设说明如表9-6所示。

表9-6 重要假设说明

为什么要包括重要假设	项目以外的因素(外部条件)常常对项目的成功影响很大,因此需要及早认真地加以鉴别并给予充分注意
外部条件的来源	目标树所包括的某些"目标"可能属于外部条件,在进行目标分析时应加以注意。其他外部条件可通过专家和参与者分析确定
外部条件什么时候转化为重要假设	如果在项目评估或项目可行性分析时认识到外部条件对项目成功的重要性就应作为重要假设给予考虑。如果外部条件对项目执行是很重要的因素,很可能发生,但又不能被项目所控制,就可放入重要假设栏内
如果重要假设不可能实现怎么办	放弃或重新设计这个项目。重新设计所要达到的成果或调整项目目标
如何描述重要假设	根据理想的状况进行描述,做到可以证实和评估
哪个目标层次应该有重要假设	项目目标或成果层,因为重要假设是针对取得上层目标而言
什么是前提条件	前提条件是项目活动开展之前必须满足的条件

(2)重要假设与目标的关系

重要假设与目标的关系如图 9-6 所示。一般来说,总目标的指标比起项目目标和成果来更倾向于定性,项目目标和成果的指标则更倾向于定量,以易于检测。

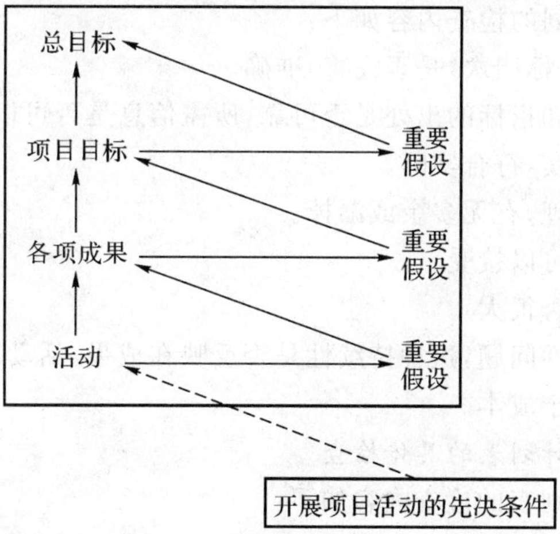

图 9-6　重要假设与目标的关系

图 9-6 说明:一旦前提条件得到满足,项目活动便可以开始。图中之所以用虚线,说明开展项目活动的先决条件不总是必要的。一旦项目活动开展,所需的重要假设也得到了保证,便应取得相应的成果。一旦这些成果实现,同水平的重要假设得到保证,便可以实现项目目标。一旦项目目标实现,同水平的重要假设得到保证,项目目标便可以为项目的总目标做出应有的贡献。

(3)确定项目的预算

确定项目投入形式和投入数量的具体做法如下:

——根据逻辑框架内所列出的每个活动,确定所需要的人、财和物的数量。

——明确投资者和受益者。

——人员投入以天数(日)为单位计算。

——对所投入的设备、物资应登记清楚(如两台拖拉机、一套检测设备),并要注明所指的具体活动。

——计算投入总量。

——计算每个成果的投入总量。

——在效益风险分析的基础上估计可能附加的投入量以及逻辑框架内反映不出来的隐性投入(如组建办公室、秘书及司机等的费用负担),并通过讨论加以落实。

——当资助组织已经限定资金数量时,项目设计一定从量化方面考虑,计划要说明多少投入量能够取得(或不能取得)多大结果。

——如遇到以下情况,要重新对设计方案进行质量方面的检查:能源消耗太高,需要外汇,结果长期依赖进口,项目执行费用或以后维持费用太高,劳动强度不够或目标组自助力发挥差。

(二)农业推广项目计划的复查核实及实施计划

1. 对农业推广项目计划的整体检查

对农业推广项目计划的检查内容如下：

①垂直逻辑关系(目标层次)是否完善、准确。

②客观可验证指标和指标的出处是否可靠,所需信息是否可以获得。

③前提条件是否真实,符合实际。

④重要假设是否合理,有无多余或漏掉。

⑤项目的风险是否可以接受。

⑥成功的把握性是否很大。

⑦是否考虑了持续性问题,这种持续性是否反映在成果、活动或重要假设的内容中。

⑧效益是否远远高于成本。

2. 对农业推广项目计划表的具体检查

对农业推广项目计划表的检查内容如下：

①项目具有一个目标。

②项目目标不是对成果的重新描述。

③项目目标是项目的外部管理责任(与成果是相对的,项目成果实现之后,项目目标是显而易见的。这里外部管理责任指项目目标的客观性)。

④项目目标描述清楚。

⑤所有成果都是达到目标的重要条件。

⑥各项成果描述清楚。

⑦各项成果描述为活动实施后的结果。

⑧所设计的活动都是完成专项成果的必要条件。

⑨总目标描述清楚。

⑩总目标与项目目标之间具备“如果……那么……”的逻辑相关性,没有忽略重要的步骤。

⑪在同一层次上,成果加上重要假设构成达到项目目标的必要的、充足的条件。

⑫项目目标加上重要假设构成实现总目标的关键条件。

⑬投入与活动之间的关系是真实的。

⑭成果与项目目标之间的关系是真实的。

⑮活动、成果、项目目标和总目标的纵向逻辑是真实的。

⑯项目目标的指标独立于成果。它们不是成果的总结,而是检测项目目标的尺度。

⑰项目目标的指标测定是达到项目目标的重要的方面。

⑱项目目标的指标可以检测数量、质量和时间标准。

⑲成果的指标在数量、质量和时间上是客观可验证的。

⑳总目标的指标在数量、质量和时间上是客观可验证的。

㉑在活动层所描述的投入反映完成项目目标所需要的资源。

㉒指标的出处说明在哪里可以获得验证每个指标的信息。

㉓活动说明为了指标出处的获得所需要的行动内容。

㉔成果说明项目的管理责任。

㉕根据逻辑框架矩阵表可确定项目的评价计划。

3. 农业推广活动的实施计划

为了认真地落实逻辑框架中的各项活动，需要在完成逻辑框架矩阵表之后，制定一个切实可行的活动实施计划。一个简单的实施计划包括活动、时间和负责人或负责机构。表 9-7 是年度实施计划表的简化格式实例。

表 9-7　农业推广活动的年度实施计划表的简化格式实例

活动		1998												负责人/机构
		1	2	3	4	5	6	7	8	9	10	11	12	
1.1	造林													
	组织对造林户的技术培训													林业技术站
	整地、对整地和苗木的质量检查				×									农民
	抚育、管护及补植				×	×								农民
	推广和技术指导				×	×								林业技术站
1.2	抚育和管理													
	实施抚育措施(松土、除草、施肥等)						×	×	×	×				农民
	围封				×	×	×							农民
	人工管护				×	×	×	×	×	×	×	×	×	林业技术站
1.3	根据项目合同进行监测和付款													
	由乡林工站和农民一起自查并提交报告						×							林业技术站
	由旗/区项目办组织复查						×							林业局
	由监测中心进行检查验收							×	×					林业局

根据具体情况不同，农业推广活动的实施计划表也可以采用另外一种形式拟订，其内容主要包括活动、负责人、起始时间和完成时间、资源和成本估算、活动完成的检验标准等项内容。如表 9-8 所示。

表 9-8 农业推广活动的实施计划表的简化格式

活动	负责人	起始时间	完成时间	资源和成本估算	检验标准
1.					
2.					
3.					
4.					

六、案例分析

【案例】 参与式林业规划步骤

(一)准备

1. 组建工作队伍(确定人员并开展培训);

2. 选定项目村(依据项目村与农户选择标准和林班选择标准);

3. 项目综合宣传(根据宣传提纲开展广泛宣传活动);

4. 社会调查(收集资料、关键人物访谈、填写预选项目村情况调查表);

5. 准备林班规划图;

6. 总结(技术员填写项目村与农户选择检查表)。

(二)实施

1. 第一次村级农民会议:明确山地使用权

(1)项目具体内容宣传(宣传提纲表格1—3);

(2)确定荒山使用权属和农户面积(用1:10000地形规划图);

(3)签发项目协议书(农民报名自愿参与)。

2. 第二次村级农民会议:明确项目要求与参与形式

会议内容:

(1)宣传项目(宣传提纲表格1—5,明确参与项目农民的权利和义务);

(2)画出本村或组资源图(土地利用现状图);

(3)上山(带图与农民一起上山实地勘察立地条件和规划面积,并根据关于小班记录卡的填写说明填写小班卡);

(4)确定造林类型(根据造林类型选择标准由技术员填写造林类型检查表);

(5)树种选择(农民填写意愿表);

(6)明确混交造林要求(混交比例)和任务;

(7)农户推荐联户代表(农民填写联户代表委托书和农民参与项目申请书);

(8)总结(技术员填写第二次参与式林业规划会议记录与检查表)。

内业整理：

(1)小班卡；

(2)资源图和地形图；

(3)意愿表、申请书和委托书、协议书等。

3. 第三次村级农民大会:签合同

(1)讨论农民意愿汇总表(填写参与式林业规划决策表)；

(2)与农户草签合同书；

(3)总结(填写会议检查表)。

(三)归档

(1)资料汇总(填写参与式林业规划汇总表、文件分发与保存一览表和检查验收单)；

(2)检查验收(根据参与式林业规划检查验收方案)；

(3)文件报批。

【案例】 一个关于水稻增产项目的农业推广项目计划表

表 9-9 水稻增产项目的农业推广计划表示例

层次关系	内容描述	客观可验证的指标	指标的出处	重要假设
总目标	粮食短缺状况得以改善	自 1992 年 1 月始至 1997 年 12 月止，本省人均口粮由每人每年 150 斤(1992)稻谷增加到 500 斤(1997)	农业部 1998 年的调查统计结果	
项目目标	增加水稻产量	每公顷增加水稻产量 1993 年 1994 年 1995 年 5% 10% 20% 1996 年 1997 年 30% 10%	1993—1997 年项目报告	国家政策保证首先解决口粮问题
成果	1. 水利设施发挥作用	自 1995 年起，所有耕地变成水浇地	农户调查结果（1995—1997 年）推广机构报告项目报告	水利系统免遭破坏 水利系统的维修保养 机械化的水稻生产
	2. 做到定期施肥	插秧之前所有农民有秧苗，每公顷施肥 50 公斤		
	3. 农民使用新的栽培技术	农民自 1996 年开始适时播种，合理密植		

续 表

层次关系	内容描述	客观可验证的指标	指标的出处	重要假设
活动	1.1 组织农民 1.2 清淤修渠 1.3 修坝 1.4 培训农民，提高管理和参与意识 2.1 组织肥料购买 2.2 组织肥料发放 3.1 组织推广服务 3.2 培训推广人员 3.3 培训师资 3.4 开展使用肥料对环境的影响研究	—人员投入 360 个人月 —3 辆汽车，4 辆摩托车 —3 间办公用房 —办公费用 —运行费	360000 300000 30000 50000 60000 ∑800000 人民币	路况良好(见 2.1) 推广人员有积极性(见 3.1) 推广人员能顺利与农民沟通(见 3.1) 肥料得以继续供应 推广服务可满足农民变化着的需求。培训经费得以保证 前提条件 建立组织的报告得到上级批准

第三节　农业推广项目的管理

一、项目管理的内容

项目管理是一种实用学科而不是一种纯理论学科。美国《项目管理杂志》主编威尔斯博士说，项目管理不是简单地罗列管理技术，而是通过介绍操作信息时代项目的实在而灵活的方法管理项目，包括如何管理人力资源、防范和避免一些陷阱和问题的发生，等等。其中最关键是要找到战略上的途径和方法。

农业推广项目的管理内容相当多，项目的管理包括如下内容：

(一)项目计划的认可管理

1. 内容与原则

项目计划的认可管理主要内容包括确定计划及项目的学术负责人和归口管理单位；确定计划的目标和任务，审查总体设计方案和项目计划方案以及组织计划论证和项目论证。认可项目计划的原则是：考虑“三农”的需要，成果要先进，要切实可行以及经济上要合理。由此，其认可的方法很多，如采取现状调查法、分析预测法、评议论证法以及优选决策法等。

如评议论证法所评议的内容主要有：

①各单位的基本情况与条件，包括人员、技术力量、经济及物质实力、设备条件等。

②技术分析及论证，包括国内外水平和发展趋势、技术关键及解决措施、实现的可能性、结论意见。

③经济效益分析。

④承担项目条件。

在聘请专家论证打分时，一般给出相应的评价指标、分值和权重，按综合评分法进行打分，其公式为：

$$\sum W_i P = W_1 P_1 + W_2 P_2 + W_3 P_3 + \cdots + W_n P_n$$

式中：W 代表指标权重，P 代表指标分级（按五分制级）评分值，i 代表某指标，n 代表指标数。

2. 项目计划的执行管理

其主要管理内容应根据合同指标加以管理，包括：制订项目实施监督计划方案；安排实地检查；反馈和修订实施方案；组织考评，验收执行结果和经费使用情况等。通过对项目计划的执行管理，保证项目的顺利实施。

3. 项目的成果管理

项目完成后，要及时总结评价，开展项目的结题、验收和鉴定以及进行成果登记、申报并决定奖励等级。主要包括监督兑现合同、整理成果档案等。

（二）管理方法

农业推广项目管理的方法很多，下面列举了常见的五种管理方法，有些项目以一二种管理方法为主，但很多项目全面结合了五种管理方法。在实践中要灵活利用这些方法，确保项目高质量地完成。

1. 分级管理

分级管理即按不同管理权属进行管理。如国家科技成果重点“推广计划”实行国家级、省（自治区、直辖市）、国务院有关行业部门两级管理和组织实施，形成不同层次的推广计划，并各有侧重。

(1)国家科技部

国家科技部归口管理全国的科技成果推广工作，指导和协调“推广计划”的实施。

①负责国家级“推广计划”指南项目的征集、评审管理；

②制订“年度国家级科技成果重点推广计划”；

③确定投资方向，推荐科技开发贷款项目，安排中央银行贷款指标；

④研究、制订有利于“推广计划”实施与发展的政策、规章；

⑤围绕“推广计划”的实施，开展科技成果推广示范基地、示范县、示范企业和技术研究推广中心等推广示范工程的组织与实施工作；

⑥培育和建立适应社会主义市场经济体制下的科技成果推广体系和运行机制；

⑦监督和检查“推广计划”的执行情况；

⑧组织项目的验收、表彰、奖励和国际合作等。

国家科技部不直接受理地（市）以下科技部门（含地、市）或企事业单位申报指南或贷款项目。

(2)国务院有关行业部门

国务院有关行业部门的科技司(局)归口管理、指导和协调本部门和"省部级推广计划"科技成果推广工作。

①配合国家科技部,负责向国家科技部推荐国家级"推广计划"指南项目,组织实施国家级"推广计划",加强对重点项目的行业指导和管理;

②负责制定和组织实施本行业部门的推广计划,组织行业性重要推广活动;

③协助国家科技部对推荐的指南项目进行评审和本行业技术依托单位的管理;

④配合地方科技部门组织实施"年度计划"项目;

⑤探索和培育符合行业发展特点的科技成果推广运行机制。

(3)省、自治区、直辖市科技厅

省、自治区、直辖市科技厅负责"省级推广计划",配合国务院有关部门在本地区开展各项推广工作,归口管理、指导和协调本地区科技成果推广工作。

①组织实施本地区推广计划;

②负责向科技部推荐指南项目;

③结合地方国民经济和社会发展总体规划项目;

④对执行情况进行监督检查和验收,会同地方行业(局)组织实施指南项目;

⑤探索和培育符合本地区经济发展特点的科技成果推广运行机制。

2.分类管理

按照农业推广项目的不同种类、不向专业、不同特点和不同内容进行分类管理。如农牧渔业部管理农业、牧业和渔业推广项目,林业局管理林业推广项目。如按专业不同则要相应管理种子工程、植保工程、土壤肥料工程、农作物综合技术推广、饲养工程等项目计划。

3.封闭管理

农业推广项目的管理是一个全过程的管理,包括目标制定、项目申报、项目认定和部署、项目执行、项目修订完善直至项目完成和目标的实现状况均要进行管理,形成一个完整封闭的管理回路。由此避免了由于管理上的疏漏,造成项目不能顺利完成的情况。

4.合同管理

农业推广项目计划实施前,项目承担单位均要与项目下达单位和项目主持人签订项目执行合同,在此合同的基础上,项目主持单位和主持人还要进一步与项目协作单位和承担的主讲人签订二三级合同,在各级合同中就明确了各自的职责、任务目标及违约责任等方面,项目实施则完全依赖于本合同进行管理。

5.综合管理

依据不同推广项目的特点、管理权限、区域特点及我国现行行政管理和科技管理体制的特点,农业推广项目管理采取参与式管理的模式,集行政、技术、物资管理于一体,多种管理方法相结合,干部、专家和农民相结合,由此实现了管理的综合化和高效化。

二、农业推广项目计划动态调整与评估

由于项目管理是一个创造性的过程，项目早期的不确定性很大，所以项目不可能在一开始就完成，而必须逐步展开和不断修正。这就需要及时对计划的执行情况作出反馈和控制，并不间断地进行信息交流。

（一）项目计划动态调整策略和原则

具体包括：

1. 要做到尽量保持原有控制原则的完整性

尽管项目的目标和计划在一定范围可以变动，要充分发挥各个实施内容的功能，达到总体控制功能的实现。

2. 确保项目产出物的变化和项目任务与计划更新的一致性

不同的项目任务与计划所达到的结果和目标是不一样的，当项目的产出物提出变动要求后，必须调整项目任务与计划，保持两者的同步调整与变更。

3. 协调各个方面的变动

项目计划的变动是影响到项目投入的变化及产出物质量的变化等多方面的连锁反应，因此，必须协调各个方面的变动。

4. 及时解决异议或争议

项目在实施的过程中，有时会出现异议或争议。在异议或争议未解决之前，"推广计划"可暂停该项目的推广工作。待异议或争议解决后，根据论证的结论，作出撤销或继续执行的决定。

5. 项目实施单位一般不得变更

确需调整时，由地方科技管理部门审查后，报相应项目下达单位核准。对执行不力的单位，项目下达单位将会同有关方面进行调整、撤换，直至中止其执行。

（二）项目计划动态调整的方法

项目动态调整来自于对项目进行的动态监测结果，是由项目的参与人、项目管理人员或项目资助单位对项目活动的进展情况进行定期地、连续不断地检查所得到的基本信息反馈和进展评估报告后作出的。一是要调整项目变动控制体制，改变、修订或变更项目内容与文件有关的正式程序和办法所构成的一种管理控制体系，包括项目变动的书面审批程序、跟踪控制政治体制、审批变更的权限，还必须包括处理不可预见的变动控制的程序，以应付突发事件。二是要调整项目配置管理。项目配置管理是由一些文档化的程序构成，这些程序是运用技术和管理手段对各种变动起着指导、监督作用。如工作范围细则（工作变动的基准），职责划分细则，项目程序细则，技术范围文件（设备清单，制定项目设定依据和所需的技术依据，以及将要使用的标准、规范）、成本控制文件（账目分类编号、列成表格），信息控制文件（规定各种文件、图表、报表的发放对象和方式、通讯联系制度以及会议记录的方法）等。其方法可以是：

1.召开关键会议

召开关键会议主要内容包括总结上一阶段的工作,分析问题,提出解决问题的措施及建议,并介绍下一阶段的主要任务和目标,也是协调各个子项目、不同项目实施单位之间人员及工作任务的重要手段。如召开例会、进展介绍会或非定期的特别会议。

2.进行信息沟通

加强通讯联系,沟通各方面的信息,建立项目实施的信息沟通网络是很关键的,达到及时了解进展、处理问题和解决问题或调整计划的目的,如通过信件、电话、谈话、电传、图纸、电子邮件,等等。

3.实施绩效度量

利用赢得值原理对项目进行分析和预测,通过对进度差异参数、进度指数的比较、分析,将最终结果反映到进度执行报告中,作为项目决策的依据。通过不断地绩效度量,不断地调整项目实施计划,最终使项目顺利且高质量地完成。

(三)农业推广项目的评估

项目评估是项目计划过程的组成部分,存在于项目计划与执行的全过程。按评估时间分为过程评估、阶段评估、最终评估和效果评估等四种类型。一般而言,目标、方法和结果是评估的主要内容。

1.评估的目的意义

项目评估对于项目管理和实施的有效性具有重要意义,具体如下:

①可以发现问题、反馈信息,以便及时修正项目活动计划。

②可以确定目标实现程度和项目的价值。

③检验所用推广方法与手段的有效性,保证方法的正确性。

④了解经费的使用情况,促进推广人员树立良好的职业作风,增强使命感和成就感。

⑤总结经验和教训,为未来提供依据。

⑥扩大推广活动的影响。

2.评估的步骤

(1)确定评价领域与内容

一项重大农业推广项目的实施,其要求评价的内容很多,涉及目标团体、推广组织、项目实施、项目区的一般环境等各个领域。应根据具体的评价目标、不同阶段、不同对象等方面确定不同的评价领域与内容。

(2)确定评价的标准与指标

对于不同的评价领域与内容,则要选择不同的指标和标准。要尽可能地列出所涉及的指标,并对指标进行量化和标准化处理,达到能准确地评价项目的目的。对于大多数农业技术推广项目,常用以下标准:项目合同完成情况、经费使用情况、创新的推广及其在目标群体中的分布,目标群体收入的增加和生活标准的改善及其分布状况,推广人员与目标群体之间的联系状况,目标对象对推广项目的反应评估,项目实施的经济、社会和生态效益等。对评价同一个领域,必须达到指标与标准的统一。

(3)确定评价人员

项目评价人员的组成,一定要精心选择。其人员选择的基本原则:一是要保证评价的各个方面均有相关人员参加,应该成立由推广人员、项目咨询工作者、目标组代表和评价专家组成的评价小组,对项目进行评估;二是人员组成尽量考虑人才资源的实际情况,能充分发挥各个方面人才的优势。

(4)制订评价计划方案

评价人员根据评价领域和内容,在开展评价工作前,一定要拟订评价计划。在此计划中,要将评价的目的、内容、时间、地点、由谁来评价、资料收集方法、组织方法、评价方法及经费预算等方面详细列出,写成书面材料,形成文件。

(5)收集资料,取得证据

资料收集是实施农业推广项目评价的基础性工作,也是为实现评价目标而收集评价证据的过程。要严格按照资料收集的调查设计方案,有目的、有方向、有重点地收集资料。可以通过典型调查法、重点调查法、抽样调查法、访问法、直接观察法、问卷调查法等方法收集资料,保证资料收集的合理、全面和便于分析。

(6)整理分析资料,实施评价工作及作出判断

对收集来的资料,必须进行审核、整理、归纳、分类、加工等,方能从中理出思路,形成系统综合化的汇总资料。然后对汇总资料按评价指标和标准分类填写预先设计的评价图表,并根据预先设计的评价方法,开展评价工作,形成评价结论。其评价方法很多,可以采取定性评价法、比较分析法、关键指标法、综合评分法、加权平均指数法以及函数分析法等。具体采用什么方法要根据评价的目的而定,一般采用较多的是关键指标综合评分法。

(7)撰写评价报告

将项目的评价结果编制成评价报告,报送项目主管部门和各级地方行政部门和领导,不仅能为项目的实施结果进行验收、鉴定做准备,而且能发挥评价工作对推广实践的指导作用,也作为各级管理者提出增加、修订、维持或者停止项目实施的依据。目前世界许多国家在项目管理中均采用了此评价报告制度,取得了良好的项目运作效果。

三、农业推广项目的验收、鉴定与报奖

(一)项目验收与鉴定的含义

项目完成过程中或完成后,项目计划下达单位聘请同行专家,按照规定的形式和程序,对项目计划合同任务的完成情况进行审查并作出相应结论的过程,称之为验收。验收分阶段性验收和项目完成验收。阶段性验收是对项目中较为明确和独立的实施内容或阶段性计划工作完成情况进行评估,并作出结论的工作,其作为项目完成验收的依据;而项目完成验收是指对项目计划(或合同)总体任务目标完成情况作出结论的评估工作。验收的主要内容包括:是否达到预定的推广应用的目标和技术合同要求的各项技术、经济指标;技术资料是否齐全,并符合规定;资金使用情况;经济、社会效益分析以及存在的问题及改进意见。

而项目完成后，有关科技行政管理机关聘请同行专家，按照规定的形式和程序，对项目完成的质量和水平进行审查、评价并作出相应结论的事中和事后评价过程，称之为鉴定。鉴定是对成果的科学性、先进性、实用性进行全面的评价，具有正规性、严肃性和法定性的特征。鉴定的主要内容包括：是否完成合同或计划任务书要求的指标；技术资料是否齐全完整，并符合规定；应用技术成果的创造性、先进性和成熟程度；应用技术成果的应用价值及推广的条件和前景，以及存在的问题和改进意见。

验收不能代替鉴定，但“丰收计划”推广项目的验收和鉴定可一次完成。

（二）项目验收与鉴定的条件

具体条件包括：

第一，已实施完成项目，并达到了《项目合同书》中的最终目标和主要研究内容及技术指标。

第二，推广应用的效果显著，达到了与各项目实施单位签订的技术合同中规定的各项技术经济指标；年度计划已达到可行性研究报告及技术合同中规定的各项技术、经济指标。

第三，验收和鉴定资料齐备。主要包括：①《项目合同书》；②与各项目实施单位签订的技术合同；③总体实施方案和年度实施方案；④项目工作和技术总结报告；⑤应用证明；⑥效益分析报告；⑦行业主管部门要求具备的其他技术文件。

年度计划项目验收时交申报时的可行性报告、技术合同、实施总结报告、有关技术检测报告、经费决算报告、用户意见等，并按期偿还贷款本息。

第四，申请验收和鉴定的项目单位根据任务来源或隶属关系，向其主管机关提出验收和鉴定申请，并填写《推广计划项目验收申请表》。申请鉴定的项目单位向省（自治区、直辖市）以上部门提出鉴定申请，并填写《推广计划项目鉴定申请表》。

（三）项目验收的组织与形式

得到国家、地方或部门专项资金支持的推广项目，国家科技部、地方科技部门或国务院有关行业部门的科技司（局）负责对项目的实施情况组织验收，必要时可委托有关单位主持验收。对意义重大的项目，可经地方科技部门或有关部门科技司（局）报国家科技部组织验收。

验收由组织验收单位或主持验收单位聘请有关同行专家、银行、计划管理部门和技术依托单位或项目实施单位的代表等成立项目验收委员会。验收委员会委员在验收工作中应当对被验收的项目进行全面认真的综合评价，并对所提出的验收评价意见负责。验收结论必须经验收委员会委员 2/3 以上多数通过。个别重大项目可视具体情况，由地方科技部门确定专项验收办法，报国家科技部同意后执行。通过验收的，由组织验收单位颁发《推广计划项目验收证书》。根据项目的性质和实施的内容不同，其验收方式可以是现场验收、会议验收或检测、审定验收，也可以是三种方式的结合，根据实际情况而定。

由于一些应用性较强的推广项目，其项目的实施涉及技术的大面积、大规模应用的实际效果问题，因此此种项目的验收可以采取现场验收的方式，主要是通过专家组考查项目实施现场，对产量、数量、规模、基地建设技术参数等指标进行实地测定，从而达到客观、准确、公正评定项目实施的效果和项目完成状况的目的。现场验收是阶段性验收常用的方式。

1. 会议验收

会议验收是项目完成验收常用的方，是指专家组通过会议的方式，在认真听取项目组代表对项目实施情况所作汇报的基础上，通过查看与项目相关的文件、图片、工作和技术总结报告、论文等资料，进一步通过质疑与答辩程序，最后在专家组充分酝酿的基础上形成验收意见。

2. 检测、审定验收

有些推广项目涉及相关指标的符合度问题，仅凭现场(田间观测)验收和会议验收根本不能准确判断其完成项目与否，还必须委托某些法定的检测机构和人员进行仪器测定相关指标，得出准确的结论，并对相关指标进行审定(审查)后，方可对项目进行验收。如绿色蔬菜生产项目就必须按照相关绿色农产品的标准进行检测，某些新农药、新化肥的试验示范推广项目就必须监测其相关元素的差异以及有无公害问题等。

(四)项目鉴定的组织与形式

国家科技部和各省级科技部门是科技成果鉴定的具体组织单位。组织鉴定单位同意组织鉴定后，可以直接主持该科技成果的鉴定，也可以根据科技成果的具体情况和工作的需要，委托有关单位对该项成果主持鉴定。受委托主持鉴定的单位称为主持鉴定单位，具体主持该项成果的鉴定，其单位必须是地区级以上的单位。组织鉴定单位或主持鉴定单位聘请有关同行专家成立项目鉴定委员会。科技成果完成者在申请鉴定过程中，应当据实提供必要的技术资料，包括真实的实验记录、国内外技术发展的背景材料，以及引用他人成果或者结论的参考文献等。鉴定委员会委员在鉴定工作中应当对被鉴定的项目进行全面认真地综合评价，并对所提出的鉴定结论负责。鉴定结论必须经鉴定委员会委员2/3以上多数通过。通过鉴定的，由组织鉴定单位颁发《科学技术成果鉴定证书》。农业推广项目的成果鉴定可采取以下两种方式：

1. 检测鉴定

检测鉴定指由专业技术检测机构通过检验、测试性能指标等方式，对科技成果进行评价。采用检测鉴定时，由组织鉴定单位或者主持鉴定单位指定经过省、自治区、直辖市或国务院有关部门认定的专业技术检测机构进行检验、测试。专业技术检测机构出具的检测报告是检测鉴定的主要依据。必要时、组织鉴定单位或者主持鉴定单位可以向检测机构聘请 3～5 名同行专家，成立检测鉴定专家小组，提出综合评价意见。

2. 会议鉴定

会议鉴定是指由同行专家采用会议形式对科技成果作出评价。需要进行现场考查、测试，并经过讨论答辩才能作出评价的科技成果，可以采用会议鉴定形式。由组织鉴定单位或者主持鉴定单位聘请同行专家 7～15 人组成鉴定委员会。鉴定委员会到会专家不得少于应聘专家的 4/5，鉴定结论必须经鉴定委员会专家 2/3 以上多数或者到会专家的 3/4 以上多数通过。

(五)成果登记与报奖

1. 成果登记

经鉴定通过的科技成果,由组织鉴定单位颁发《科学技术成果鉴定证书》。科技成果鉴定的文件、材料,分别由组织鉴定单位和申请鉴定单位按照科技档案管理部门的规定归档。进行成果登记需要以下条件:

①验收和成果鉴定程序合法,并通过成果鉴定。其鉴定意见和结论得到组织鉴定(验收)单位和主持单位的同意并通过专家组人员的签字认可。

②成果鉴定结论至少是达到国内领先水平,并具有重大应用前景和带来巨大的经济效益。

③成果的技术资料齐全,包括研究工作总结报告、技术总结报告、查新报告、主要完成单位及人员、内容简介、效益说明、成果鉴定证书等。

2. 成果报奖

国家科技部对在实施"推广计划"中做出突出贡献的单位和个人给予表彰,国家将科技成果推广作为科技进步奖的一个重要内容给予重视。目前我国农业推广成果主要是申报各级(国家级、省级和地市级)科学技术进步奖,承担全国农牧渔业丰收计划项目的可申报全国农牧渔业丰收奖。丰收奖为农业部科技成果奖,面向全国农业系统,奖励在农业技术推广、成果转化和产业化工作中做出突出成绩的单位和个人。丰收奖设一、二、三等奖,每年奖励不超过200项,其中一等奖约占10%,二等奖约占40%,三等奖约占50%。同奖励层次其所要求的条件有所不同。但均应同时具备下列材料,且真实可靠:

①申报书。

②主要完成人情况表。

③项目工作总结,技术总结。

④成果鉴定证书。

⑤县级以上农业或统计部门成果应用证明。

⑥经济效益报告(含计算过程)。

⑦项目合同书或计划任务书。

⑧其他。

思考题

1. 简述实施农业推广项目的意义。
2. 简述农业推广项目应具有的基本特征。
3. 简述农业推广项目的选择依据和选择原则。
4. 简述农业推广项目计划的编制原则。
5. 简述农业推广项目立项的基本程序。
6. 简述农业推广项目计划的执行程序。
7. 试述农业推广项目管理的内容和管理方法。
8. 简述农业推广项目评估的步骤。
9. 如何开展农业推广项目的验收与鉴定工作?

第十章　农业推广组织与人员管理

基本要求：通过本章的学习，理解农业推广组织的概念，了解我国农业推广组织的发展过程和国外农业推广组织的特点，掌握农业推广组织的管理方法和原则以及新时期农业推广体系的建设。

重　　点：我国农业推广组织体系及新时期农业推广体系的建设，农业推广组织和人员的管理方法以及农业推广人员的素质要求。

难　　点：推广体制的创新、推广机制的创新、推广方法的创新。

农业推广组织的组织形式、机构设置、运行机制以及它的管理方式、人员素质对农业推广工作都有很大影响，因此，世界各国对此都比较重视，建立起了与自己国家国情相适应的组织体系。

第一节　农业推广组织概述

一、农业推广组织的概念

1. 农业推广组织

农业推广组织是构成农业推广体系的一种职能机构，是具有共同劳动目标的多个成员组成的相对稳定的社会系统。

农业推广组织主要围绕服务“三农”（农业、农村和农民）的中心目标，参与政府的计划、决策、农民培训及试验、示范的执行等任务。没有健全的农业推广组织，就没有完善的成果转化通道，科技成果就很难进入生产领域从而转化为生产力。当今世界各国都十分重视农业推广的组织建设；而在组织建设上，又非常注意组织结构。农业推广组织结构是否合理直接影响推广任务的贯彻和落实。

现代科技劳动组织不是一成不变的，无论在时间上还是在空间上，都表现为一种不断变化着的动态平衡。因此，农业推广组织在结构与职能上也随着农业生产方式的调整和变化而变化。

在世界范围内有中央政府、省、市和县政府支持的推广组织，中央、省和地方联合主持的推广组织，农业科研机构的推广组织，大学推广组织，农民及企业推广组织等。

中国的农业部是中国农业推广组织的最高管理机构，负责全国的农业推广工作，相应地在省、市(地)、区、乡也都建有农业推广组织，负责本辖区的农业推广工作。随着社会主义市场经济体制的建立，企业、农民和技术人员合办的协会组织相继产生，并发挥越来越大的作用。

2.农业推广体系

农业推广体系是农业推广机构设置、服务方式和人员管理制度的总称。各个国家政治、经济体制不同，相应的农业推广体系也各异。美国实行教学、科研、推广三位一体由农学院统一领导与管理的农业推广体系，多数国家则在农业部设置农业推广机构，自上而下进行管理。中国的农业推广体系是在政府统一领导下，分别由各级政府的农业行政管理部门管理。随着社会主义市场经济体制的建立，体系开始朝多元化方向发展。

二、农业推广组织的职能

1.确定推广目标

推广组织的职能之一就是结合当地政府和农民的需要为各级推广对象确定清楚、明确、具有说服力的推广工作目标。

2.保持推广工作的连续性

推广组织要根据本地区推广工作长期性的特点，在安排推广任务时，在使用推广方法上，在推广人员、推广设备、推广财政支援方面，都突出地保证推广工作的连续性。

3.保持推广工作的权变性

农业推广工作面向复杂多变的环境，有些机遇的错过，将导致推广工作陷入困境。为适应各种新问题的挑战，要求组织形式和组织成员经常保持高度的主动性，发现并利用机会灵活地处理各种复杂局面，建立、培养和发展同各界的联系，以利于发挥推广组织所特有的权变性。

4.信息交换

发展推广组织的横向与纵向联系，是推广组织的又一职能。农业推广工作面临的环境是复杂的，一个问题与多个方面相关，一种信息可能适用多种选择，本系统解决不了的问题，其他领域也许并不难解决。生产有时会影响生活问题，经济问题很可能影响政治、社会等问题。因此，建立有利于信息交换的系统是推广组织极为重要的职能。

5.控制

推广组织需要经常检查与目标工作程序有关的实际成就，这就要求组织必须具有对组织成员、工作条件和工作内容的调控能力。在组织成员的选择上，应以权变理论为基础，要求各组织推广人员应具备一些条件，如生产技术、经营管理、劝农技巧、行政管理及相关学识的范围，以及规定推广人员的有效基础训练的内容，胜任人员的补充条件，培养课程设置的要求等都是从组织对成员、工作条件和工作内容的要求得出的内容。

6.激励

推广组织必须具备促进组织内部成员积极工作的动力。推广组织的责任就是创造一种能够激发工作人员主动工作的环境。如明确的推广目标,成功的工作方案,个人提升、晋级、获奖的机会及进一步培训的机会,工作中有利于合作的方式,这些都可能成为推广组织的特殊职能。

7. 评估

组织对推广机构的组成,对成员工作成绩的大小,对推广措施的实施,对计划制定的完成程序都需要进行考核。

二、农业推广组织的类型

根据国内外农业推广组织的特点,可以将农业推广组织划分为若干类型。从世界各国农业的推广实践看,农业推广组织主要有五种类型,即行政型农业推广组织、教育型农业推广组织、项目型农业推广组织、企业型农业推广组织和自助型农业推广组织。

1. 行政型农业推广组织

行政型农业推广组织就是以政府为主设置的农业推广机构。在许多国家特别是发展中国家,推广服务机构都是国家行政机构的组成部分,因而农业推广计划制订工作侧重于自上而下的方式,目标群体难以参与。由于农业推广内容大都来自公共研究成果,因此,农业推广工作方式偏于技术创新的单向传递,农业推广人员兼有行政和教育工作角色,角色冲突较为明显,执行以综合效益为主的推广目标。

例如:我国的农业推广组织,尤其是前些年,推广人员在推广新技术时,往往带有行政干预的色彩,甚至强制实行,这样,农民不易接受。而且,有时不免带有盲目性,甚至误导,让农民产生逆反心理。

行政型推广组织的公共责任范围较广,涉及全民的福利,组织的活动成果主要由农村社会与经济效益来度量。例如,印度国家推广工作组织体系就属于此类型。

由于各个国家与地区的社会经济和农业发展水平不同,所以,虽然同样是政府设置的行政型农业推广组织,其组织结构和工作活动内容也会有一定的差异。

2. 教育型农业推广组织

教育型农业推广组织以农业大学(科研院所)设置的农业推广机构为主,其服务对象主要是农民,也可扩延至城镇居民,工作方式是教育性的。

建立这类农业推广机构的基本考虑是政府承担对农村居民进行成人教育工作的公共责任,同时,政府所设立的大学应具有将专业研究成果与信息传播给社会大众以便其学习和使用的功能。这类推广组织的行动计划是以成人教育形式表现的,其技术特征以知识性技术为主,且大部分推广内容是来自学校内的农业研究成果。

教育型农业推广组织通常是农业教育机构的一部分或附属单位,因而农业教育、科研和推广等功能整合在同一机构,农业推广人员就是农业教育人员,而其工作角色就是进行教育性活动。组织规模是由大学行政所能影响的范围而决定的。例如,1890 年美国大学成立了推广教育协会,1892 年芝加哥、威斯康星(美国州名)大学开始组织大学推广项目等。

3.项目型农业推广组织

鉴于很多政府推广机构效率不高,人们反复尝试创建项目推广组织。

项目型农业推广组织的工作对象主要是推广项目地区的目标团体,也可涉及其他相关团体。

其工作目标视项目的性质而定,主要是社会及经济性的成果。

其技术特征以知识性为主,亦具操作性,而组织规模属于中等偏小。如我国实施的黄淮海平原农业综合开发项目。

项目型农业推广组织的公共职责范围是改善项目区目标团体的经济与社会条件,其成果评估也偏重社会经济效益。在项日执行过程及实施结束之后,都要进行较严格的监测与评估。

4.企业型农业推广组织

企业型农业推广组织是以企业设置的农业推广机构为主,大都以公司形态出现,其工作目标是为了增加企业的经济利益,服务对象是其产品的消费者,主要侧重于特定专业化农场或农民。

特点:

①推广内容是由企业决定的,常限于单项经济商品生产技术。

②农业推广中大都采用配套技术推广方式。

③为农民提供各类生产资料或资金,使农民能够较快地改进其生产经营条件,从而显著地提高生产效益。

④组织的工作活动主要以产品营销方式表现,其技术特征以实物性技术为主,也兼含一些操作性技术。

应强调指出的是,此类组织是以企业自身效益为主,有时农民利益受制于企业效益。种子公司或一些农资公司就属此类推广组织。

5.自助型农业推广组织

自助型农业推广组织是一类以会员合作方式而形成的组织机构,具有明显的自愿性和专业性的农民组织。它的推广内容依据组织业务发展和组织成员的生产与生活需要而决定,其推广对象是参与合作团体的成员及其家庭人员,这类推广组织的工作目标是提高合作团体的经济收入和生活福利,因此,其技术特征以操作性技术为主,同时进行一些经营管理和市场信息的传递。

这类组织的农业推广工作资源是自我支持和管理的。部分农业合作组织可能接受政府或其他社会经济组织的经费补助,但维持农业推广工作活动的主要资源条件仍然依赖合作组织。其日常活动要遵照国家有关法律法规的约束和调整。

目前,这类推广组织在世界各地正在蓬勃兴起,如西瓜专业合作社、西兰花专业合作社、番茄专业合作社等。

四、国内外农业推广组织概况

(一)我国农业推广组织的建设和发展

在我国,随着农村经济体制和农业政策的变化,农业推广的组织形式和管理体制也发生了相应变化。在计划经济体制下,农业推广组织为国家行政机构的一部分。在社会主义市场经济体制确立之后,出现了不少民办的非政府组织形式的推广组织。

1. 我国农业推广体系的类型

农业推广体系指农业推广的各级组织形式和运行方式以及它们之间的相互联系。农业推广体系可分为政府主导型的农业推广体系、民营型推广组织和私人推广组织三种类型。

(1)政府主导型的农业推广体系

该推广体系隶属政府农业部门的直接领导,农业部下属的推广局和推广站(中心)负责组织、管理和实施全国的农业推广工作。我国农业推广体系属于政府主导型农业推广体系,即以政府农业部门为基础的农业推广体系类型。各级政府农业推广组织是构建这一体系的主体,如图 10-1 所示。

国家农业部下设农业技术推广站(中心)等推广机构(见图 10-2),负责组织、管理和实施全国的农业推广工作。

(2)民营型农业推广组织

一是以农民专业合作经济组织为基础的农业推广组织。农民专业合作经济组织是以从事同类产品生产的农民为主体,在家庭承包经营的基础上,按照合作制或股份合作制方式生产、经营、分配和管理的经济互助组织。是以增加合作经济组织成员收入为目的,在技术、资金、信息、生产资料购买、产品加工销售、储藏、运输等环节,实行自我管理、自我服务、自我发展的非盈利性经济合作组织。目前,大多数农业合作经济组织通常不是由农民自发创建起来的,而是依靠外部力量诸如政府、科技机构、农产品供销部门等来组织的,其中以依赖当地政府农业部门最为常见。

二是经营型推广组织。经营型推广组织主要指一些龙头企业和科研、教学、推广单位等的开发机构所附属的推广组织。这种独立的经济实体一般具有形式多样、专业化程度高、运转灵活快捷、工作效率高、适应农户特殊要求等特点,主要从事那些盈利性、竞争性强的推广项目。经营型推广组织是市场经济发展的产物,是推广活动私有化和商业化的产物。

(3)私人农业推广组织

私人农业推广组织指以个人为基础组织的推广队伍。

2. 我国农业推广体系的发展

新中国成立以来,我国农业推广组织的发展经历了一个曲折的过程,到目前为止,大致可以分为四个阶段:

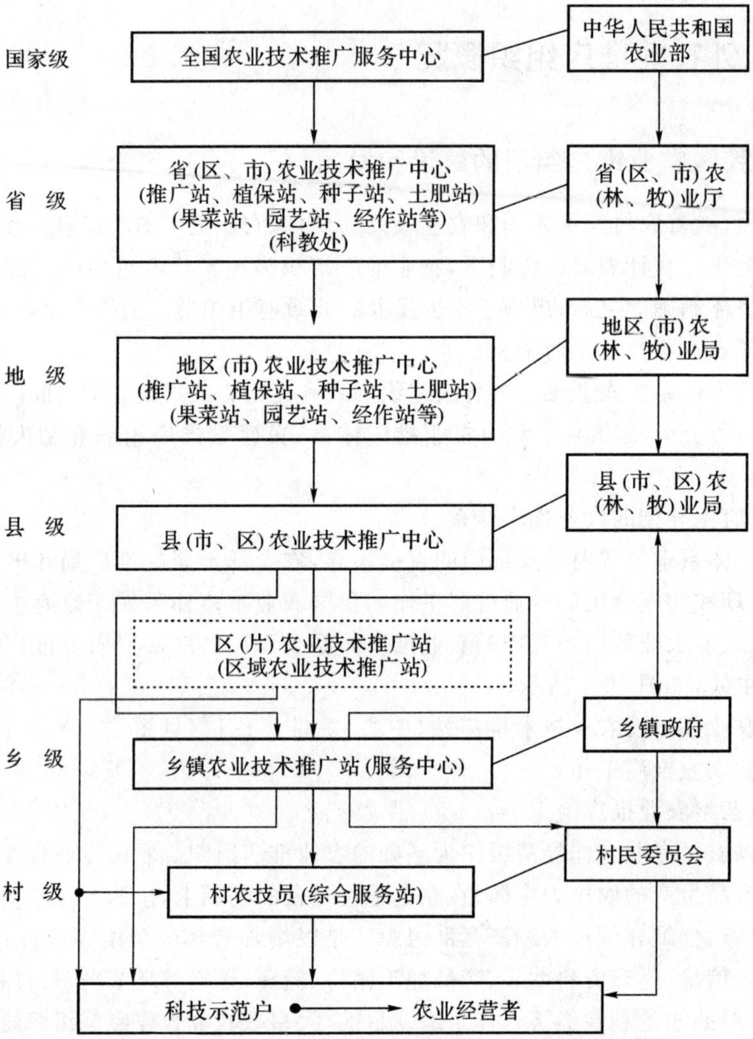

图 10-1 我国政府型推广体系(以种植业为例的纵向结构)

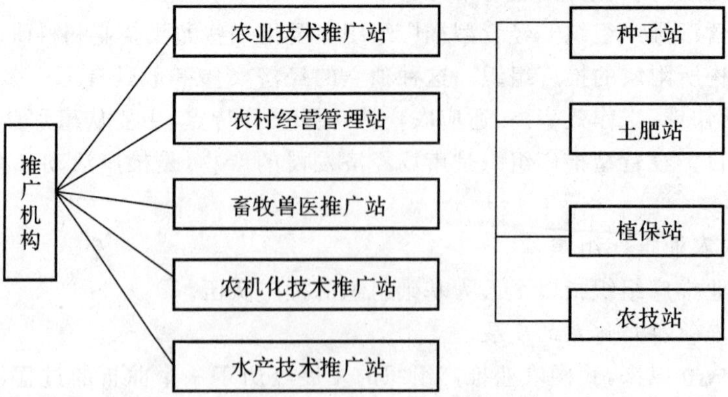

图 10-2 政府型推广组织体系的横向结构

(1)农业推广组织建立阶段(1949—1957)

新中国成立初期,首要问题是解决农民的温饱问题。1952年农业部在全国农业工作会议上,制订了《农业技术推广方案》,要求各级政府设专业机构和配备干部负责农业技术推广工作。

建立以农场为中心,互助组为基础,劳模、技术员为骨干的技术推广网络。根据这一精神,各省纷纷建立省、地、县农业技术指导站。由于土地改革的胜利完成和互助运行的开展,调动了全国亿万农民发展生产的积极性,他们迫切要求改进农业技术,提高作物产量。

在新的形势下,农业部制订了《农业技术推广站工作条例》(草案),要求县以下建立农业技术推广站,并对农业技术推广站的性质、任务、组织领导、工作方法、工作制度、经费、设备等事项,都作了规定。全国各地按照农业部要求,建立农业技术推广站。到1955年年底,全国共建立农业技术推广站4549个,配备干部33740人。

(2)农业推广组织发展阶段(1958—1965)

1956年,党中央向全国人民发出了"向科学进军"的口号,全国农业生产以水土治理、改造生产基本条件为主,修水库、造水渠、打机井、修梯田等,为提高劳动生产率起到了极大的推动作用。

全国除边远山区外,每个区都有了农技推广站,县农业局设立农技推广站、植物保护站、畜牧兽医站等,农业推广组织已初具规模。

但是,1957年的"反右运动",1958年的"大跃进"和1959年的"反右倾"期间,党内出现了不按科学规律办事的"左"的思想,瞎指挥、浮夸风、急于求成等,使农业生产及农业推广工作遭到干扰和破坏,不少农业推广人员遭到打击、迫害。到1961年,这种"左"的错误很快受到抵制和纠正,广大农业推广人员积极推广新技术,为国家度过三年生活困难做出了贡献。

(3)农业推广组织曲折阶段(1966—1976)

1966年开始的持续10年的"文化大革命",使农业推广工作受到了严重的干扰,使广大农业推广人员未能充分发挥应有的作用。但是,当时在"以粮为纲"的战略思想指导下,农业生产总的投入有了增加,如拖拉机、化肥、农药等工业的发展,促进了农业发展。同时,首先在湖南搞起了县、社、村、队"四级农科网",后来这种农业推广组织形式很快遍及全国。

(4)农业推广组织全面发展阶段(80年代后)

"文化大革命"结束以后,党中央、国务院作出了"经济建设必须依靠科学技术,科学技术工作必须面向经济建设"的决定。在这一正确战略思想指引下,包括农业推广工作在内的科技工作得到了极大的推动和发展。

3.我国农业推广体系发展的成就与经验

(1)我国农业推广体系发展的主要成就具体包括:

①基本形成了以专业为主的事业型推广网络。

②初步创建了中国特色的农业推广机制。目前,在我国已初步形成三大类服务产业:产、加、销一条龙的技术服务型产业;贸、工、农一体化的联合型服务产业;综合生产经营型服务产业。

③逐渐完善了适合农业家庭经营体制的推广方法。有立项实施推广项目、开展农业技术示范培训、开展技物结合的配套服务及实行农业技术承包等。

农业技术承包的基本做法是，农业推广机构对农民就某项技术的推广签订承包合同，明确规定双方的责、权、利关系。一般是农民投资、投劳，提供场地，农业推广部门进行技术指导和技术服务，收获后从农民的收入中提取一定比例的技术服务费。此外，通过计算机信息网络开展咨询服务（如农技 110），近年来在基层农业推广工作中被广泛应用。

（2）我国农业推广发展的基本经验

可初步概括为“四个坚持”：

①坚持各级党委政府对农业推广工作的领导。

②坚持依法发展推广事业。

③坚持发挥国家农业推广体系的主体作用。

④坚持以改革促稳定、求发展。

4. 我国农业推广体系的多元化发展趋势

（1）我国农业推广体系多元化的基本特征

我国农业推广体系多元化具有五大特征：

一是服务主体多元化。继续发挥国办推广机制主力军的作用，这是公有制实现的主要形式。

二是推广投资社会化。市场农业条件下农业推广的主体多元化客观上要求投资的社会化，通过政府预支，农业企业投资（化肥厂、农药厂、农产品加工企业等），农民合作经济组织集资（互助组、协会、经济联合体等）及农业科研和推广机构从服务收入中出资等形式，增加农业推广资金的来源渠道，增强农业推广的发展后劲。

三是服务行为利益化。

四是推广体系产业化。主体多元化、投资社会化、行为利益化必然要求推广方式、方法的多样化，而不论采取哪种形式，检验这种新型农业推广机制形成与否的标准是技术推广产业链中各环节的关联程度和技术推广产业的发展速度。研究者、推广者和使用技术者都应以市场为镜子、以效益为目标，成为这一产业链中的一员，互相依赖、互相结合、互惠互利。

五是政策保护法制化。技术推广的政策保护有两个层次的含义：一是从农业这一产业来讲，国民经济的基础性、农业产业的弱质性、市场机制的局限性、农业商品的特殊性、农业技术的公益性、利益分配的不确定性等，使得国家和各级政府必须对农业推广机制采取特殊的政策保护。二是从农业技术本身来讲，它不同于工业技术，受自然因子的影响，既要与天斗、与地斗，又要与传统经验斗、与保守意识斗，对技术和技术效益的调控难度很大，需要有特殊的保护措施。

（2）我国农业推广体系多元化的组织形式

我国农业推广体系多元化的组织形式主要体现在以下三个方面：一是国家公益性农业推广体系；二是农民合作经济组织自身的服务系统；三是社会的、经营性的服务系统（包括私营的、企业的以及中介组织等）。

图 10-3 表述了我国农业推广体系多元化的组织形式优化模型。

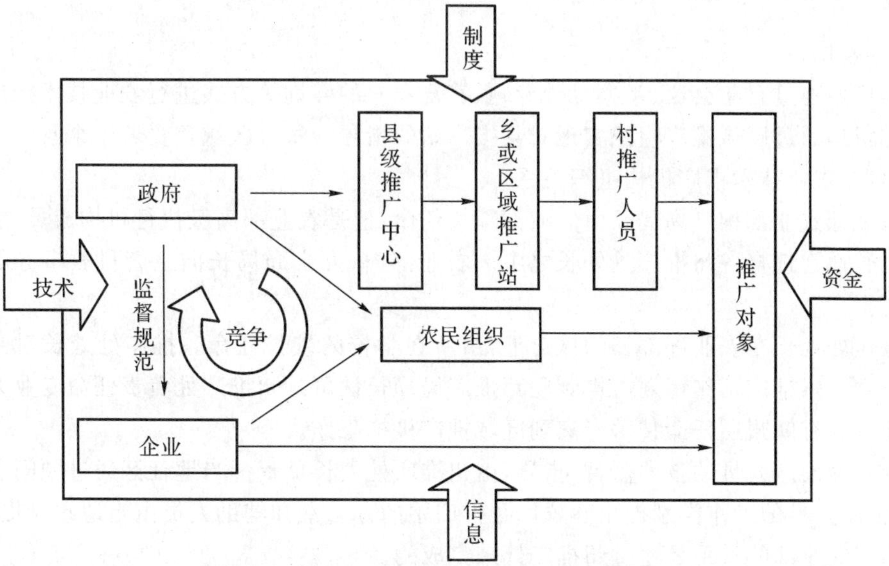

图 10-3　我国农业推广组织形式优化模型

在这个模型中，不仅要有健全的政府农业推广组织，而且要通过正确的引导和协调，逐步发挥企业和农民组织在农业推广中的重要作用，形成多元化的农业推广组织。同时，要通过政府的监督指导和引入竞争机制，创造充满活力和竞争力的农业推广体系的运行机制。此外，还要为农业推广体系提供良好的环境支持，包括制度、资金、信息、技术等方面的支持，使我国农业推广体系能更有效地开展工作，为农民提供优质的推广服务。

(二)几个有代表性国家的农业推广组织体系

1. 美国农业推广组织体系

美国实行的是教育、科研、推广"三位一体"的农业推广体制。机构上有三个层次，即：联邦农业部的推广组织机构、州农业技术推广机构、县农业技术推广组织机构。

(1)联邦农业部推广局

美国联邦农业部设推广局的职能包括：审核各州的农业推广工作计划，指导联邦推广经费的分配，协调全国各方面的力量，提供项目指导，维持与农业部、联邦其他机构、国会和全国性组织的联系，并承担对其活动解释说明的责任。

(2)州推广机构

州农业技术推广机构设在州立大学农学院，是美国合作推广机构最重要的机构。推广处的工作和大学的教学、科研工作同等重要。州推广处由农业试验系统(Agricultural Experimental System)和合作推广系统(Cooperative Extension System)组成。

农业试验系统主要包括大学的农学院和地区性研究与试验中心；合作推广系统包括县的农业技术推广站和农学院的推广教授。

州推广机构负责本州内重大的技术推广项目和特殊的技术领域。各州每年都应准备一个工作计划，并需得到联邦推广局局长的认可。各州参与推广经费的年度预算和确定联合聘用推广体系工作人员。

(3)县推广站

县推广站通过召集会议、举办各种专题、答复农户的咨询等方式进行农业技术推广工作。推广机构通过区域推广组织实现对县推广站的指导。每个区域负责若干个县。

(4)各级农业技术推广机构组织关系

美国联邦农业部推广局局长由农业部部长任命,他是农业部高级执行机构成员之一。推广局局长通常选自各州推广处处长之中。农业部内,推广局局长向主管科教事务的部长助理汇报。

州推广处处长在农业部部长的认可下,由所在学校的校长任命。推广处处长对主管副校长负责。州推广工作计划需得到联邦推广局局长认可。州推广处负责任命专业人员和技术专家。有些州还任命技术专家到区域推广机构工作。

县推广站推广人员的技术监督、指导,由州推广处处长负责。当地社区通过顾问委员会,对县推广人员的工作类别提出建议。县推广站的办公室和辅助人员由当地政府提供。县推广站和农业部的联系是通过州推广处来完成的。

(5)经费关系

据资料显示,美国推广体系的经费主要来源于联邦、州和县政府的税收,也有来自私人集团、个人捐赠,还有志愿者服务。另外还有农业部的推广教育工作基金。

美国农业合作推广体系每年的总经费约10亿美元。如1996年,32%来自联邦,47%来自州,18%来自当地政府,3%来自私人集团捐赠。另外,以实物形式的捐赠总值志愿者的服务,估计相当于40亿美元左右。县推广人员的工资由州推广处和当地政府共同负责,辅助人员的工资由当地政府负责。

(6)农业技术推广人员队伍状况和职称制度

美国联邦推广局,拥有174个专职专业人员(职位),州、县有16500个专职专业技术人员,其中县推广站占三分之二,还有3300个家政推广专家和290万志愿人员服务在不同类型的项目中。县推广专业技术人员,几乎所有的人都有学士学位,相当多的人具有硕士学位,有些还具有博士学位。有些州在聘任推广员之前,要求具有硕士学位。美国农业推广人员的职称制度,和我国现行的专业技术职务制度有相似之处。其特点是职务名称统一,不分专业;职务级别少(仅分三级),而级内分为多等(共十九等)。

2. 日本农业技术推广组织体系

全国范围内,由国家、地方及农民共同建立起比较完善的农业推广(日本称农业普及)组织机构,农业改良普及所是日本农业普及的主体和实施机构。其协力(辅助)机构主要包括农业科研、农业教育、情报等机构。

(1)国家农业技术推广机构

日本农林水产省农蚕园艺局内设立普及教育课和生活改善课,作为国家对农业普及事业的主管机关。他们负责农业改良、农民生活改善和农村青少年教育等方面的计划、机构体系、资金管理、情况调查、信息收集、普及组织的管理、普及活动的指导、普及方法的改进以及普及职员的资格考试和研修等工作。

农林水产省还把47个都、道、府、县按自然区划,分为7个地区,分别设立了地方农政局，作为农林水产省的派出机构。地方农政局内设农业普及课，对各地农业普及事业起指导和监督作用。

(2)地方农业普及机构

都、道、府、县农政部内设普及课，负责普及工作的行政管理工作。各地下设农业试验场、农业者大学校、农业改良普及所，分别负责农业技术开发、农业技术普及教育等工作。

各地根据地域面积、市町村数、农户数、耕地面积及主要劳动者人数，确定设立农业普及所的数量、规模。农业普及所是各地农政部的派出机构，具体负责管理区内的农业普及工作。

(3)经费情况

根据《农业改良助长法》的规定，日本的协同农业普及事业，是由国家和都、道、府、县共同进行的。因此，农业普及事业所需要的经费，也是由国家和地方共同负担的。

全国每年用于农业普及事业的经费为750亿日元。其中农林水产省大体负担370亿日元，其余部分由都、道、府、县负担。

这些经费主要用于普及职员的工资、普及所和普及职员的日常活动、普及职员的研修、农业者大学校的正常运营以及帮助农村青少年开展活动等。国家这种定额支付补助金形式，较好地调动了地方政府根据实际情况，合理自主地利用普及资金的积极性，也加强了地方政府对普及事业的领导。

(4)农业技术推广的队伍状况及职能

日本农业协同普及事业的具体实施者主要是专门技术员和改良普及员。全国共有普及职员11375人，其中专门技术员667人，改良普及员10708人。

专门技术员的设置，一般视当地的农业经营规模、农作物布局等情况决定。专门技术员的业务工作内容，主要是与科研、教育单位以及政府、团体进行联系，对专门事项进行调查研究；对新成果、新技术的信息进行收集加工，并在此基础上对改良普及员进行培训和指导。

农业普及职员的设置，各地依据实际情况不同而异，国家没有统一要求和规定。改良普及员是农业普及事业的直接的主要实施者。其主要职责是通过开展多种形式的农民教育和指导工作，普及农业新技术；深入农村调查研究，即时发现农业生产问题，向研究机关反馈信息，并参与对策研究；指导管区内农业团体和组织的自主活动；开展农家生活指导。

3.英国农业技术推广组织体系

英国在18世纪中期即开始有组织地进行农业技术推广，1946年在英格兰和威尔士成立了全国农业咨询局，1971年又改组为英国农渔食品部农业发展咨询局。在地方则按郡和城镇设置咨询推广机构，从而形成了国家与地方上下一体的农业咨询推广体系。

此外，其他组织，包括英国肉品和农畜管理委员会、全国农业中心和各种协会，在农业咨询推广方面都发挥重要作用。

英国在聘用农业咨询推广人员上比较重视资格和学历，因此咨询推广人员所从事的工作因学位种类及专业知识不同而有区别，但在选拔和使用上均十分严格。

英国农业咨询推广经费的来源：第一条渠道是政府拨款。国家每年为农业发展咨询局拨款约5000多万英镑，合每个咨询人员1万英镑。第二条渠道是地方政府从地方税收中拨出一定数量的款额。第三条渠道是农业发展咨询局分布在全国各地区的科学试验中心、实验站为当地农业机构进行农业咨询、农业科技推广，为农场或农户做土壤分析、进行饲料成分测定、植物病虫害诊断等实验服务筹措经费。第四条渠道是其他组织、欧共体和私人企业或公司的资助。

4.荷兰农业技术推广组织体系

国家推广组织分为种植业和养殖业两大系统，垂直领导分为中央和地方两级，行政上由农渔部直接领导，省一级不设专门的农业推广行政管理部门，按自然区划设有12个种植业和17个养殖业地区推广站。农业教育、科研、推广均属农渔部领导，由一位副部长主管和协调这几方面的工作。

推广人员实行招收录用制度，录用后两年考核合格者转为正式推广员。推广人员分为专业技术推广员和普通推广员，对推广员坚持定期考核、岗位培训制度。国家推广体系的经费全部由国家拨发。从1990年开始，农民协会增加了对推广体系的投入，每年以5%递增，到2000年，国家和农协各占50%。

5.丹麦农业技术推广组织体系

丹麦的农业咨询服务范围，遍及种植业、畜牧业、农业建筑、机械化、农场会计和管理、法律、青年工作、农政以及培训与信息等。开始时，由政府创办，不久就转为由两个农民组织——农场主联合会和家庭农场主协会为主，并负担大部分经费，国家给予一定经费补助，并在各方面给予支持，指导他们的工作。

另外，部分经费(占20%)来源靠有偿服务的收入。咨询人员都要具备一定的学历和实际经验，并须经常参加在职培训，保证其相当的业务水平。每年至少有70%的咨询人员，进入各种不同专业的培训班受训。

6.国外较成功的农业推广服务体系的共同特点

具体包括：

①层次分明，结构完善。这些国家均有自上而下纵向的推广体系，实行垂直管理，每一级有明确的职能和相应的人员结构，并建立健全岗位责任制和工作汇报制。同时，也注意经常性的横向合作和信息交流。

②经费来源以政府拨款为主。随着生产的发展，协会组织承担费用的比例逐渐增大，但没有一个国家靠有偿服务解决推广体系的主要经费。

③加强农业推广的立法，以法保推广，以法促推广。

④农业教育、科研、推广职责分明，又密切合作。农业教育、科研坚持为推广服务。教师除了教学外，还承担部分的科研与推广任务，根据推广的需要，调整教学内容，并承担推广人员在职培训的主要任务。科研机构以推广部门反馈的信息为依据，确定研究方向，同时和教学人员一起解决一般推广人员不能解决的技术问题。教学和科研单位还为推广机构在农民培训方面提供便利。

⑤重视提高推广人员素质。许多国家对推广人员都要进行职前培训，对在职培训的时限和内容都有明确要求。

第二节 农业推广组织的管理

一、农业推广组织的管理原则

1.目标性原则

组织管理首先进行的是制定有关推广组织应努力达到的目标和确定推广对象的决策。

对制定的目标的要求包括:①被推广的技术、成果、信息是生产需要、农民急需。②确定的组织目标符合组织的承担能力。

目标的制定一定要十分周密,力求深入不同层次成员的实际工作计划之中。

2.层次性原则

层次性原则要求一个好的推广组织应该有一个好的能级管理系统,高、中、低不同层次清楚,责、权、利相适应,总目标、任务明确,并要达到专业化、具体化程度,每一步都能尽快转化为行动和结果。

例如,县中心承担了一项推广任务,中心将任务分解给有关的站,站再将任务分解给有关的组和人。这样,层层布置,层层落实,形成层次清晰、各负其责的单元,形成一条完整的指挥链,组织才能正常运转,发挥出应有的功效。

3.协调性原则

组织在运转过程中处于一种动态变化的状况。因此,管理组织的工作也就是在组织不断变化的情况下,跟踪变化,调节控制,实现系统的整体化目标。这就要求我们的管理工作必须做到:

(1)信息沟通及时

在推广组织当中如果没有双向沟通,要得到充分的信息几乎是不可能的。只有信息管理运行灵敏、畅通,人、财、物沟通,才能提高组织管理的效率。

(2)具有应变能力

组织的外部环境变化通常对组织的结构和功能等产生深刻的影响。管理使组织具有较强的应变能力和知识性,适应环境的变化,才能确保组织目标的实现。

(3)监测调控

在管理当中要建立起有效的监控机制,对于推广组织的工作情况,要按照工作计划和目标进行经常性的检查监督,发现问题及时纠正,使组织的构成要素之间相互联系的秩序井然,有条不紊,减少其混乱和内耗,实现组织的有序运转。

4.整体性原则

衡量组织管理工作好坏的一个重要标志就是组织运转的整体效果如何。管理要力求使推广组织的各个组成部门按照一定层次、秩序、结构有机地衔接,互为补充,相互促进,发挥出比个体效果相加之和要大得多的整体效果。

5. 能动性原则

组织管理是一种社会活动，它离不开组织中每个成员的创造性，离不开个人的主动性和创造性，只有这样才能真正实现组织的整体优化目标，取得良好的管理效益和经济效益。

6. 封闭性原则

在任何一个系统内，其管理必须构成一个连续封闭的回路，这样才能进行有效的管理活动。一个推广组织的管理系统应由指挥中心、执行机构、监督机构、反馈机构四部分组成。其中，指挥中心是决策机构，对整个系统进行指挥；执行机构则根据计划进行工作；监督机构对执行机构进行监督，以保证指令得到准确执行和组织目标的完成；反馈机构根据执行结果对反馈信息进行分析处理，提出对原来指令进行修正的方案。应当注意，我们所说的这种封闭性是相对的，在运用中要灵活掌握，切不可僵化。

二、高层与基层推广组织的职能

(一)高层推广组织的管理与监控职能

高层农业推广组织的职能不同于基层农业推广组织，其职能有以下几方面：

1. 推广者的人事管理

高层推广管理者总要设法调动基层推广者的积极性。要做到这一点，需有合作和轻松的工作态度，表扬特别努力的人，对艰巨的任务给予帮助，公正评价推广人员的成就，进一步按目标培训，提供晋升机会。

2. 对基层推广者的技术支持

基层推广者的直接领导必须对推广工作给予切实帮助，这包括对难度高的计划给予帮助或直接参加某项活动，高层推广者必须常常请求各方面对推广的支持和专家的帮助。

3. 推广者的基础培训与高级培训

基层推广者需要接受基础培训和高级培训，特别是与推广计划有关的工作。必须了解他们知道多少，知识上还有什么不足，如何采用适当的教学方法弥补这些不足。也包括要获悉政府官员的培训计划及应该培训什么。

4. 管理职能

当推广项目及实施措施确定之后，高层推广者就在基层推广者和目标组的代表之间起协调作用。在讨论时，应该保证做出决定或者把问题提交上级决策机构。

5. 对基层推广者的监督

监督的目的是保证已经到期的工作计划得以执行。为保证项目的顺利实施，高层推广者必须对基层推广者进行监督，并认真对待处理基层推广者的问题是有意还是粗心大意。

6. 对基层推广者的评价

评价基层推广者在项目实施过程中的表现是他们进行业务鉴定的基础，根据评价的结果必须对其培训、提高等问题做出具体要求和安排。

(二)基层推广组织的反馈与执行职能

基层组织的推广人员根据当地自然条件和经济建设重点，制定当地的农业推广项目，及时反馈基层信息。

①就目标、人口、地理、资源、经济、交通状况建立有关人、组、机构、培训等框图。

②必须具备识别推广障碍因素的技能，并找到可能克服这些障碍因素的办法。

③必须保证与目标组一起确定问题，为鼓励目标组参加，必须有诊断目标组的技能并能使他们组织起来的能力。

④必须对目标组出现的问题和解决问题的方式和方法加以评论并反馈到上级。

⑤基层推广工作者应该参加上一级确定措施的讨论，上一级组织让他们有发言权并为决策做出贡献。

⑥在专家不能进行调查时，基层推广工作者必须能够自己进行调查，为决策提供依据。

⑦采用解决问题的方法时，基层推广工作者的主要任务是和目标组一起通过讨论和提高，使问题暴露出来，并做出解答。

⑧基层推广工作者必须懂得推广的内容，必须传授有关生产技术、农场管理、市场营销和家政知识等。不仅要口头上传授，还必须做出示范，教会目标组使用。

三、改革我国的农业推广组织管理

(一)我国农业推广组织存在的主要问题与面临的挑战

1. 我国农业推广体系的主要问题

主要问题包括：职责不清，体制不顺；网络断层，功能不全；设施落后，素质不高；经费不足，保障不力。

2. 我国农业推广体系面临的挑战

面临的挑战包括：对工作目标的挑战、对工作职能的挑战、对管理体制的挑战、对运行机制的挑战、对推广方法的挑战、对保障机制的挑战、对推广队伍的挑战、对经营服务的挑战等。

(二)我国农业推广组织的改革思路和对策

1. 改革思路

建设和发展我国农业推广体系，要以"三个代表"重要思想为指导，着眼于实现农业"三增"目标；坚持"立足国情、突出重点，政府主导、多元推动，明确定位、分工合作，因地制宜、分类指导"的原则，通过体制创新、政策引导和资金扶持等措施的综合运用，广泛动员各方力量，合理配置各种资源，建立起以政府推广组织为主导，以专业经济技术部门为依托，以集体和合作经济组织为基础，国家扶持和市场引导相结合，无偿服务与有偿服务相结合，综合性服务与专业性服务相结合，多种经济成分、多渠道、多层次的新型基层农业推广体系，为发展高效、优质、高产、生态、安全农业提供全方位的技术支撑。

2.改革目标

我国应该构建一个适应社会主义市场经济体制，以国家农业推广机构为主体，科研教育单位、农民合作经济组织、农业企业广泛参与，上下连贯、分工明确、功能齐全、运行有序、结构开放的基层农业推广体系。

3.改革重点

要突出“强化提升区域公益性服务功能，创新搞活乡镇农业推广机制，延伸完善村级综合服务设施”的建设重点。

4.改革对策

(1)提高农技推广认识，创新农技推广理念

我国政府农技推广机构主要围绕农民的生产提供服务，而没有拓展到农民的生活领域。因此，应对我国政府农业推广机构的职能进一步界定，将农技推广机构的职能由产中服务向产前、产后纵深拓展，即不仅包括农业生产，还包括农民所需的其他生产、生活领域，如社会、经济、市场、管理、信贷、法律等，从而更多地重视农村人力资源的开发。

(2)正确区分公益性和经营性农技推广，重新界定政府农技推广职能，搞好机构改革

建立基本农技推广体系。建议将现行农技推广体系中专业性不强的且属于政府的行政职能划归县级农业行政管理部门，建立以动植物病虫害的监测、通报和防治，新品种和新技术的引进和示范，多种形式的农业实用技术的宣传和培训等为主要职能的政府农技推广部门，并形成从中央到乡村的基本农技推广体系。

实现农业技术推广服务市场化。将现行农技推广体系中经营性服务职能和中介性收费服务职能划分出来，实行企业化经营。在此基础上，建立包括个人、中介组织、公司在内的多样化农技推广服务市场。县级以上农技推广机构要改分专业作战为多学科结合。县以下按行政区划和自然生态区域设立的乡镇和区域性农业技术推广机构应实行以县为主的管理体制。

(3)增加对农业技术推广经费的投入，保障农技推广体系健康运行

政府应优化财政支出结构，并依据不同时期财政农业支出总量、农业总产值、农业与农村人口、耕地等几个主要指标，提高对农业技术推广的投入。在此基础上，应不断改善农业技术推广费用的支出结构：

一是要保证农业技术推广所需要的设备的购买、对农业生产者进行培训的费用。

二是建立推广经费的基金管理制度，对推广项目进行公开招标、公平竞争。

三是切实解决农技推广人员特别是在编乡镇农技推广人员的社会保障问题。应把乡镇农业技术推广人员纳入公务员队伍，将未参加养老保险、医疗保险的在编在职的推广人员纳入养老、医疗保险。所需要的一次性补缴的费用，除了个人按规定补缴外，其余费用应由当地(市、区)财政承担，同时省级财政可以根据各地经济状况和财力情况，确定不同的标准给予补助。

(4)提高农技推广人员的素质，切实保障农技推广队伍的专业性

对于在编的农技人员进行一次大清理，精简非专业技术人员，实行农技人员资格制度。清理占用农技推广人员编制却没有从事农技推广工作的人员，空出编制招录农学专

业的大学生；压缩通过非正常渠道进入农业技术推广队伍的人员，实行农技推广人员资格准入制度。

政策鼓励农学专业的大学生加入推广队伍。政府要鼓励并采取优惠措施吸引他们从事专业工作，同时应切实解决有志于农技推广事业的大学生的就业编制问题，保障他们的待遇。

加强对农技人员的培训，增加推广人员的在职进修机会。培训时应充分发挥农广校、农技校、乡镇企业培训中心等这些学校机构的作用，利用现代信息网络，传播农业技术信息。建议政府建立一个专项培训基金，专款用于农技推广人员的培训。

(5)调整现有的农业科研机构，改革农业科技发展运行机制

对现行的农业科研机构进行分类改革，调整各级科研部门的分工与合作关系，基层科研机构要成为基层农业推广机构与科研部门连接的桥梁；建立一套新的政府农业推广组织管理体系，逐步实现农业科研、教学、推广机构之间在组织上的结合。

(6)充分重视非政府组织推广机构的作用，并为其创造良好的环境

非政府组织推广机构是对政府农技推广机构很好的补充，应充分重视，并予以支持。非政府组织推广机构提供公益性技术服务，政府应提供非经营性农业技术服务补贴。

在非政府推广机构提供的经营性技术服务中，农资经营(包括经营、技术咨询和售后服务)是很重要的一方面，政府可以在启动资金上给予扶持，促使其成立农资连锁总店，实行“统一采购配送、统一标识、统一经营方针、统一服务规范、统一定价策略”，实现农资供应的规范化和合理化。与此同时，由于非政府推广机构的趋利动机较强，政府应加强对这方面的监管，打击无证、无照和超范围经营。

(三)我国农业推广组织的建设重点

我国农业推广体系建设要突出“强化提升区域公益性服务功能，创新搞活乡镇农业推广机制，延伸完善村级综合服务设施”的建设重点。

1.提升基层农业推广机构服务功能

重点提升的服务功能有：重大技术引进消化吸收功能、检验监测把关功能、灾害预警功能、质量控制功能、信息收集处理利用功能和农业技术培训推广功能。主要建设内容有：检验化验与监测、培训场所与设施、信息收集处理传递设备、试验示范基地、推广交通工具、推广人员培训等。

2.建设乡镇农业科技示范场

农业科技示范场是以基层农业技术推广机构为依托，以种养业为基础，以一定规模和相对稳定的土地为场所，以农业新技术试验示范、优良种苗繁育、实用技术培训为主要服务内容的农业科技示范基地。

主要建设内容有：示范基地建设、服务设施建设、运作机制建设。

3.建设科技进村入户服务站

科技进村入户服务站是依托农民技术员、专业大户或农村动物防疫员，在行政村建立为农民提供技术培训、农资供应和市场信息等服务的社会化农技推广服务组织，以解决科技推广应用过程中的“梗阻”，加快农业科技的推广应用。

其主要任务：一是进行农业科技试验示范，引导农民采用新技术，促进成果转化；二是开展技术培训和宣传，提高农民科技文化素质；三是供应优质农业生产资料并提供技术服务，保障农业投入品的使用安全、农产品质量安全，保护农业生态环境；四是提供农产品供求市场信息和种养业新品种、新技术信息，增强农产品的市场竞争力，提高农业生产效益，促进农民增收。

4. 建设农民专业合作组织产销服务网

一是农民专业合作经济组织计算机网络系统建设。

二是农民专业合作经济组织活动场所建设。

三是农民专业合作经济组织农产品直销点建设。

四是农产品储藏、保鲜、运输服务设施建设。

第三节　农业推广人员

农业推广人员肩负着传播农业科技知识，提高农民科技文化素质，促进科技成果转化的历史使命。推广人员的素质高低是决定推广工作成败的主要因素。随着农村经济、科技和社会的进步，对农业推广人员的素质相应提出了更高的要求。

一、农业推广人员的素质要求

（一）农业推广人员的职业道德

1. 热爱本职，服务农民

农业推广是深入农村、为农民服务的社会性事业，它要求推广人员具有高尚的精神境界，良好的职业道德以及优良的工作作风，热爱本职工作，全心全意地为发展农村经济服务，为帮助农民致富奔小康服务，争做农民的“智多星”和“贴心人”，把全部知识献给农业推广事业。

2. 深入基层，联系群众

离开了农民就没有农业推广工作，推广人员必须牢固树立群众观念，深入基层同群众打成一片，关心他们的生产和生活，帮助他们排忧解难，做农民的“自己人”，同时要虚心向农民学习，认真听取他们的意见和要求，总结和吸取他们的经验，与农民保持平等友好关系。

3. 勇于探索，勤奋求知

创新是农业推广不断发展的重要条件之一。要做到这一点，首先要勤奋学习，不断学习农业科学的新理论、新技术，特别在社会主义市场经济日趋发展的今天，还要善于捕捉市场信息，进行未来市场预测，帮助农民不断接受新思想，学习新知识，加速知识更新速度，在实践中有所发现、有所发明、有所创新、有所前进。

4. 尊重科学,实事求是

实事求是是农业推广人员的基本道德原则和行为的基本规范。因此,在农业推广工作中要坚持因地制宜、"一切经过试验"的原则,坚持按科学规律办事的原则,在技术问题上要敢于坚持科学真理。

5. 谦虚真诚,合作共事

农业推广工作是一种综合性的社会服务,不仅依靠推广系统各层次人员的通力合作,而且要同政府机构、工商部门、金融信贷部门、教学科研部门协调配合,还要依靠各级农村组织和农村基层干部、农民技术人员、科技示范户和专业户的力量共同努力才能完成,因此,要求农业推广人员必须树立合作共事的观点,严于律己,宽以待人,谦虚谨慎,同志之间要互相尊重、互相帮助。

(二)农业推广人员的业务素质

1. 学科基础知识

目前,我国农业推广人员多为某单一专业出身,所学知识过细过窄,远远不能适应社会主义市场经济发展的需要。所以,要求农业推广人员应具有大农业的综合基础知识和实用技术知识,既要掌握种植业知识,还要了解林、牧、副、渔甚至农副产品加工、保鲜、贮存、营销等方面的基础知识和基本技能。不仅熟悉作物栽培技术(畜禽饲养技术),还要掌握病虫防治、土壤农化、农业气象、农业机械、园艺蔬菜、加工贮存、遗传育种等基本理论和实用技术,才能适应农村和农民不断发展的需要。

2. 管理才能

农业推广的对象是成千上万的农民,而推广最终的目标是效益问题,所以农业推广人员做的工作绝不是单纯的技术指导,还有一个调动农民的积极性和人、财、物的组织管理问题。因此,农业推广人员必须掌握教育学、社会学、系统论、行为科学和有关管理学的基本知识。要学会做人的工作,诸如人员的组织、指挥、协调,物资的筹措和销售,资金的管理和借贷,科技(项目)成果的评价和申报等,方可更好地提高生产效益和经济效益。

3. 经营能力

在社会主义市场经济条件下,农业推广人员有帮助农民群众尽快走上富裕道路的义务,使广大农民既会科学种田(养殖),又会科学经营。这就要求农业推广人员必须学好经营管理知识和技术,加强市场观念,了解市场信息,学会搜集、分析、评估、筛选经济信息的本领,以便更好地向农民宣传和传授。同时,还要搞好推广本身的产、供、销的综合服务,达到自我调剂和自我发展不断完善的目标。

4. 文字表达能力

文字是信息传递的主要工具之一,写作是推广工作进程的文字体现,也是成果评价和经验总结的最好手段。农业推广人员必须具备良好的科技写作能力,要学会科技论文、报告、报道、总结等文字的写作本领。

5. 口头表达能力

口头表达能力和文字表达能力同等重要,是农业推广人员的基本功之一。在有些方面和某些场合,口头表达能力的高低,直接影响着推广进程和效果。特别是我国目前大部分农民文化素质低，口头表达能力就显得特别重要。这是因为，口头表达能力可以增强对农民群众的吸引力，使之更快地接受农业技术并转化为现实生产力。

6.心理学、教育学等基础知识

农业推广是对农民传播知识、传授技能的一种教学过程。农业推广人员是教师，必须具备教育科学知识和行为科学知识，摸清不同农民的心理特点和需要热点，有针对性地结合当地现实条件进行宣传、教育、组织、传授。因此，只有要求农业推广人员懂得教育学、心理学、行为学、教学法等基本知识，才能更好地选择推广内容和采用有效方法。

二、农业推广人员的职责

各级农业推广组织及人员均有自己的职责范围，以便有效地开展工作，也便于监督检查。

(一)各级推广人员的职责

1.全国性及省、地(市)级农业推广人员的职责

具体包括：

①主要负责编制全国和本省、本地区的农业推广工作计划、规划，经农业部领导或有关部门审批后列入国家及省、地(市)计划，并组织实施；

②按财政管理体制编报农业推广的基建、事业等经费和物质计划；

③加强各级农业推广体系和队伍建设，逐步形成推广网络；

④检查、总结、指导所辖区域的农业推广工作；

⑤制定农业推广工作的规章制度，组织交流工作进修和培训；

⑥加强与科研、教学部门的联系，参加有关科技成果的鉴定；

⑦负责组织或主持有关重大科技成果和先进经济的示范推广。

2.县级农业推广人员的职责

具体包括：

①了解并掌握全县农业推广情况，做好技术情报工作，调查、总结并推广先进技术经验，引进当地需要的新技术，经过试验、示范，然后推广普及；

②选择不同类型的地区建立示范点，采用综合栽培技术，树立增产增收样板；

③培训农村基层干部，农民技术员和科技示范户，宣传普及农业科技知识，提高农民科学种田和经营管理水平，帮助乡(镇)、村建立技术服务组织。

3.乡镇农业推广人员的职责

具体包括：

①负责制定乡镇种植业生产的发展规划、生产计划、生产技术措施；

②开展农业政策、法律法规宣传，组织农业技术培训，开展关键技术及新品种、新技术的引进、试验、示范、推广，农作物病虫害及灾情的监测、预报、防治和处置活动；

③负责农产品生产过程的质量安全检测、监测；提供农业技术、信息服务；指导群众性科技组织和农民技术人员的农业技术推广活动。

4. 村级农业推广人员的职责

具体包括：开展村级农技服务和农民信箱日常工作，主要负责行政村的农技服务、联络和指导工作。

(二)各级农业技术职务

按照我国目前情况，农业技术职务(职称)分为技术员、助理农艺师、农艺师、高级农艺师和推广研究员五个级别。

1. 农业技术员的职责

具体包括：参与试验、示范等技术工作，承担试验、示范工作中的技术操作，并在技术推广中指导生产人员按照技术操作要求进行操作，并正确地进行记载和整理技术资料。

2. 助理农艺师的职责

具体包括：制订试验、示范和技术工作计划，组织并参与实施，对实施结果进行总结分析；指导生产人员掌握技术要点，解决生产中一般的技术问题；撰写调查报告和技术工作小结。

3. 农艺师的职责

具体包括：负责制订本专业主管工作范围内的技术工作计划或规划，提出技术推广项目，制定技术措施；主持或参与科学试验及国内外新成果引进试验和新技术推广工作，解决生产中的技术问题，并对实验结果和推广效果进行分析，作出结论；撰写技术报告和工作总结；承担技术培训，指导、组织初级技术人员进行技术工作。

4. 高级农艺师的职责

具体包括：负责制定本部门或本地区主管工作范围内的生产发展规划，从理论和实践上进行可行性分析、论证，并指导或组织实施；提出生产和科学技术上应采取的技术措施，解决生产中重大技术问题；审定科研、推广项目，主持或参与科学技术研究及成果鉴定；撰写具有较高水平的学术、技术报告和工作总结；承担技术培训，指导、培养中级技术人员。

5. 推广研究员的职责

具体包括：负责制定本部门或本地区主管工作范围内的生产发展规划，从理论和实践上进行可行性分析、论证，并指导或组织实施；提出生产和科学技术上应采取的技术措施，解决生产中重大技术问题；审定科研、推广项目，主持科学技术研究及成果鉴定；撰写具有高水平的学术、技术报告和工作总结；承担技术培训，指导、培养高级技术人员。

三、农业推广人员的管理

农业推广人员的管理就是对农业推广人员的发现、使用、培养、考核、晋升以发挥其主动性和积极性，从而提高工作效率，多出成果、快出人才的过程。

(一)农业推广人员管理的内容

1. 合理规划与编制

规划与编制是培养和选拔农业推广人员、组织和建设农业推广队伍的依据，是农业推广人员管理的首要环节。农业推广队伍的规划要与农业推广事业的发展规划相适应，满足农业推广事业的需要。农业推广队伍的发展规划要通过编制来实现，定编原则为：首先是编制与任务相适应，即根据任务按一定规模、比例确定人员编制。其次是依据最佳组织结构，确定各人员在质和量上的要求。再次就是精干，以最佳比例、最小规模搭配人员，发挥最大效能。目前我国农业推广单位确定的高、中、低三级农业推广人员的比例以1∶2∶3为宜；最后，编制要相对稳定，但人才可以合理流动。

2.合理选配农业推广人员

选拔、调整和配备农业推广人员是管理的重要环节，选配时应遵循下面几条原则：一是要爱惜人才，把人才视为事业中最宝贵的财富，最大限度地发挥人的才能，并且要适当照顾人的情趣；二是调配要有计划，既考虑当前，又考虑长远；三是专业、职责、能级、年龄结构要合理；四是选人要多渠道、多途径，选才广泛，用才适当。

3.恰当使用农业推广人员

农业推广人员的恰当使用是管理的核心。只有使用恰当，才能调动积极性。因此，必须坚持任人唯贤的原则，不搞任人唯亲。第一，要了解每个农业推广人员的品质、才能、长处和短处，尽量做到扬长避短；第二，了解每个农业推广人员的特点，依据其特点和爱好，恰如其分地安排工作、职务，即知人善任；第三，要做到对农业推广人员不嫉贤妒能，求全责备。只有这样才能做到合理使用，发挥最佳效能。

4.培养提高

对农业推广人员的培养提高，应成为农业推广人员管理的重要内容。科学技术发展迅速，知识日新月异，知识更新周期越来越短，农业推广人员需要接受再教育。否则适应不了农业发展、农村经济发展的需要，还会造成推广队伍老化、知识老化，直接影响农业推广工作的效率。

5.农业推广人员的考核

考核是对农业推广人员工作的评价，正确的考核可以起到鼓励先进、督促后进的作用，同时也可推动人才合理使用。目前主要的考核是指对农业推广人员的实际水平、能力和贡献做客观的科学的评价，即包括水平考核、能力考核和实绩考核三个方面。

(二)农业推广人员管理的方法

1.经济的方法

农业推广人员管理中使用的经济方法，属于微观领域中的经济管理方法，即按照经济原则，使用经济手段，通过对农业推广人员的工资、奖金、福利和罚款等来组织、调节和影响其行为、活动和工作，从而提高工作效率的管理方法。

2.行政的方法

行政的方法就是指依靠行政组织的权威，运用命令、规定、指示和条例等行政手段，按照行政系统、层次的管理方式，以鲜明的权威和服从为前提，直接指挥下属工作。行政方法在某种程度上带有强制性。要想有效地利用行政方法来管理农业推广人员，首先，应将行政方法建立在客观规律的基础上，在做出行政命令之前，必须做大量的调查研究和周密的可行性分析，使所要做出的命令或决定正确、科学、及时和有群众基础。

3. 思想教育的方法

思想教育的方法是我们国家在管理中的传统办法。农业推广人员的思想教育方法，就是通过思想教育、政治教育和职业教育的方法，使农业推广人员的思想、品德及时得到改进，使他们成为农业推广目标所需求的合格者。在这个方法中常采用的做法具体包括：正面说服引导法、榜样示范和情感陶冶法等。

4. 精神激励法

在许多情况下，人们对工作的兴趣、对自己职业重要性的认识、对自己劳动的社会地位的认识，以及对集体的热爱等，从根本上说要比工资和其他物质性的刺激对他们的影响来得大。尤其是广大农业推广人员，相当数量的人在工作、生活条件艰苦，待遇明显较低的情况下勤劳地为农业推广事业奉献，当他们的工作取得成绩，获得社会承认，受到群众欢迎和尊重时，他们的工作热情会更大限度地发挥出来，再苦再累也心甘情愿，这就是精神激励所致。所谓精神激励，就是通过一些刺激引起人的动机，使人的一股内在动力，朝着所期望的目标奋发前进。

5. 法律的方法

法律是国家进行管理的重要方法措施之一。农业推广人员管理的法律方法，除要求每个农业推广人员必须严格遵守国家颁布的各项法律外，还包括严格遵守农业推广方面的地方法规。就农业推广组织而言，应该根据国家的法律、法规制定自己的管理措施，保证农业推广工作正常运转，保证农业推广队伍的稳定，使农业推广工作受到法律保护，同时使每个农业推广人员主动做到有章可循、有法可依。

6. 农业推广人员的资格地位

根据联合国粮农组织建议：①农业推广人员的工作资格应和农业科研人员一致；②在专业职称和相应等级的任命上一致；③在给予相应的奖励和表彰方面一致；④在提供专业晋级方面的机会一致。

思考题

1. 研究国外的农业推广组织体系建设对我国有何借鉴意义？
2. 我国的农业推广组织体系应该如何改革？
3. 农业推广人员应具备什么样的基本素质？应如何培养？
4. 哪种推广体系更适合我国农村的情况，为什么？
5. 自上而下与自下而上的推广体系各有什么特点？分别对推广活动有什么影响？
6. 推广中的经费应该如何解决？
7. 我国农业推广体系存在哪些问题？
8. 为什么说我国农业推广体系多元化应该是改革的方向？

第十一章 农业推广经营服务

基本要求:掌握农业推广经营服务的基本原则和指导思想,以及农业推广经营服务的业务范围,了解农业推广经营服务的基本程序和营销技巧。

重　　点:农业推广经营服务的基本原则和指导思想,以及农业推广经营服务的业务范围。

难　　点:农业推广营销技巧。

第一节　农业推广经营服务概述

一、农业推广经营服务的指导思想和基本原则

(一)指导思想

农业推广经营服务的主要目的包括:

第一,通过农业推广机构全程系列化服务,解决农民生产和生活中的各种实际问题,以保证农业生产各个环节的正常运转,实现各生产要素的优化组合,获得最佳效益。

第二,增强推广机构的实力与活力,提高推广人员的工作和生活待遇,稳定和发展推广队伍,促进农业推广事业的发展。

因此,农业推广经营服务的指导思想,应是以服务农民为宗旨,促使推广机构或人员与农民形成利益共同体,依靠一种新的机制推动农业生产和农村经济的发展。

(二)基本原则

1.赢利性原则

作为一个经营性组织,要想在市场中立于不败之地并寻求发展,必须以赢利为第一原则,如果常年亏损,自身都难以维持,就不可能为农业、农民、农村提供良好的服务。

2.技物结合原则

推广项目的实施需要相应的物资、资金等方面的配套投入,同时也要推广一些物化技术,推广机构应充分利用自身优势,通过技术的物化和技术与物资的配套,实现技术经营

中的效益。

3. 农民自愿性原则

推广项目的产出效果在很大程度上取决于实施过程中使用者的能动性,自愿才能自觉,才能按规程操作,达到应有的产出效率。所以,技术的经营服务不能实行强迫命令。

4. 符合地区产业发展政策原则

推广项目因地制宜,与地区经济发展紧密结合,与地区产业发展政策协调一致。

5. 适应农民需求层次原则

推广项目要因人而异,要充分考虑农民素质、经济条件和承受能力,力求简单易行,经济实惠。

二、农业生产经营服务的业务范围

(一)产前提供信息和物资服务

产前是农民安排生产计划,为生产做准备的阶段。一方面,农民需要了解有关农业经济政策、农产品市场预测(价格变化、贮运加工、购销量等)、生产资料供应等方面的信息,使生产计划与市场需要相适应。另一方面,农民需要有关服务组织提供种子、化肥、农药、薄膜、农机具、饲料等,以赢得生产的主动权。

推广部门应根据农民的需要,广泛收集、加工、整理有关信息,并及时通过各种方式传递给农民。同时,积极组织货源,做到"既开方,又卖药",向农民供应有关生产资料,并介绍其使用方法。

(二)产中提供技术服务

产中技术服务就是根据农民的生产项目及时向农民提供新的科技成果和新的实用技术。服务的方式包括:规模不等的技术培训、印发技术资料、制定技术方案、进行现场指导、个别访问、声像宣传、技术咨询以及技术承包等。

(三)产后提供贮运、加工和销售服务

推广部门组织产后服务方式有:

一是采取直接成交或牵线搭桥的办法,帮助农民打通农产品的内外贸易销路。

二是发展以农林牧水产品为原料的农产品加工业,帮助建立龙头企业,延长农业的产业链。发展农产品加工,不仅可以实现产品的增值,同时还是安排农村和城镇剩余劳动力的重要途径。

三是贮藏保鲜,可延长产品的供应期,以调剂余缺,增加收入。

四是运输,把农产品运销出去,变资源优势为商品优势 。产后服务的潜力很大,农业商品经济越发达,对产后服务的要求就越高。

三、农业推广经营服务中的营销观念

(一)用户观念

现代市场观念的核心,就是要树立牢固的用户观念。“用户是上帝”,农业推广机构必须以农民的需要为出发点,改变过去那种只对上级负责,不对农民负责,不对市场负责的做法,把立足点转移到为农民服务、对农民负责方面来,时刻想着农民的需要,按农民的需要安排自己的经营,并对农民提供各种完善的服务,这样的经营服务才有生命力。

(二)质量观念

质量是经营持续的第一需要,农民要求农业推广机构所提供的项目、技术、商品物美价廉、货真价实。农业推广经营必须靠质量求生存,以质量求发展。

(三)服务观念

服务既是推广机构向农民履行保证的一种手段,又是生产功能的延长。通过优质服务,拓宽销售渠道,是推销产品的一种行之有效的方法。

(四)价值观念

以价值尺度来计算经营活动中的劳动消耗(包括物化劳动和活劳动等),并同其产出的成果进行分析比较,个别成本低于社会成本,这时经营服务才会有利可图。

(五)效益观念

农业推广经营服务的基本点应该是社会“所需”,这样农业推广机构的“所费”才是有效劳动,否则,作为经营者是无效益可言的。效益观念要求农业推广经营服务要体现价值和使用价值的统一,生产和流通的统一,增产和节约的统一,实现了投入与产出的最大化,才算真正体现了效益。

(六)竞争观念

在市场经济的条件下,任何经营服务都承受着激烈的外部竞争压力,同时也存在着参与竞争的广阔领域和阵地。农业推广机构必须牢固树立竞争观念,不断提高自己的竞争能力。只有积极参与竞争,才会争得市场的一席之地。要敢于竞争,善于竞争,主动适应瞬息万变的市场,最终争得更多的用户,以保证经济效益的不断提高。

(七)创新观念

农业推广机构为了求生存、求发展,必须开动脑筋,多创新意,独辟蹊径。同时,不断地对新的科研成果和技术进行适应性改造,制定出完善的推广配套措施,并通过媒介宣传激发农民兴趣,争取用户,影响市场,开拓市场,创造市场,从而使自己在同行业竞争中处于领先地位。

(八)信息观念

市场经济就是知识和信息经济,很难想象,一个不懂信息的人能在竞争激烈的市场中站稳脚跟。特别是农业推广工作,由于其要承受自然和经济双重风险,把握信息就显得更加重要。

(九)时效观念

农业推广服务要在快、严、高上下工夫。所谓快,指的是对市场的变化反应要快,决策要快,新产品开发要快,老产品的更新要快,产品的销售也要快。快了就主动,快了就能抓住战机,否则,一步跟不上,步步跟不上,永远处于被动地位。所谓严,即要求经营服务计划严密,各要素、各部门、各环节都要按经营计划有序地进行,以便生产出高质量的产品,充分满足社会的需要。所谓高,就是要求工作效率要高,工时利用率要高,工作计划性和准确性要高。同时,对各项工作要求规范化、标准化和合理化。

(十)战略观念

在战略和战术问题上,超前的战略显得更为重要。每一个农业推广机构都应构建独特的战略观念,形成完整而统一的经营思想,这是搞好农业推广经营服务的前提。

第二节　农业推广经营服务的程序

一、了解农业发展的法律、法规和政策

法律、法规和政策是政府进行宏观调控的重要手段,是影响和指导经济活动并付诸实施的准则。农业推广经营服务中需要重点了解的法律、法规和政策有:

①关于发展农业和农村经济的一切法律、法规,必须依法经营。

②关于农资供应与服务方面的政策,如关于农药、兽药、化肥、种子、农膜、农机等农业生产资料的各种条例、规定等。经营服务者要及时了解并依此指导安排生产和销售,确保消费者的权益。

③关于农村信贷、税收方面的政策。政府是按照扶植农业生产、增加农业投入和减轻农民负担的原则制定农村信贷、税收政策的。经营服务部门可以充分利用政策提供的优惠条件,发展那些得到资金扶植和税收减免的推广项目,以取得长期的经济收益。如关于农村信贷资金投向政策、关于农业税征收及减免政策、关于农林特产税的政策等。

二、认真分析市场环境

市场环境是指影响农业推广经营服务的一系列外部因素，它与市场营销活动密切相关。农业推广经营服务部门根据这些因素来分析市场需求，组织各种适销对路的农业推广项目满足农民需求，并从市场环境中获取各种物化产品，组成各种推广配套措施，再通过外部各种渠道，送到农民手中。因此，对市场环境进行分析，就是对构成市场环境的各种因素进行调整和预测，明确其现状和发展变化趋势，最后得出结论，确定市场机会。市场环境因素很多，通常包括以下六种：

1.人口因素

人是构成市场的首要因素，哪里有人，哪里就产生消费需求，哪里就会形成市场。人口因素涉及人口总量、地理分布、年龄结构、性别构成、人口素质等诸多方面，处于不同年龄段的人、处于不同地区的人消费就不同。农业推广机构一定要考虑这些变化，按照需求来安排经营服务。

2.经济因素

在市场经济条件下，产品交换是以货币为媒介的，因此购买力的大小直接影响到人们对产品的需求。在分析经济因素时，应注意多方面考虑各阶层收入的差异性，人们消费结构受价格影响的程度，分析老百姓储蓄的动机等。在国外，民众可以借钱消费，被称为消费信贷，这种形式在我国目前仅限于住房信贷，估计将来会有发展，也应引起注意。此外，从整个国家看，整体经济形势对市场的影响也很大。经济增长时期，市场会扩大；相反，经济停滞时，市场会萎缩。

3.竞争因素

竞争是市场经济的基本规律，竞争可以使推广经营服务不断改进、提高质量、降低成本，在市场上处于有利地位。竞争是一种外在压力，竞争涉及竞争者的数量、服务质量、价格、销售渠道及方式、售后服务等诸多方面。在经营中，应将竞争对手排队分类，找出影响自己的主要对手，并针锋相对地选取对策来对付竞争，力争在竞争中获胜。从长远看，要不断调整竞争策略，如人无我有，人有我优，人优我廉，人廉我转，人转我创。

4.科技因素

科学技术是第一生产力，农业的发展很大程度上依赖于技术进步。例如：地膜覆盖技术与温室大棚的推广应用使得一年四季都能生产蔬菜，保证蔬菜常年均衡供应，使淡季不淡。因此，在科学技术飞速发展的时代，谁拥有了技术，谁就占领了市场。

5.政治因素

政治因素指国家、政府和社会团体通过计划手段、行政手段、法律手段和舆论手段来管理和影响经济。其主要目的有三：一是保护竞争，防止不公平竞争；二是保护消费者的权益，避免上当受骗；三是保护社会利益。农业推广机构必须遵纪守法，合法经营，以求长远发展。

6.文化因素

不同文化环境、不同文化水平的阶层有不同的需求。文化环境涉及风俗习惯、社会风尚、宗教信仰、文化教育、价值观等。

三、在细分市场中确定目标市场

作为经营服务者，所考虑的只是买主，也就是把购买者当做市场。不同的购买者由于个性、爱好和购买能力、购买目的不同，在需求上存在着一定的差异，表现为需求的多样化。如果把需求相近的购买者划分为一类，就是细分市场。

经营者可以根据细分市场的需求，来组织适销对路的推广项目和配套措施，并采取适当的营销方法占领这一市场，以取得较大份额和最好的经营效果。确定目标市场一般分三个步骤。

（一）预测目标市场的需求量

既要预测出现实的购买数量，也要对潜在增长的购买数量进行预测，进而测算出最大市场需求量。其大小取决于购买者——农民对某种推广项目及配套措施的喜好程度、购买能力和经营服务者的营销努力程度。经营服务者根据所掌握的最大需求量，决定是否选择这个市场作为目标市场。例如，某种苗公司在细分市场的基础上，依据农户种植状况将某村农户分为葡萄种植户、养鸡户、种粮户三类。分别对这三类农户进行调查，最后选择需求量较大的葡萄种植户作为目标市场，并以葡萄苗为主销目标，按照市场需求组合推广配套措施，取得了较好的收益。

（二）分析自己的竞争优势

市场竞争可能有多种情况，如品牌、质量、价格、服务方式、人际关系等诸多方面的竞争，但无外乎两种基本类型：一是在同等条件下比竞争者物价低；二是提供更加周到的服务，从而抵消价格高的不利影响。经营服务者在与市场同类竞争者的比较中，分析自己的优势与劣势，尽量扬长避短，或以长补短，从而超越竞争者占领目标市场。

（三）选择市场定位战略

经营服务者要根据各目标市场的情况，结合自身条件确定竞争原则。第一种是“针锋相对式”的定位，即把经营产品定在与竞争者相似位置上，同竞争者争夺同一细分市场，你经营什么，我也经营什么，这种经营战略要求经营服务者必须具备资源、成本、质量等方面的优势，否则在竞争上可能失败。第二种是“填补空缺式”的定位，即经营服务者不去模仿别人，而是寻找新的、尚未被别人占领，但又为购买者所重视的推广项目，采取填补市场空位的战略。第三种是“另辟蹊径”式的定位，即经营服务者在意识到自己无力与有实力的同行竞争者抗衡时，可根据自身的条件选择相对优势来竞争。

四、运用农业推广营销组合，以整体战略参与市场竞争

农业推广的营销组合，即农业市场营销的战略与战术的有机组合，它是市场营销理论

体系中一个很重要的概念。推广机构把选定的目标市场视为一个系统。同时也把自己的各种营销策略分解归类,组成一个与之相对应的系统。在这一系统中,各种营销策略均可看做是一个可调整的变量。概括出四大基本变量——产品、地点、促销和价格,这就是著名的"营销 4P",市场营销组合就是"4P"的各个变量的组合。经营服务者的营销优势在很大程度上取决于营销策略组合的优势,而不是单个策略的优势。经营服务者在目标市场上的竞争地位和特色则是通过营销组合的特点充分体现出来的。

(一)产品(Product)策略

农业推广经营必须选择适销对路的产品技术物化为产品,用产品去创造市场、引导市场、占领市场。农业推广机构和农技中介机构应该开动脑筋,积极开发出市场需要的、有利于增加农民收入、改善农民生活质量、稳固农业根基、繁荣农村经济的服务项目和产品。

(二)地点(Place)策略

地点策略就是营销的渠道策略,即如何选择产品从制造商转移到消费者的途径。在农业推广营销中,生产、消费、销售在时空上是交错在一起的,尽管推广机构的总部可以放在城市的大学或研究院里,但其工作场所应放在农村经济发展的第一线。

(三)促销(Promotion)策略

过去,人们对促销的概念有一定的偏见,认为它是一种用广告等手段美化产品而让消费者购买他们原本不想买的东西。随着市场经济的不断深化和规范化,农民对促销有了一定程度的认识。实际上,促销就是推广机构运用各种传播信息的媒体,将自己所能提供的服务传送到目标市场,并引起农民的兴趣,激发农民的动机,满足农民的需要,达到服务的目的。

(四)价格(Price)策略

在农业推广的营销组合中,价格可能是最难处理的一个问题。以往农业推广大多是无偿服务,势必造成了推广机构没有成本观念,农民无偿采用,也没有购买观念。引入市场营销价格策略后,尽管我国知识产品、信息服务、智能服务的价格构成还不规范,但有偿的本身就具有一定的意义。这样,不但推广机构会提高工作效率、充实内容、选择合适项目,而且对于参与的农民也是一种促进。这一策略必须考虑目标市场上的竞争性质、法律政策限制、购买者对价格的可能反应,同时也要考虑折扣、折让、支付期限、信用条件等相关问题。定价是具有重要意义的决策,需要审慎认真。

我们在讨论这四个 P 时,可以有不同的顺序,这里的排列顺序反映出这样一种思维逻辑:首先开发出一种能满足目标市场需求的项目,随后寻找合适的项目执行地点;接着运用各种手段唤起农民注意,激发兴趣,消除疑虑,促进购买;最后,根据农民的预期反应和执行结果来确定费用补偿型或正常赢利型"价格"。

以上四项策略都是市场营销组合的四个可变因子,在动态的推广环境中,它们相互依存、相互促进,处于不同地位。虽然它们单独说来都是重要的,但真正重要的在于它们的组合，在于它们组合起来所形成的独特方式。

五、依据经营决策的科学程序，实施决策方案

决策是从为了达到同一目标的多种可供选择的方案中，选定一种比较满意方案的行为（或过程）。经营决策是指对农业推广机构所从事的生产经营活动最终要达到的奋斗目标，以及为实现这一目标需要解决的问题而做出的最佳选择和决定。做出符合目标要求的最佳选择和决定是一个复杂的行为过程，包括提出问题、确定目标、拟订方案、分析评价，直到选定方案并组织实施的一系列活动。正确的经营决策，要求整个决策过程必须具有合理性和科学性。要搞好经营决策，必须清楚应该做哪些工作，先做什么工作，后做什么工作，这就是决策的一般程序问题，它可以分为四个基本步骤。

（一）发现问题，确定决策目标

这里所说的问题主要是指现实状况与正常标准之间的差距。正常的标准如国家政策法令、合同要求、计划标准、先进水平等。农业推广机构所从事的生产经营活动，经常会遇到各种各样的问题需要解决，如某项生产计划没有完成，产品质量不符合要求，经济合同不能按期履行等。这就需要服务者通过调查研究，发现问题，找出差距，并查明问题存在的真实原因，收集和掌握大量的信息资料，作为决策的依据。通过分析研究，找出问题的症结所在及其产生的原因，并提出解决问题的目标，即确定决策目标。决策目标必须是众多问题中影响最大、迫切要求解决的问题，而且决策目标必须具体明确，不能模棱两可，必须有个衡量目标达到什么程度的具体标准，以便知道目标是否达到和实现的程度。由于决策目标体现了行动方案的预期结果，故决策目标是否合理，直接影响到经营目标的实现。目标错了，决策就会失误，而目标不清楚或者没有目标，则无从决策。因此，确定明确的决策目标是决策过程中的关键问题。

（二）拟订各种备选方案

决策目标明确以后，就要根据目标和所掌握的各种信息，提出各种可供选择的可行性方案，简称备选方案。备选方案越多、越详尽，从中选出比较满意方案的把握程度就越大。备选方案的拟订，首先要从不同角度和途径进行设想，为决策提供广泛的选择余地。在这个基础上，再对已拟订的方案进行精心论证，确定各个环节的资源用量，估算实施效果，作为以后评价方案优劣的依据。为了使决策合理，在拟订备选方案时，还要求它们具备两个条件：一是整体详尽，要求备选方案应该把所有的可行方案（最大限度地）包括进来，防止漏掉某些可行方案，否则不利于选优；二是所拟订的备选方案之间要相互排斥，也就是说，执行甲方案就不能执行乙方案，只有这样才有可能进行选择和必须进行选择。由此可知，决策方案产生的过程，就是一个设想、分析、淘汰的过程。它取决于决策人员、参谋人员的知识能力以及对信息资料把握了解的程度。而任何一个决策人员所拥有的知识、信息总是有限的，这就有必要充分征求多方面的意见，调动大家的积极性和创造性，集思广益，大胆创新，集中正确的意见，精心设计出多种可供选择的备选方案。

(三)评价和选择方案

各种备选方案拟订以后,要通过分析、比较、评价,最终选出一个符合决策目标要求的比较满意的方案作为决策方案。评价决策方案的方法主要是根据决策者的经验和分析判断能力,同时还要借助于一些数学方法,即将定性分析方法和定量分析方法结合起来。如果条件允许,还可以通过局部性的试验。选择方案的标准可以从技术、经济、社会三个方面去考察,尽量地使所选择的方案,技术上先进,经济上合理,生产上可行,符合党和国家的方针政策要求,有利于保护生态环境,同时又适应农民现有的经济条件、文化水平和技术水平的现状,并确保有足够的资金来实施这一方案。

(四)决策方案的实施

方案一经确定,就要付诸实施。为使决策方案落实,就要拟订具体的实施计划,明确由执行者,以及执行者的权利和责任,并加强检查,以便进行控制。在执行过程中出现新问题要及时采取措施加以解决;如果政策失误,或实际情况发生了很大变化,影响到决策目标的实现,就需要对决策目标和决策方案进行适当调整,这一过程称之为反馈。以上所谈的四个步骤并非机械地按从头到尾顺序进行,可以根据研究问题的需要,作适当调整。如科学家决策是一个不断反复的动态过程,如图 11-1 所示。

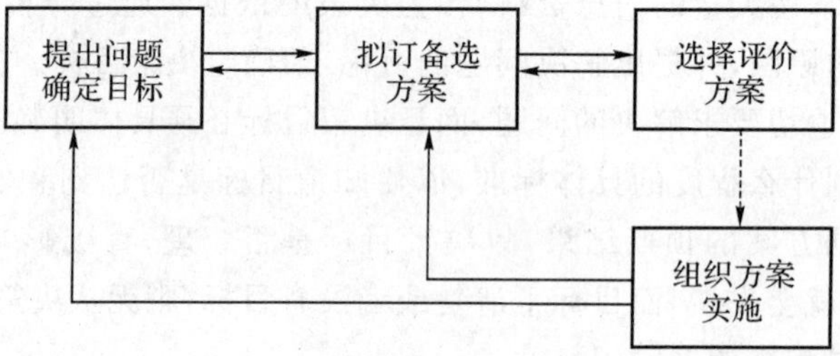

图 11-1　决策的动态过程

第三节　农业推广营销技巧

一、用优质产品占领市场,吸引众多消费者

从市场营销的角度观察,优质产品包含丰富的内容。一般有三层含义:一是产品的核心层次,即消费者所需要的产品功能;二是产品的有形层,即产品的包装、色彩、商标、款式等;三是产品的延伸层,即在产品实体以外给用户的附加利益,如服务。所以,产品是一个整体概念,是一种多因素的组合体,是主要包装产品的使用性能、寿命、颜色、包装、商标、技术等多方面的一个整体。

(一)以市场需求为出发点,提供适销对路的产品组合

根据目标市场需求确定产品,经营者必须把市场需求作为出发点,而不能从产品出发,应当树立的观点是"市场需求什么产品就生产什么产品",而不是"有什么产品卖什么产品"。根据每个经营者选择的目标市场需求,把产品的各方内容组合起来,构成一种适应消费者需求的产品组合。

1996年冬在北京市场上出现的"礼品菜",可以说是根据市场需求设计的一个产品,经营者根据冬季蔬菜价格较高的特点,将七八个品种的新鲜蔬菜,经过精心挑选,选择纸箱包装,像卖水果似的一箱箱上市销售,结果很快就被抢购一空。从这一事例中可以看出,经营者必须更新观念,认真地观察体验消费者的需求,确定用什么产品来满足目标市场。

(二)靠质量取胜,赢得消费者信任

质量是产品的生命,是竞争的源泉,质量优良对于生产经营者赢得消费者信任、树立形象、占领市场、增加收益,都具有决定性的意义。产品质量标准是由政府技术监督部门制定的,必须达到的产品质量水平。质量标准要根据不同产品的特点规定一些主要的质量指标。生产经营者要注意从以下四方面收集质量方面的信息,了解产品质量动态:

①及时搜集了解国家有关产品质量的法规信息,使自己向市场提供的产品符合质量法规的要求。

②了解其他生产者的质量状况。质量也是一种竞争手段,优质优价是市场规律。

③及时了解科研部门推出的新品种、新技术,从中掌握产品质量的变动信息,以确定自己的产品质量标准。

④经常调查、研究消费者(目标市场)对产品质量的要求。这种要求经常发生变化,成为生产经营者确定产品质量的重要"坐标"。

此外,在确定产品质量标准时,还应积极开发引进颇受消费者欢迎的名、优、土、特、稀产品,这种特色也是一种质量标准。

(三)精心设计产品包装,树立品牌形象

1.精心设计产品的包装

包装是产品的外在形象,一个好产品如果没有与之匹配的包装,就好像缺少合适的服装,难以引起消费者的注意。包装形成产品的外观,对产品外观的总要求是适用、方便、美观。随着消费者生活方式和购买习惯的改变,不仅加工产品要讲究包装,农副产品也要讲究包装。大宗批发农副产品的包装侧重于对产品的保护、注重坚固耐用成本低,而零售商品的包装则不仅要起到保护商品的作用,还要装潢美化商品,起到激发消费的作用,如小包装包衣种子等,过去那种散装零售的方式,已逐渐让位于小型精美包装的销售方式。

2.树立商品品牌形象商品

品牌就是指出售商品的人给自己产品规定的商业名称,又称"牌子"。品牌是一个集合概念,它包含品牌名称、品牌标志、商标等概念在内。经营者建立自己的商品品牌主要

出于以下目的:①便于卖者进行经营管理,如在做广告宣传和签订买卖合同时,可简化手续。②注册商标受法律保护,具有排他性。可保护企业间公平竞争,保护产品特色,防止他人假冒,发现冒牌商品可依法追究索赔。③有利于建立稳定的顾客群。某种品牌在消费者心目中形成良好印象后,可形成持久而稳定的购买。④有助于市场细分和定位。经营者根据不同的需求建立不同的品牌,以不同的品牌分别投入不同的细分市场,可提高市场占有率。⑤有助于利用名牌强化产品形象,增加竞争能力,促进销售,增加利润。

3.设计商标应注意的问题

按《中华人民共和国商标法》规定,商标设计中应注意不得使用与我国国旗、国徽、国际组织、红十字旗帜徽记等相同或近似的名称和图形,不得使用带民族歧视的、欺骗性、夸大宣传的和有伤风败俗的名称和图形。不少生产经营者喜欢用直接表示商品质量、主要原料、功能、用途、重量、数量及其他特点的名称和图形,或本商品的通用名称、图形做商标,如"叶面宝"牌、"喷施宝"牌叶面肥等。但应特别注意,避免与其他厂家在同类商品上注册相同或相似的商标名称和图形。此外,除外贸需要外,内销商品一般不宜使用外文商标。注册商标必须使用正式公布的简化汉字,汉语拼音应拼写正确。

4.搞好产品售后服务,提高推广经营部门的知名度

经营者要扩大自己的影响,必须搞好产品售后服务工作,并对下列问题做到心中有数:①明确服务的目标,是赢利,是保本,还是为了竞争宁肯赔钱。②能提供哪些服务项目,如协助办理订购、教给用户使用、安装修理等。③同竞争对手相比,服务质量哪些较好,哪些较差,能否进行改进。④用户需要哪些服务,哪些问题是用户迫切需要解决的。⑤用户对服务水平、性质和时间有什么要求,有无变化规律。⑥用户对所提供的服务项目,愿意支付什么代价。

经营者为了有效地开展产品售后服务,还应注意下列问题:①做好准备,以便及时、准确地处理好各种询问和意见。②必须有实效地解决用户所提出来的实际问题,这比笑脸相迎更为重要。③提供给用户多种可供选择的服务价格和服务合同。④在保证服务质量的前提下,可把某些服务项目转包给有关服务部门。⑤不要怕用户提意见,应把此看成搞好生产经营的重要信息来源。

二、灵活利用价格竞争,提高经营效益

价格竞争仍是市场竞争的主要手段,特别是对于生产型消费者,由于其购买数量大,很小的价格变动都会引起其成本较大的波动。因此,更要学会运用价格竞争,提高经济效益。价格竞争的主要策略有以下几种。

(一)折扣定价

折扣定价指为了刺激消费者大量购买,可以对商品的基本价格作一定幅度的调整,给予购买者价格上的好处,如现金折扣和数量折扣,以便促进销售。现金折扣是指当大宗购买者赊购时,可以给在一定付款时间内的价格折扣。某些鲜活产品上市时间短,不耐储存,需要消费者以最短的时间将产品购走,经营者在确认对方有还款能力时,可以采取赊

销和价格折扣的方法。数量折扣是当购买者购买数量较大时，适当降低价格，这种折扣随购买量而定，往往购买量越大，折扣率越大。

（二）地区定价

经营者根据购买者的地区分布和交货条件来定价。如果购买者采取现金交易和自理运输的方式，则可将价格适当调低以使购买者感到有利可图。如果采取产地验货由经营者运输的方式，则要加收运费和包装、检验等有关费用，使经营者避免损失。

（三）差别定价

根据不同目标市场、不同产品形式、不同销售时间实行有差别的价格，从而满足不同的需求，扩大销售，增加收益。按不同的目标市场定价是指把消费者分成不同的层次，如针对中间商的定价可采用数量折扣方式，针对加工企业可采取现金折扣方式。按不同产品形式定价是依产品的加工程度定价，一般来说经过分等分级的产品则按等级定价，而不分等级的产品则采取低于平均价的定价。按不同销售时间定价，是指对于产品生产淡季则定以较高价格，生产旺季则定以较低价格。在零售市场上早市价格与晚市价格也略有不同。

经营者在为自己的产品定价时，要密切注意市场价格的变动，以及消费者对价格变动的反应。当价格有上涨趋势时，可适时推迟上市时间，以获得涨价的好处，当预计价格下跌时，则要尽早出售自己的产品，以免遭受价格下跌的损失。在与中间商打交道时，要准确掌握市场价格信息，防止中间商压低收购，促成以合理价格成交。

三、加大广告宣传力度，积极开拓销售市场

商品广告是沟通产销、传递商品信息、指导消费的重要工具。随着农村商品经济的发展，各种类型的生产经营实体生产什么、经营什么、采用什么技术设备，城乡消费者都需要通过商品广告了解信息。运用广告来传递商品信息，指导消费，必须按照商品的特点和产销情况，确定广告目的，选择消费者最易接受的形式、接触最广泛的媒体、采用最感兴趣的图文做出广告，最广泛地向该商品需要者提供商品信息，以便达到广而告之的目的。

（一）怎样做广告

1. 制订正确的广告计划和选择恰当的广告策略

要明确做广告的目的，是以推销产品为主，还是宣传产品为主；选择广告媒体和传播地区；确定广告内容；选好广告打入市场的时机和方法等。

2. 进行广告设计，编写好产品说明书

设计广告时要注意：具有吸引力，使人想看（听）；简明易懂，上口易记；不过分渲染夸张，取信于顾客；具有创新性，使人有新颖感；语言幽默、生动、有趣、健康；画面生动、美观大方。

3.选好广告媒体

凡是人们日常生活和社交活动中所用之物、所到之处、耳闻目见的东西，都可作为广告媒体。广告媒体要选用最能诱导人们注意的物体。具体要求如下：①新奇。时髦别致的比习以为常的物体引人注意。(2)大型。广告被人注意程度与广告面积成正比。③反复。同一广告经常登载在不同媒体上备受注意。④活动。活动的广告媒体比静止的广告媒体更引人注意。⑤兴趣。广告中物像、文句、音乐能使人产生良好情绪，更易使人留下深刻印象。

(二)常用的广告媒体

常用的广告媒体包括以下几种：

①新闻广告。以报纸、期刊、广播、电视等为广告媒体，传播网遍及国内外，传递及时、影响面大。

②户外广告。装置在马路旁、建筑物上的广告牌，如街头广告亭、广告栏、橱窗、灯箱等。这些广告色彩鲜艳，图文醒目，能引起人们注意。

③店铺广告。商店的货架、壁橱、柜台以及专门设置的小型广告牌也可做商品广告。

④交通广告。火车、轮船、飞机、汽车的内外以及候车、船、机室的广告镜都可做广告。

⑤文娱广告。影院银幕、文艺演出、体育比赛所做的广告，把广告寓于文娱活动之中。

⑥邮寄广告。把印有广告的印刷品有选择地寄给消费者，或附在报刊内寄给订户。

⑦馈赠广告。将纸扇、日历、贺年片印上广告，送给消费者反复使用，或送公共场所供公众使用，宣传商品信息。

⑧展览广告。在展销、订货会、商品交易会上，以样品或图文做广告。

⑨样本说明。广告随商品附送的说明书，也是向用户介绍商品的性能、用途、特征的广告形式。

⑩装潢广告。包装、装潢不仅有美化商品、保护商品的功能，同时依照产品的性能、特征、用途及消费者心理，设计广告图案和文字，向消费者宣传，能激起消费者的购买欲望。

四、运用现代促销技巧，搞好产品促销

(一)促销手段、原则

1.促销手段

促销手段是帮助顾客了解和认识商品特征，诱导顾客购买以实现营销目的的一种手段。主要促销手段包括：用证据说服、用道理说服、用信誉说服。

2.促销原则

生产经营者在运用相应的手段进行促销时，要遵循以下原则：①一切从用户出发，努力为用户服务；②实事求是，杜绝虚假的、欺骗性的广告或其他促销活动；③在促销活动中要选择好促销手段和方式，提高促销的效果。

3.促销方式

①推进式促销。这是指市场促销主体之间，从生产企业开始向批发商、零售商、用户逐步推销的一种活动。这种促销方式主要用于：资金稀缺、规模较小、商标知名度较低的产品；产品销售市场较为集中，或产品处于成熟阶段的企业；生产购买频率较低，使用技术较复杂产品等。

②反向吸引式促销。这是指企业通过广告等形式直接向消费者传递商品信息，消费者了解后向零售商询问，零售商再向批发商询问，批发商再向生产企业购买的一种推销方式。

4.促销方法

促销方法主要有人员推销和非人员推销两种，后者又包括广告、营业推广、公共关系和特种推广等。①人员推销。这种方法较为灵活，可根据顾客需要做详细深入的介绍以激发消费者的欲望，同时便于收集意见，加速信息反馈。缺点在于费用大、优秀推销员难找等。②广告。这是一种宣传面广、容易引起消费者注意的一种方法。其缺点在于宣传无针对性、不能及时成交、费用较高。③营业推广。这种方式吸引力大，能改变消费者的习惯，见效也较快。缺点在于有时会降低产品身价，减少消费者对产品的信任。④公共关系。这有利于搞好企业与外界的关系，在公众中树立良好的企业形象，从而取得消费者的信任。缺点在于促销的效果难以把握，企业缺乏宣传推广的主动性。⑤特种推销。运用各种推销术，有利于激发消费者的购买兴趣，但由于各种主客观原因的限制不易普遍使用。

思考题

1.农业推广人员在经营服务中应树立哪些观念？

2.推广营销服务中为什么要有品牌意识？

3.你如何训练自己的营销技能？

第十二章 农业推广信息服务

基本要求：掌握农业推广信息的特性，信息采集及处理方法，并能够按照农业推广的需求采集和传播农业推广信息。

重　　点：信息收集和处理，农业信息网络系统运行方式和手段。

难　　点：信息的筛选与鉴别。

第一节 农业推广信息概述

科学界对信息的认识也有多种不同的解释，都从不同的侧面反映了信息的某些特征：信息是使人们增加知识和认识事物的客观存在；信息是消息、情报、信号、数据和知识；信息是维系事物内部结构和外部联系，感知、表达并反映其属性和差异的状态和方式；信息是通过文字、数据和各种信号来传递、处理和表现事物特性的知识流。概括起来，信息是对客观世界中各种事物的变化和特征的反映，是客观事物之间的相互作用和联系的表征，是客观事物经过感知或认识后的再现。

一、信息的特性

1. 信息的价值性

信息的价值在于它的知识性和技术性，不论自然信息还是社会信息，一经生成物化在载体上，就是一种资源，具有可采纳性，或称之为有用性。例如，鸟啼蚁动、雁飞鸡鸣、信号脉冲、声光电磁、人际交流等都在传递着各种有意义、有价值的信息。

2. 信息的时效性

信息是有寿命的，它有一个生命周期。如时效性很强的天气信息、股票信息、市场信息、科学信息。

信息的时效性是多元的。信息的滞后性体现了人的认识总是落后于客观存在，而信息的超前性又体现了在把握客观规律的前提下，能够对可能发生的事物进行预测。

信息是活跃的、不断变化的，及时把握有效的信息将获得信息的最佳价值。信息的价值会随其滞后使用的时差而减值。

3.信息的可传递性

信息是在传递过程中发挥作用的。信息的传递和流通的过程是一个重复使用的过程。在这一过程中,信息的占有者不会因传递信息而失掉信息,一般也不会因为多次使用而改变信息的自身价值。但其在传递过程中可能会因为媒介或信号干扰出现价值磨损。

4.信息的依附性

信息必须依附于适当的载体,离开载体信息的含义和价值则不能传递和发挥。

5.信息的可塑性

信息可以压缩、扩充和叠加,也可以变换形态。在流通使用过程中,经过综合、分析、再加工,原始一次信息可以变成二次信息和三次信息;原有的信息价值也可实现增值;当然,信息在传递、流通或转换过程中,有可能变形和失真,但是可以控制。

6.信息的贬值和污染

信息在传递、流通或转换过程中,有可能变形和失真,这是信息贬值的原因。信息污染是因为"信息量成指数增加","信息爆炸",信息质量低下,信息传播过程的各种干扰和破坏引起的。

二、农业推广信息的种类和作用

(一)农业推广信息的种类

具体包括:

①农业资源信息,包括各种自然资源和各种社会资源,以及农业区划等方面的信息。

②农业政策信息,包括各种与农业生产和农民生活直接相关或间接相关的各种国家和地方性法律、法规、政策等。

③农业科技信息,包括农业科研进展、新成果、新技术、新工艺、生产经验、新方法等。

④农业生产信息,包括生产计划、产业结构、作物布局、生产条件、生产现状等方面的信息。

⑤农业教育信息,包括各种层次的农业学历教育、培训班、技术培训的时间、地点、方法、手段、内容、效果等。

⑥农产品市场信息,包括农产品价格、储运加工、购销、对外贸易、生产资料供求等方面的信息。

⑦农业经济信息,包括经营动态、农业收支、投入产出、市场预测、农民生活水平状况等方面的信息。

⑧农业人才信息,包括农业科研、教育、推广专家的技术专长,农村科技示范户、生产专业户、农民企业家的基本情况和状况。

⑨农业推广管理信息,包括农业推广队伍状况、组织建设、人员结构、经营服务、推广工作的经验及成果等。

(二)农业推广信息的作用

具体包括：

①农业推广信息是引起农民行为改变的诱因。农民的行为改变过程，就是信息的捕捉、传递、利用和反馈过程。如此不断往复，使农民的思想不断解放，观念不断更新，技能不断提高。可以说信息是农民行为改变的心理、认识和方法的基础。

②农业推广信息是农业生产经营决策的依据。就决策本身而言，决策过程是一个信息分析过程。没有重组的信息或缺乏可靠的信息，农业生产经营决策就失去了经营决策基础。

③农业推广信息是农村商品生产的命脉。农业推广信息贯穿农村生产的各个环节。市场经济体制下，农民对商品信息的需求越来越迫切。产前需要消费变化、市场预测、生产资料供应等方面的信息；产中需要技术、新工艺等信息；产后需要市场行情、农产品供求信息。

④农业推广信息在农业各部门间可起联系纽带作用。农业各部门之间的联系，主要是通过信息的交流和沟通而实现的，特别是我国农业科研、农业教育、农业推广关系隶属不同，农业产、供、销还没有实现一体化的条件下，加强信息的交流与沟通，是提高工作效率的有效方法。

第二节　农业推广信息的采集与处理

信息采集是指为了更好地掌握和应用信息，而对其进行的聚合和集中。信息处理是指把收集来的大量的原始信息进行筛选和鉴别、分类、加工、存储，使之成为二次信息的活动。

一、农业推广信息的采集

(一)采集原则

1.主动、及时原则

信息采集工作只有主动才能及时发现、及时捕捉和获取各类信息。所谓及时，是指所采集到的信息能够反映出当前社会活动的现状，也包括别人未发现和使用过的独具特色的信息，以及能及时准确地反映事务个性的信息。

2.真实、可靠原则

信息采集必须坚持调查研究，通过比较、鉴别，采集真实、可靠、准确的信息，切忌把个别当做普遍，将局部视为全局，要实事求是，善于去粗取精、去伪存真、由表及里、深入细致地了解各种信息源的信息含量、实用价值、可靠程度。

3. 针对需求原则

信息采集要针对本单位、本地区的方向、任务和服务对象的需要，有重点、有选择地采集利用价值大的，符合单位用户需求的信息。只有这样才能满足用户需要，又提高信息工作的投入产出效益。为此，信息采集人员对本单位的内外环境和发展战略有明确的了解，才会有明确的采集目的和对象，大力开辟采集渠道，才能获得具有较强针对性的信息。

4. 全面系统原则

所谓全面系统是指时间上的连续性和空间上的广泛性，尽可能全面地采集符合本单位、本地区需求的信息。有针对性、有重点地采集是在全面系统的采集的基础上进行的。只有以全面系统的采集工作为前提，才能有所侧重、有所选择。

5. 计划性原则

采集信息，既要满足当前需要，又要照顾未来发展；既要广辟信息来源，又要持之以恒、日积月累，信息的采集并不是随机的，而是据本单位的任务、经费等情况制订比较周密的采集计划和规章制度。

6. 预见性原则

信息采集人员要掌握社会、经济和科学技术的发展动态，采集的信息既要着眼于现实要求，又要有一定的超前性，要善于抓苗头、抓动向，采集那些对未来发展有预见性的信息。

(二)采集程序

1. 确定采集目标

(1)确定信息服务的对象

服务对象不同，信息需要的内容也就不同。国家级、省级农业推广部门，对各类农业推广信息都需要收集。对县级农业技术推广部门来说，收集农业科技信息为本地区服务是主要的。对农业推广人员来说，只有广泛收集与本专业有关的技术信息、市场信息、生产信息、科教信息、人才信息等，才能有效地开展工作。而农民则更多地需要提高生活水平和生活质量的信息。

(2)确定收集信息的内容

应根据不同服务对象的需要收集各类农业推广信息。如农民想办一个企业，就需收集有关意向产品、销售渠道、市场行情、竞争对手等方面的信息；农民想使水稻增产增收，就需要收集水稻良种与高效低成本的栽培技术等信息。

(3)确定收集信息的范围

如一个县级农业技术中心以种植业科技成果为信息收集的内容，这个范围就太大。一是种植业中作物多；二是本身区域广大，生态特点有差异；三是种植业科技成果使用时间有限。这就需框定范围，如平原地区可立足稻、麦、棉三大作物，仅选择平原地区适用的，近五年研究出的成果。

(4)确定收集信息的量

收集信息量的多少与收集信息的人数、时间、费用有关。比如，我们需要水稻新品种，只要与临近的省、市或县的 2～3 家教育、科研和种子公司取得联系也许就可以办到，或者通过种子市场信息就可以了解到，引进20～30个观察一下就可以了。

2.制订采集计划

采集计划是采集方针在一段时间内的具体实施方案。采集计划不但给采集人员规定了具体目标，而且还提出了遇到问题时的解决方法。计划可分为年度计划、季度计划和月计划。

3.采集工作实施

采集工作是一项长期的、连续不断的工作。整个过程包括组织性工作和事务处理工作。采集财力的调配，更离不开外部广泛的联络。采集人员必须具备很强的公共关系的能力和细致处理事务性、财务性的能力。

4.反馈用户信息

信息采集、积累不是目的，它的根本目的是提供给用户利用。信息到手并不表示采集过程的完结，而应收集用户反馈意见，改进采集系统，以进一步提高信息采集工作的质量和效益。

(三)采集方法

1.定向采集与定题采集

定向采集是指在采集计划范围内，对特定的信息尽可能全面、系统地采集，其目的是为用户近期、中期、长期利用。定题采集是根据用户指定的范围或需求有针对性地进行采集工作，在一定意义上属定题服务范畴。定向采集与定题采集在实践中常常同时兼用，以达到优势互补。

2.单向采集与多项采集

单向采集是指针对特定用户需求，只通过一条渠道，向一个信息源进行采集，针对性强。多项采集指针对特殊用户的特殊要求，广泛地多渠道地进行采集，这种方法成功率极高，但容易相互重复。

3.主动采集与跟踪采集

主动采集是指针对需求或根据采集人员的预测，事先发挥主观能动性，赶在用户提出要求之前即着手采集工作（例如，在病虫害发生之前收集有关越冬基数，以及对病虫害发生的气象条件的预测，提前发出预报）。跟踪采集是指对有关信息源进行动态监视和跟踪，这对深入研究跟踪对象有好处（例如，引进一项新成果、新技术要对成果在当地的适应性，以及经济效益、社会效益、生态效益跟踪调查）。

(四)农业信息的来源

1.农业科技图书

在农业科技情报中，品种最多、数量最大的出版物是农业科技图书。图书的内容成熟、系统完整，从中可以得到历史的、全面的知识，具有一定的情报价值。如农业科技专著、农业实用技术图书、农业科教书、农业工具书等。但缺点是信息较滞后。

2.农业科技期刊

农业科技期刊是指定期或不定期的连续出版物，能及时报道最新的农业科学研究成果和农业新技术、新方法、新理论，它是记录农业科技工作者从事农业生产和农业科学实验成果的一种形式，是农业科技文献的主要类型。它有公开发行和内部发行两种形式。对农业推广机构来说，尤以报道性、消息性及科普性期刊更为实用，如《农村科技开发》、《农村经济与科技》杂志等。

3. 内部资料

内部资料多由农业主管部门、科研单位、农业院校及各级农业情报部门编印出版，含有大量宝贵情报信息，一般在公开出版物上不易找到，所以要特别重视。主要包括：

①农业科学技术研究报告。这些报告由科技主管部门组织审查鉴定后上报，因此比较成熟可靠，具有较高的情报价值和推广应用价值。

②农业科技成果汇编或选编。是由各级农业科技主管部门对本部门、本地区、本系统一年或数年的科研成果经过审定、选择后出版，汇编中每一项有简介说明，或有附图，起着提供线索的作用。

③农业科技会议资料。这是由农业专业技术会议，学术团体例会、年会，科技攻关会、研讨会、经验交流会等印发的资料，主要是与会者提交的学术论文、调查报告、试验报告、情况汇报等。会议资料是了解国内农业科技水平和动态的重要情报来源。如《21 世纪国际会议论文集》。

④国内外研究水平动向综述。针对我国当前农业科技水平和差距，介绍和评论国外某个专业领域的研究技术发展现状、动向的资料，如《农牧情报研究》。

⑤出国参观考察报告。

⑥外籍学者来华讲座。

4. 农业技术标准资料

这是对农产品、原材料、设备仪器的质量、规格、计量单位、操作规程、技术规范、检验方法等所制定的技术规定，有一定的法律约束力，如《作物模式化栽培技术标准》。

5. 农业技术档案资料

具体如科研规划、计划、技术方案、任务书、协议书、技术指标、审批文件、图表、实验原始记录等。

6. 农业和农用生产资料样品说明书

此类信息大多出现在农业成果展览会、展销会，科技交易会，技术市场上。产品配以说明，具有较强的直观性，其技术可靠，文字简明扼要，为重要的信息来源。例如各种作物新品种、新农药、农业机械说明。

7. 专利文献

具体包括专利申请书、说明书、文摘、分类、索引、刊物等。专利文献具有以下特点：①权威性。它是记载新技术、新创造、新产品的权威出版物。②快速性。公布发表内容比一般出版物快得多。③详尽性。技术内容详尽、具体、可靠。④完整性。⑤多样性。种类繁多，图文并茂。

(五)采集渠道

1. 记录型信息的采集渠道

具体有以下几种：

①购买。通过各种方式购买是获取记录型信息最常见的，也是最主要的途径，包括订购、现购、邮购、委托代购等方式。

②交换。即信息管理机构之间或与另一机构互相交换信息。

③接收。这是档案、期刊、图书等信息源的主要来源渠道。

④征集。即对地方、民间有关单位或个人征集历史档案、书籍、手稿等。

⑤复制。包括静电复印、缩微胶片等。

⑥其他方式。如租借、接受捐赠、现场搜集、索取等。

2. 实物型信息资料的采集渠道

具体包括：

①展览，包括实物展览、订货会、展销会、交易会等。

②观摩，包括现场观摩等。

③观看，如观看电影、电视、录像等。

④参观，包括参观同行实验室、试验站等。

3. 思维型信息的采集渠道

思维信息存在于人们的头脑中，通过语言进行口头传播。可通过交谈、采访、讨论、听报告等方式索取。具体包括：

①交谈。工作人员之间就他们从事的工作和活动，进行直接对话、交谈、讨论和辩论。

②采访。针对某些感兴趣的问题主动提问，获取信息。

③报告。包括参加各类报告会和演讲会等。

④培训。包括参加各类培训班。

⑤录音。在交谈、采访、讨论、参观、交流等活动中，除采取记录方式获取信息外，也可以用现场录音的方式获取信息。

⑥其他方式。包括参加各种社交活动，进行现场调查、实地考察、技术交流等。

二、农业推广信息的管理

（一）信息的筛选与鉴别

一般来说，我们收集的信息是没有经过加工的原始信息，其中难免有些信息不符合我们的需要，甚至是伪信息，这就需要对收集的信息进行筛选和加工。

1. 信息的筛选

只有对收集到的信息进行筛选，才能使信息利用工作有良好的开端。筛选应抓住重、切、新、评四个字。

重，即查重，剔除不必要的重复，这是筛选的第一道工序，也是最简单的筛选法。

切，即切题，将切题的信息资料留下来，不切题的剔除。这需要认真研究课题的核心，按信息接近核心程度排序，是信息资料紧紧围绕核心。

新，即新颖。逐一阅读信息资料，将时间近、观点新的留下，陈旧的舍去。

评，即价值评估。对经过上述筛选后的信息资料进行价值分析与评估，价值高的存留，价值不大的放弃。

2.信息鉴别

从各种渠道获得的信息，往往真假混杂，有用与无用交错，所以要求推广人员有对信息进行鉴别的能力。这里所说的鉴别是指信息本身的真假鉴别、信息内容可靠度的鉴别以及适用性鉴别。信息鉴别的程序一般是先辨其真假，再分析其价值。

3.信息筛选和鉴别的方法

具体包括：

①感官判断法 。感官判断法是指在浏览原始信息过程中依靠自己的学识，凭直觉判断信息的真伪以及可信度大小的方法。优点：简单易行、费用低廉、节约时间。缺点：对某些信息难以作出准确判断。

②比较分析法。比较分析法是指信息加工人员在筛选和判别信息过程中采用前后信息、左右信息、不同渠道收集的同一信息的对比分析，以确定信息的真伪和可信度。这种方法较前者费事，但准确性较高。

③集体讨论法。集体讨论法是指将一些个人无法下结论的信息采用集体会诊的方法以确定取舍。这种方法由于发挥了集体的智慧而使信息的准确性较高。

④专家裁决法。专家裁决法是指将一些一时无法确定取舍的信息交由专家裁决的方法。这种方法的科学性依专家的个人素质而定。

⑤数学核算法。数学核算法是指对原始信息有疑虑，而由信息加工人员重新予以核算的加工方法。这种方法可以及时纠正那些因信息收集计算错误、笔误或传递过程中失误造成的信息失真现象。

⑥现场核实法。现场核实法是指对有疑虑的信息，在责成信息收集人员或加工人员深入现场核实真伪的方法。这种方法准确性较高，但费时费力。

(二)信息分类

信息分类应先确定采用哪一种方法，然后按一定的要求分拣堆积，再进行排序。有以下几种方法：

1.地区分类法

地区分类法是指根据地区的不同而进行的信息划分方法，可以分层次实施。

首先，可以先把信息分成国内信息和国外信息，这是第一层次。国内再以各个省、直辖市、自治区为单位，再加上香港、澳门地区来分类。国外信息按州分类。

第二层，在各个省的基础上，以城市为单位；国外信息又可以在州的基础上按各个国家的单位分为若干各类。

第三层，国内信息在各种划分的基础上，又可以以区、镇为单位再进一步划分；国外信息在各个国家划分的基础上再以各个城市为单位进一步划分。

2.时间分类法

时间分类法是指依据时间顺序划分信息的方法，也可以分层次进行。先把信息按年份分为若干大类。再按月份把一年的信息划分为 12 个类别。最后按天把每月的信息再分为 31 个小类。

3. 内容分类法

内容分类法是指按信息内容划分信息类别的方法。具体如下：

第一层次：
- 农业经济政策信息
- 农业资源信息
- 农业科技信息
- 农业教育信息
- 农业推广管理信息
- 农业市场信息
- 农业人才信息

第二层次：
- 农业基础研究信息
- 农业应用研究信息
- 农业推广研究信息
- 农业科技成果信息

4. 主题分类法

主题分类法是指以主题词划分信息类别的一种方法。主题分类法的类别很多，例如水稻信息、棉花信息、农产品加工信息、农作物种子信息、化肥信息等。

5. 综合分类法

综合分类法是指以时间、地点、内容、主题为依据综合划分信息的方法。具体如下：

时间——地区法

地区——时间法

内容——时间——地区法

地区——时间——内容法

地区——内容——时间法

时间——地区——内容法

时间——内容——地区法

上述信息分类通常用于具有普遍意义或普及推广的信息，有时还分别用于当前工作意义重大的信息和实效性很强的，且与农民生产、生活密切相关的信息。有的还可以按学科专业分类、按工作系统分类。

(三)信息加工

信息加工是根据不同目的和用途对原始信息进行浓缩、改写和分析计算的活动。

1. 浓缩

浓缩就是降低原始信息中“多余的成分”，提高密集度和有效性。例如，内容提要、文摘都是浓缩的结果。

2. 改写

改写就是把原始信息进行改写和重写，使之成为利于人们使用和传递的信息。例如，把学术性论文改写成科普小品文，把有关报告、讲话改写成综合资料等。

浓缩、改写都必须忠实于原来的内容，正确地反映事务本来面目，把原始信息所蕴含的有价值的东西挖掘出来。切不可随心所欲地断章取义，各取所需，也不可想当然地添加内容、观点或“拔高”，影响信息的真实性。

3. 计算分析

计算分析就是对一些零乱的数字信息，采用选定的方法进行计算，以期得到最新的信息，用于分析归纳。常有如下几种方法：

①统计法。就是将某种同质事物作为一个综合体，从总体数量方面来表现事物运动的规模、水平、发展速度、各种比例关系和数量关系，从中获取更加具体、准确的数值化的信息，借以显示事物运动的性质、趋势、规律，指导实践活动的开展。这是信息计算分析的常用方法。统计法又分成总量指标法、相对指标法、平均指标法。

②会计法。是指采用会计通用的方法来换算和分析信息。

③文字信息研究法。常用的有汇集法、归纳法、连横法、推理法。

（四）信息存储

1. 信息存储的形态

信息是个抽象的东西，它必须依附在载体上才能表现出来。信息载体是信息存储的物质基础。依据信息载体产生的次序划分，信息存储形态可分为：初始信息载体存储形态、中间信息存储形态和终止信息存储形态。如大脑、语言等可视为初始信息存储形态，文字、书籍、书刊、电传等可视为中间信息载体存储形态，计算机的内外存储器存储可视为终止存储载体形态。

信息载体的形态还可以划分为静态信息载体存储形态和动态信息载体存储形态。例如书籍、磁带、磁盘、录像带等是静态的载体存储形态，声波、光波、电波等是动态的信息载体存储形态。

2. 信息存储技术

具体包括：

①文字纸张存储技术。文字存储技术是一种传统的存储技术，自从文字纸张发明以后，这种技术就一直被人们所掌握和运用。随着信息时代的到来，这种传统的文字纸张存储技术受到了前所未有的挑战。

②缩微存储技术。缩微存储技术是一种专门利用光电摄录装置，把以纸张为信息载体的各种文献资料、图书杂志进行高密度缩小微化的技术。使用微化技术把原件摄录在新的载体上，其所获得的摄录有原件信息的载体，被称为缩微品。这种方法叫缩微化。缩微技术一般有两种：照相缩微存储技术和全信息缩微存储技术。

③声像存储技术。声像存储技术是将信息通过录音或录像记录存储的过程。它包括“声”（即录音）和“像”（即录像）两部分。

④光盘存储技术。光盘存储技术是通过光学的方法读出、写入数据的一门存储技术，使用的淘汰是激光光源。光盘具有超缩微胶片那样的存储密度，又有像磁盘那样可以随机存储的功能，而且还具有像印刷书本那样便于复印的特点。所以，光盘被人们认为是一种很有发展前景的新型信息载体。

⑤电子计算机存储技术。电子计算机存储技术是指用电子计算机的内外存储器存储信息的技术。

第三节　农业推广信息的传播

一、农业推广信息传播的基本要素

(一)信息源

信息是传播活动中的具体内容,没有信息就没有传播。信息必须以一定的载体形式存在和传播。因此,在一定意义上,可以说信息存在的载体形式即为信息源。信息源可以是讲课、实物,也可以是文献。如信息来自一份文献,则接收者可以视文献为信息源。但在有些场合,由于信息源和传播媒介融为一体,也可以把传播媒介看成为信息源,例如广播电视、信息发布会等。

(二)传播者

传播者是信息行为发生的主体。这意味着一方面,信息的传播始于传播者;另一方面,信息传播的内容、对象等也取决于传播者。由于信息传播者对信息的传播有选择和控制权,因此,信息传播者在信息传播活动中发挥着“守门人”的作用。另外,在许多场合,传播者在信息传播中还充当信息源和接收者之间的中介角色,使信息源和接收者之间能进行有效的联系。

(三)传播媒介

传播媒介是指信息传播的通道,又称传播媒体、传播渠道等。人类社会信息的传播从原始的媒介到电子媒介经过了漫长的过程。传播的变化和进步使信息传播的速度越来越快,传播的信息量越来越大,使人类的感官不断扩大和延伸;并且改变了人类的工作方式、生活方式和思维方式,推动了社会的进步。表 12-1 是人类传播媒介的发展过程。

表 12-1　人类传播媒介的发展及累积过程

时　间	形　态
大约在 7000 万年以前—150 万年前	动物传播
大约在 10 万年以前	语言传播
公元前 3500 年至今	文字传播
公元 620 年至今	印刷传播
1844 年至今	电子
1946 年至今	网络传播

根据传播的方式和特征,传播媒介分为若干类别。传播媒介的基本分类如表12-2所示,根据传播媒介的特征可将表中的分类项目进行不同的组合。例如:A和B的组合可以是有声读物;A和D的结合是有声静止图像,则可以是可视电话或其他形式;A和C的组合是机读有声产品,如磁带、光盘唱片等;B和D则可以是带有图片的文本;B和C可以为机读文本;A、B和D可以是有声的幻灯片;A、B、C、D、E为多媒体媒介。组合越多,媒介制造技术越复杂。

表12-2 传播媒介的分类

语言			图像	
A.声音	B.文本	C.机读	D.静止	E.运动的
会话	手稿	模拟信号	图纸	电影
演讲	印刷品	数字编码信号	图画	电视
电话	复印件	照片	录像	
广播	传真件	印刷品		
录音				

(四)受传者

受传者是信息传播的对象,也是信息的用户,因此也可以被称为接收者或用户。在信息传播过程中,受传者是主动的信息接收者和参与者,也是信息传播的出发点和最终目标,一切信息传播活动都应围绕受传者而组织。这是因为,信息传播只有符合受传者的需要才能被受传者接受和使用;信息传播只有通过受传者的使用才能表现其价值。因此,信息传播的内容、方式等只有与用户的职业、水平、心理、目的等各项因素相匹配才有使用意义。

二、农业推广信息的传播过程和方式

(一)非正式信息的传播过程和方式

非正式信息的传播过程主要是指信息创造者与信息接收者双方自己来完成的信息传播过程,又称为直接信息传播过程。它主要有以下一些方式:面对面的直接对话、社交活动、会议交流、内部集会、参观访问、演讲会、信息发布会等,这些方式都有一个共同特征,即交流活动都带有自发的个体性质,具有极大的灵活性。

1. 非正式的信息传播过程的优点

具体包括:

①交流速度快。由于是直接的信息传播,无需中间环节,节省了大量时间,因此它的时滞最短。

②选择性和针对性强。由于是直接信息传播,接收者了解传播者掌握的信息内容而

传播者也明确接收者的信息需求，双方有明确的针对性、目的性和选择性。

③反馈速度快。非正式的信息传播过程往往是双向交流，双方可同时是信息创造者又是信息接收者，对任何问题均可立即询问，得到明确和证实，并可根据对方的真正信息需求不断调整传播内容。

④表达充分，易于理解。在直接传播过程中，信息创造者可以选择最适合的方式来表达有关的信息内容，例如可用手势、语气等，使所传播的信息更易被接收者理解。

2. 非正式的信息传播过程的缺点

具体包括：

①传播范围小。由于是直接信息传播，只有少数人才有机会介入，因此信息传播的范围非常有限。

②不易累积。在非正式信息传播过程中，语言往往是传播信息的主要媒介，没有正式载体记录，只能依靠头脑记忆，无法积累。

③无法核实。直接信息传播往往是一对一的个别信息传播，因此传播信息的可靠性、真实性往往无法核实。

(二)正式的信息传播过程和方式

正式的信息传播过程是指借助信息传播者进行信息传播的过程。按信息传播的接收者划分，有如下四种传播形式：

①单向传播(也称有向传递)——信息传播者把信息传递给事先确定的接收者。

②多项传播(或称无向传递)——信息传播者把信息传递给事先没有确定的接收者。

③主动传播——信息传播者根据自己选定的信息向接收者进行信息传递。

④被动传播——信息传播者根据接收者提出的要求向接收者进行信息传递。

上述四种形式进行组合，可构成下列四种类型的信息传播。

1. 多项主动信息传播

多项主动信息传播即信息传播者向广大的、不确定的信息接收者主动提供自己选定的信息。这种类型的传播中最重要的方式有：①信息报道、报刊、广播、电视等大众媒介传播；②图书、杂志等各种类型和各种载体的出版物；③信息发布会、展览会、信息市场等。

2. 单向主动信息传播

信息传播者向事先确定的接收者主动提供自己选定的信息。其主要形式有：信息中心或基层信息机构向特定用户提供各种服务，如向特定人员提供的情况通报、简报、定题信息服务(SDI)、跟踪服务等。

3. 多向被动信息传播

这类信息传播事先并没有确定的接收者，它是面向整个社会或一定范围的广大用户，并且信息传播是被动的，接收者根据自己的需求选择信息，传播者通过辅助性服务向接收者传播信息。其主要形式有：图书馆或资料馆的阅览服务、复印服务及数据库检索服务等。

4. 单向被动信息传播

它是面向个别特定接收者，并根据他们的具体要求提供信息的一种服务。专题调研报告、咨询服务、应某企业要求而做的可行性研究、市场预测等均属于这一类信息传播，信息机构根据用户的咨询提问，向用户提供所需信息从而完成信息传播服务。

四种传播类型中，多向主动信息传播是最主要的传播方式，单向主动信息传播则是对接收者最理想的传播方式，单向被动信息传播对接收者是最有效的信息传播方式，而多向被动信息传播对接收者则是满足信息需求的可靠方式。

第四节　农业推广信息的应用

信息只有得到有效的应用之后，才能成为一种有用的资源。农业推广工作在很大程度上是传播、传递农业推广信息的过程。市场经济条件下，农民对信息的需求超过对技术成果的需求，因此，农业推广组织和个人要不断加强农业推广信息网络建设，提高信息应用能力。

一、建设农业推广信息网络服务系统

具体包括：

(一)纵向系统

①国家信息中心。主要为国家经济建设提供信息服务、经济预测、经济分析和研究等。

②农业部、中国农业科学信息中心。为部领导、专家和领导决策提供信息服务，同时搜集全国范围的农业技术信息并提供信息服务。

③省、自治区、直辖市农业信息中心。主要地方政府提供农业信息服务，并对各有关农业的专业部门(如农业科学院、所、农业推广中心、农村推广站、农业大专院校等)信息系统提供支持。

④县和地(市)级农业信息中心。主要搜集、开发本县、市的农业信息资源，并提供信息交流和服务。

⑤乡镇农技服务站。乡镇站是基层科技事业单位，是乡镇政府领导下的综合性技术经营服务实体，在业务上接受县农技推广中心的直接领导，其农业技能信息的搜集与服务交流主要由信息员承担。

(二)横向系统

农业推广工作是一项复杂的社会工程，单靠推广机构完成推广任务是非常困难的。因此，专门的农业推广机构必须与社会上其他与农业推广有关的机构或部门之间加强横向信息交流和联系，形成强大的农业推广的横向网络，达到纵向畅通、横向配合，形成四通八达的信息网络。

1.科学技术管理部门

国家、省、地(市)县的科学技术管理部门负责农业的科研项目以及成果的鉴定与评审工作等,是农业信息的重要源泉。加强与主管科研项目的各级科学技术管理部门的协作,对于农业推广工作是十分必要的。

2.农业科研部门

农业科研部门是一支重要的科技力量,是科技成果和技术的主要发源地。因此,必须加强同它们的横向联系。

3.农业院校

农业院校同样需要面向农村,实行教学、科研、推广三结合,能更好地为农业现代化服务。因此,加强推广机构同农业院校的横向沟通,是双方的共同需要。农业院校一般采用下列形式参与技术推广工作:①建立试验、示范基地,一方面推广农业技术,另一方面作为学生实习场所;②建立农业技术服务联络点;③进行技术培训和科普宣传;④搞技术承包,技术转让,有偿服务,展览交易,以及组织顾问团进行巡回指导和技术咨询等。

4.其他部门或机构

具体包括:

①先进生产单位。先进生产单位也是典型示范单位,值得农民效仿和学习。

②支农行业。推广机构需要和支农行业密切配合。

③地方社会团体和有关人士。与学会、协会、文教等地方团体以及企业家、劳动模范等知名人士搞好协作,利用他们的社会地位和声望,可有利于农业推广工作。

5.公共信息部门

各级各类图书馆、文化馆、宣传部门所拥有的信息资源非常丰富,要充分利用这些资源。同时要借助他们的力量,进行舆论动员、信息传递工作。

在农业信息网络建设中,要突出强调县级信息网络建设,最大限度地为农民用户服务。县级职业中学要加强横向信息沟通,并成为农民获得信息的主要途径。

二、注重农业推广信息的服务实效

农业信息服务必须注重实效,当前应当着重研究解决以下问题:

(一)多维服务

政策、经济、科技、市场、价格以及乡情民意信息,不仅是各级领导决策的需要,而且也是各类经济组织、科技单位以及农民家庭经营的迫切需要;它不仅是农业部门本身的需要,而且也是各地区、各部门经济协调发展的需要。因此在农业信息服务对象上,应由定向服务转向多维服务。

(二)特色服务

农业包含种植、养殖、农产品加工等多种行业,所涉及的学科多种多样,所以提供信息服务也应因地制宜,切忌一般化。要找准位置,认清目标,发挥优势,搞出特色。要反对大而全或小而全的做法，把过去一般化服务提高到具有本部门、本专业信息个性的特色服务上来。

（三）开放服务

市场经济的一个明显特征就是它的开放性。在市场经济条件下，信息是资源，是财富。为了适应新体制的需要，加强对农业、农民、农村服务，就要迅速改变过去的各自分割、封闭的状态，加强信息交流，尽可能向基层开放，向农民开放，向全社会开放。

（四）高效高质服务

目前农业信息最大的弱点是：编发少、传递慢、效率低。然而信息服务的基本要求就在于快速、高效。要做到高质量服务，就要加速信息传递和自动化建设，从而使农业信息在市场经济体制条件下发挥更大的作用。

质量是信息的生命，衡量信息质量的标准，一看用户是否需求，也就是目的性；二看时效性，也就是能否提供及时准确的信息，做到雪中送炭；三是指导性，就是看它能不能帮助有关部门对解决农业发展中的重大问题做出科学决策，看它能不能促进党和政府有关农业方面政策的落实、改进和完善，看它能不能推动基层解决农业中的实际问题和困难，看它能不能帮助生产者进行正确的经营决策和提高经营效益。

三、提高农业推广人员的信息能力

所谓信息能力，就是指一个人收集、传递、利用信息，指导实践的本领和技能。信息能力，应包括以下几方面的内容：

（一）信息收集能力

由于各人感知、识别、分析能力不同，表现在收集信息的数量和质量也不同。同样从事技术开发管理工作，到同一农村去观察，有的能收集到各种信点，有的却收效甚微，这就是信息收集能力的差别。一个好的管理者，能熟练通过各种渠道、方式，从各种角度获得信息，知彼知己，运用自如。

（二）信息选择能力

无论是企业、行政、科研管理，还是农业推广部门，都必须对所获得的信息进行充分的选择。因为，当今科技信息的特点是数量大、交叉广、涉及面宽。面对如此庞大的信息资源，不注意准确取舍，反而易被困扰，影响工作。我们必须具有去杂去劣、精于选择的本领。

（三）信息利用能力

信息再多，不去利用等于没有。无论科研或开发推广的哪一阶段，都要有意识地利用信息，尽力吸收他人、前人的智力成果，从中受到启发，获得灵感，做出创造。信息利用，与识别信息的准确率和实施条件关系密切。一个管理工作者，收集信息的目的，不只是为了保存，而是要利用信息的使用价值。因此，必须充分使用已获得的信息，为教学、研究、推广开发、生产及管理工作服务。

(四)识别信息能力

信息充满了人类社会，如何识别它，这是选择、利用信息的基础。按信息职能来说，有计划信息，它属于国家下达的任务、方针、政策，具有纲领性的作用。还有来自各行业、部门之间发展规划、科研发展方向等信息，此信息有助于各层管理人员制定出符合本单位现实的决策，这种既原则又具体的信息，称之为控制信息。而与管理者、执行者、使用者日常活动关系密切的是作业信息。如学科信息(有关学科领域的重大发现、新理论、新动向)，技术信息(指的是技术改革、技术原理、技术水平、应用条件、范围)等。识别这种信息的目的是为科研选题提供依据。再如市场信息，为了把科研搞活，必须具备认识和分清市场各种需求，以及用户心理活动的能力，并要具备会操作、亲自动手搞产品开发的能力，才能加速科研成果商品化，注意提高对信息的识别能力，正确比较、评价、处理信息，以求在科技活动中更好地指导工作，取得最大的效果。

(五)管理信息能力

农业推广机构，既是信息发生源，又是信息吸收器。每天都有大量信息，有的不可能马上用上，有的则是无用信息。加强对信息管理，兼收并蓄，非常重要，尤其是要不断地对信息进行检测、提炼、整理、分类、编制索引等工作，使信息的储存、提取处在动态最优化的管理状态。

四、信息能力的培养

(一)要自觉地树立信息意识

只有从思想上认识到信息的重要性，才能自觉地树立起信息意识。有了这种意识，即使处于繁忙中，也能够耐心集中将信息摘抄在工作本上或卡片上，不嫌麻烦地建立个人“信息库”，从而提高自己的信息感受力。一个人是如此，一个单位也是如此。同样，优秀的推广者，能运筹帷幄，抓准需求，迅速推广；而平庸的推广者，则屡失良机，处处被动，成效甚微。究其原因是多方面的，但信息意识淡化也是重要原因之一。

(二)充分利用各种渠道收集信息

在日常工作中，我们要注意从如下渠道收集信息：报纸、杂志、有关文件、领导讲话、有关政策法规、广播电视新闻、科技展交会、学术研讨会、同志间交谈等。收集的方法，可采取订购资料、交流资料、现场调查、函索收集等形式。

(三)分析信息,及时使用信息

有一个案例可以说明分析信息、及时使用信息的重要性。

沈阳农业大学一位副教授探索麦茬稻栽培试验,1991 年初,他从校内一位研究生提供的信息中,得知外省某研究所育出高产、质优、生育期较短的水稻新品种“九稻 89—11”。经科学分析引进某城农村,做麦茬稻复种,结果达到“一叶知秋,一燕知春”的效果。通过试验,获得了上茬小麦平均每公顷产 4650 千克,下茬栽植该品种小稻,平均每公顷产 11250 多千克的结果。上例足见分析信息、及时使用信息在科学实验中的作用,同时也看到信息使用价值的时效性。由于此项试验成功,推进麦稻复种面积扩大,对当地改一茬为两茬的种植方式,树立了样板。

(四)注意改善有利于发挥信息能力的环境条件

信息能力不是孤立产生与提高的。比如人们的业务技能、交际能力、知识水平等方面就直接会影响每个人的信息能力的提高。同时,一个人信息能力发挥的程度有多种因素制约。信息社会的经济和实力竞争,实质上是创新科技成果信息向生产转化能力和速度之争,谁能力强、速度快,谁就取胜。要充分发挥人们的信息能力,除成果自身过硬外,还要注意不断地改善外部环境和条件,制定鼓励政策,创造出有利于信息能力发挥的宽松氛围。

思考题

1. 简述信息的基本特征和形态。
2. 农业推广信息的种类和来源分别有哪些?
3. 简述农业推广信息系统的组成和分类。
4. 农业科技信息搜集与利用。

要求:根据所参观的科技园区的生产实践及存在的问题,自己命题,搜集科技信息,包括意向产品、销售渠道、市场行情、竞争对手、领先技术等方面的信息;确定信息服务的对象、确定收集信息的内容、确定收集信息的范围、确定收集信息的量和采集方法。

第十三章 农业推广写作与演讲

基本要求:通过本章的学习,掌握农业推广写作文体的特点和要求,能够灵活运用各种写作文体为推广工作服务。

重　　点:农业推广论文、项目报告类的写作以及技术总结报告和工作总结报告的写作。

难　　点:农业推广演讲技能的训练。

农业推广人员的表达能力是反映其综合能力的具体表现。一个合格或称职的推广人员必须具备较强的表达能力,包括文字表达能力和语言表达能力。

第一节　农业推广写作

由于农业推广工作的广泛性,决定了农业推广写作文体的多样性。本节将推广写作文体分为三类,即推广论文类、推广报告类和宣传应用类,分别介绍如下。

一、推广论文的写作

按照论文的分类,农业推广论文属于科技论文,是指用书面形式表述在农业推广领域里进行研究、开发及其推广方面项目的技术性文体。由于推广论文具有专业性、创新性、理论性及规范性等特点,因此,在论文的选题、格式及撰写上应遵循一定的原则及规范化要求。

(一)论文的选题原则

1.选择有创新的问题

可选择别人尚未研究或虽有研究,但不完整、不全面的问题。通过立题,阐述自己的新观点、新发现、新理论。创新是推广论文生命力的具体体现。

2.选择有争论的问题

有些问题,虽已有研究,但尚未定论,或觉得尚不完善,未敢苟同。作为新课题,仍有必要再行探究,以期在争鸣中进一步探明事物的客观规律。

3. 选择农业生产实际中急需解决的重大问题

这是推广论文选题的最基本原则，即“生产实践出题目，科研推广做文章”。不解决实际问题的论文是没有价值的。

4. 选择与自身条件、能力相适应的题目

取己所长，量力而行，选择自己研究领域内擅长的题目，较易写出学术性、科学性较强且有价值的论文。

(二)论文的格式

1. 论文的格式

按照论文的一般分类方法，科技论文可分为科学论文与技术论文两种。推广论文一般属于后者。尽管不同刊物，对论文格式的要求有所不同，但归纳起来，技术论文类一般包括：标题、作者署名(包括作者所在地、工作单位、邮政编码)、摘要(英文摘要)、关键词、正文、参考文献等部分。

(1)标题

标题是读者第一眼所看到的。一个好的论文标题可以使读者“先睹为快，欲阅下文”。推广论文的标题应具有确切、鲜明、醒目、简洁等特点。

标题确定应注意论文的定性问题：试验、推广进行中的结果报道，可用“……简报”，如“EM 在家禽配合饲料中应用效果研究简报”等；分阶段研究与推广的成果，可用“……初报(一报)”，“……二报”，如“保丰玉米对玉米田间植物和节肢动物的影响初报”等；试验研究结论与他人结果有出入的同类研究，可用“……探讨(商榷)”，或用“……初探”等，如“北方旱区防旱保墒问题的探讨”等；如果课题研究结果一致，占有资料较丰富，把握性较强，则可以用“论……”或“……研究”等，如“论农业可持续发展的投融资问题”、“中国集约农业对环境影响的研究”等。

(2)作者署名

就作者而言，论文署名表示作者对论文负有责任。对编者来说，则是对作者劳动的肯定。从作者与读者的关系而言，便于读者与作者联系沟通。从作者与作品关系看，署名则是确定学术成果的归属。

(3)摘要(有的刊物用内容提要)

摘要是对论文内容准确而不加评论地简短陈述。内容包括研究目的、方法、成果和结论。摘要一般不用图表、化学结构式及非公式的符号和术语。一般要求 200 字左右(有的刊物要求同时有英文摘要)。

(4)关键词

为适应信息检索、情报查新需要，每篇论文需要提炼出 3～8 个关键词。由于关键词是反映论文核心内容的名词和术语，因此应尽量从主题词表中选用。

(5)正文

正文是反映论文价值的主体部分。推广论文类论文一般由前言、材料与方法、结果与分析、讨论与结论等部分组成。

前言说明写作目的，介绍主要内容及与本论文相关的前人研究状况等；材料与方法介绍论文涉及的相关材料与研究方法；结果与分析运用简洁的语言，对研究结果进行充分合理的分析；讨论或结论是根据研究结果分析和归纳出来的观点，同时分析存在的问题，提出今后研究方向等，应结果精炼，措词严谨。科技综述与科普论文类一般由前言、问题提出（意义、原因分析等）、解决问题的措施、结论及建议等部分组成。

（6）参考文献

为了反映论文的科学依据，同时表示作者尊重他人研究成果的严肃态度，以及向读者提供有关信息的出处，正文之后一般应列出参考文献。所列出参考文献应限于论文中曾经出现或提到的，一般应该是公开发表的文献。文献的格式，按不同刊物的要求，投稿前应仔细查阅该刊物的投稿指南，按要求书写。

2.论文的图表和图像

（1）图表

在论文中为了使表达更为直观、简洁，常常采用图表这种表达方式。图表多用来表达具体的试验（实验）和统计结果，一般研究的对象为行题，研究所观察的对象为列题。论文常用的图表包括曲线图、柱形图、图形图、示意图以及表格等。

（2）图像

论文常用的图像包括图画、照片等。

二、推广报告类的写作

农业推广报告种类繁多，诸如立项、开题、可行性论证、成果报奖、情况调查、工作总结等等。不同报告有不同的特点及撰写要求，现分述如下。

（一）项目类报告

1. 可行性论证（研究）

随着现代农业及经济全球化的迅速发展，科学管理、科学决策显得越来越重要。无论是建设项目，科研项目、推广项目，还是银行信贷、协作关系建立、项目引进等事项，都必须经过科学、周密地可行性论证，方能确定。

所谓可行性论证，是指根据社会需求、现实条件、经济、社会、生态效益等情况，从技术、资源、人、财、物等因素考虑，在立项前，对项目进行定性、定量分析，论证其可行性的报告性材料。

可行性论证报告的撰写格式是：

①封面。封面一般应写明论证项目的名称、项目主办单位及负责人，承担可行性研究或主持论证单位及送审日期。

②目录。

③正文。正文应包括前言、项目内容、效益分析、结论与讨论等部分。

前言概括说明项目的产生背景、目的、意义。

项目内容除本身外还应包括现实条件分析、主要依据、工作范围、主要过程、技术、经济等指标，承担单位基本条件及计划进度安排等部分（建设项目还应包括资源、协作、建厂、环保等相关内容)。

效益分析根据项目实施条件进行效益预测,包括经济、社会、生态、技术效益,提出经费预算与来源。

结论与讨论提出论证结果并指出存在问题及建议等。与论证报告相关的图、表,参加人员等说明,可作为附录附后。

可行性报告是否可行,最终需经过现实性、科学性、综合性论证,通过答辩最终确定。农业推广项目,若经济、技术等条件不太复杂,协作关系较简单,往往将可行性报告与计划任务书合二为一,上报审批后立题。

2.项目申请报告

项目申请是推广项目在立项前,向上级有关主管部门提出开展某项目的请求报告,是审批立题的依据。

(二)其他类报告

1.调查报告

调查报告是在对客观事物或社会问题调查研究后,将所得认识和结论准确、精炼、系统地写出来的书面报告。它是上级或相关部门了解情况、制定政策、发现典型、总结推广经验、解决和处理问题的依据。调查报告种类很多,根据其内容和特点,一般分为四种类型。

(1)基本情况调查

基本情况调查主要调查某一地区或单位、某一阶段工作或某方面的情况,摸索规律,发现问题,归纳整理,为制订计划、措施、政策、决策提供依据。

例1:××县用地养地的调查分析

前言

a.地力、施肥状况及与作物产量关系的分析

b.个村农田有机质和养分状况的分析

c.用地养地的途径

(2)典型经验调查

典型经验调查是指对具有典型意义的先进单位成功经验或个人先进事迹总结分析,以点带面,对全局或面上工作起推动或示范作用的一类报告。写作时应注意:经验应符合实际,有普遍意义;内容要具体、深刻;所举事例应具有典型性、针对性。

例2:改进农村思想政治工作的实践和思考

a. 开展的几项工作与做法

b. 取得的基本经验

(3)查明问题调查

查明问题调查是指为弄清某一事件或问题发生的原因、经过、性质、当事人责任等进行调查后所写的一类报告。其目的是查明真相、揭露问题、分清责任、提出建议,为有关部门决策处理提供依据。

例 3:×村××同志在土地纠纷案中致伤事故的调查

a. 简介

b. 事故经过

c. 事故原因分析

d. 处理意见

e. 今后预防事故再度发生的措施

f. 调查组成员名单

(4)报道新生事物的调查

社会飞速发展,科技日新月异,这类调查报告正是为了满足现代人对现代社会不断涌现出来的新生事物的关注了解的需要,追赶时代潮流,以促进经济建设和社会发展而写的。

例 4:水稻覆膜旱直播栽培技术推广应用情况的调查

a. 问题的提出

b. 解决的关键技术要点

c. 推广应用情况

d. 应用前景及有待改进的几点建议

2. 技术总结报告

技术总结主要是在某一科研或推广课题阶段或全部结束后,将取得成果、经验教训进行回顾检查、归纳分析,得出指导性结论,同时指出今后工作方向及改进措施等的文字材料,属于专题性科技总结类。同其他总结报告一样,技术总结一般也包括标题、正文、署名和日期三个部分。

①标题。写明研究或推广项目名称、完成单位、时间等。

②正文。开头(导语)主要概述情况,包括课题目的意义、工作进程、研究成果等,力求简明扼要。主要工作成绩与做法是总结的重点部分,应翔实、具体,包括课题主要技术要点及创新点、遇到的问题、采取的措施、经验体会。另外,还应指出课题实施中存在的问题。结尾部分还应提出课题的发展趋势、今后努力方向及相应建议。

③署名和日期。若标题下已经写明,此可略。

3. 工作总结报告

工作总结报告是对科研或推广课题的实施方法、组织管理、工作成效等进行总结的专题报告。一般是与相应的技术报告平行共用的一类报告。

写作格式也包括标题、正文、署名和日期三个部分。

①标题。写明研究或推广课题名称、完成单位、时间等。

②正文。主要包括工作进展情况概述/课题实施方法、组织管理措施、主要工作成效、取得经验、存在问题、发展趋势及今后建议等。如果说技术报告侧重于技术要点,而工作报告则应侧重于工作方法或管理措施。当然其他内容亦不可少。

③署名和日期。若标题下已写明,此可略。

三、宣传应用类文体写作

(一)科普文章

科普文章是科技论文的一种,其特点是用深入浅出、生动活泼的语言,阐述科学道理,从而使深奥的理论和科技知识得以普及。科普文章按其内容及主要性质,可以分为知识性科普文章和技术性科普文章两类。

1. 知识性科普文章

知识性科普文章是普及科学知识的作品,主要讲述各种科学知识,尤其是自然科学各学科基础理论与实践。

2. 技术性科普文章

与知识性科普文章不同,技术性科普文章是普及应用技术的作品,技术性科普文章注重实用性与专业性,主要讲述专业性实用技术。

(二)科技合同、协议

科技合同、协议一般指与科技、经济密切相关的文体。在农业推广实践中常用的科技合同有技术服务、技术开发和技术转让合同等。

标题一般由合同(协议)类别加上合同(协议)构成。如科研合同、农业推广合同等。有时大标题进一步定性后,下面可加上具体项目名称。

(三)科技简报

简报,即简短的情况、信息通报。科技简报是指科研、推广、企事业单位内部及其上、下、平级单位之间,用来反映科技领域内的科研动态、推广进展、情况交流、问题调研、信息报道的一种简短文字材料。

科技简报按其内容可分为三类:

1. 工作简报

工作简报是重点反映本部门(单位)科研、推广、生产管理等方面工作情况的定期或长年性简报,如“××市推广工作简报”。

2. 专题简报

专题简报是配合某一专项科技工作而撰写的简报,如“超级稻研究进展简报”。

3. 会议简报

会议简报是配合会议而编发的简报,主要反映会议情况,如与会代表意见、建议、会议决议、纪要等。如“面向21世纪农村发展与推广教育国际研讨会会议纪要”。

专题简报、会议简报一般是不定期或短期的。

科技简报的写作格式,一般由报头、正文和报尾三部分构成。

(1)报头

在首页用大体(粗体)醒目红字写上简报名称。视情况可用不同名称,如××简报(或简讯、动态)、××情况交流、××工作通讯、××参考等。注明简报密级,如“内部刊物,注意保存”、“机密”等。还要写明期号、编印单位、印发日期等。

(2)正文

正文包括标题、按语和正文主体三部分。标题应醒目、准确,直言主题,一阅了然、按语一般用较小字体,对简报内容加以提示、说明、评注,指出要点、重要性或提出要求等。正文主体通常用叙述手法写作。开头用简短文字概括全文中心或主要内容,正文可写一项科研成果、一个事件等,要重点突出、分析得当,序码或小标题分段撰写。从写作形式看,简报通常有新闻报道式、转发式(加按语)、集锦式等形式,可根据内容选择。

(3)报尾

报尾写明简报供稿人(单位)、报送单位、印数等。

(四)科技广告

广告,即向公众告知某件事物。有广义和狭义两种:广义指不以赢利为目的的广告,狭义则反之。

广告具体指以声、像、图、文、实物等为载体,通过大众传播媒介(手段)向公众宣传商品、劳务、生产、经济、科技、消费服务等内容的一种宣传方式。

广告若冠以“科技”二字,即侧重于宣传科技成果、信息、科技服务等科技内容。科技广告种类很多,按其表现形式,可以归纳为以下四种主要类型:文字广告、音响广告、图像广告、实物广告(传播方式多种多样,此不赘述)。

文字广告主要以书面形式进行宣传;其他三种形式广告,也需要配合恰当的广告词,才能发挥应有功能。因此,科技工作者必须掌握科技广告的写作技能。

由于广告的宣传目的,要求广告文词应达到引起注意、刺激需求、维持印象、促成购买等要求,因此在写作上便具有区别于其他文体的特点。现将其写法介绍如下(不同媒体,尽管其广告文词不同,但其结构中有一些共同组成部分):

完整的科技广告,通常由标题、正文、标语、随文几部分构成。

1.标题

标题即广告题目。应简短、恰当、醒目;把最能说明信息的内容简化成几字写出;其形式不拘一格,可直言其事,亦可设置悬念。主要有如下几种形式:

①新闻式(报道式)。采用新闻报道标题写法。如“适合××地区种植的冬麦新品种——××试种成功”。

②名称式。直接用厂名、产品名称或兼二者作标题。如“××制药厂治疗××新药××”。

③提问式(问题式)。以消费者设身处地,指出“为什么”、“怎么办”引发思考。如可用“×××怎么办?”“如何能使×××?”

④赞扬式。如“××在手,×××不用愁”。

⑤敬祝式。如“××向广大新老用户致敬”。

⑥祈使式。如“××××,欢迎光顾”。

除此之外,还有记事式、号召式、悬念式、对比式、寓意式、抒情式等,可灵活运用。

2. 正文

正文是广告的核心，一般由开头、主体和结尾三部分组成。亦有只写主体部分的。正文内容主要起着介绍商品(技术)、建立印象、促进购买(采用)等作用，如规格、性能、用途、技术要点、价格、出售(函购、承包转让)方式、接洽办法等。常用的有陈述、问答、散文说明、对比等写作方式。另外，写作时还应掌握消费者心理、市场动向，内容应真实可信，具有使公众见文有求的魅力。

3. 广告标语

广告标语或广告口号的作用是：通过在广告中反复出现，以增强消费者理解与记忆，形成强烈印象，促进需求。撰写时应简短易记，特点突出，有鼓动号召力。常见的有赞扬式、号召式、情感式、标题式等形式。

4. 广告随文

主要写明与业务相关事项，包括单位名称、地址、电话、电报挂号、银行账号、联系人、洽谈办法及有关手续等，以便消费者联系或购买。

广告创作是一项复杂的劳动，需要精湛的制作技巧。通过简短的文字影响人们的思想、行为，使其注意力瞬间集中，留下印象，达到预期效应。科技广告除了应掌握一般广告的写作要点外，有两点不容忽视：一是科学性，即广告不能违背自然、科学规律；二是真实性，即广告内容必须实事求是，不能夸张虚构，否则既毁坏了科技广告的声誉，又失去了“科技”广告的科学性、严肃性。应使科技广告真正发挥扩大科技宣传，促进科技发展的作用。

第二节　农业推广演讲

一、农业推广语言特点及原则

农业推广是一种商品推销活动，是通过运用说服、教育、宣传、引导等方式、方法，向推广对象——农民，推销新思想、新观念、新科技、新信息的过程。

同一项科技成果，无论是物化型，还是操作或知识型成果，不同的推广人员进行推广，效果可能不同。有的农民易于接受，有的则无动于衷。其主要原因，就是推广人员与农民之间的语言交流、沟通方式、技巧不同所致。因此要想做好推广工作，必须掌握农业推广语言特点及原则。

(一)农业推广语言特点

由于农业推广语言是推广人员与农民交际的工具，其特点应根据推广内容、形式，适合农民的自身情况、学习特点及心理期望。主要有以下几点：

1. 易懂易记，简单明了

面对目前我国多数农民科技文化素质有待提高的现实，在推广活动中，无论是科普宣传、技术培训，还是信息咨询、方法示范、巡回指导等，都要求推广语言通俗易懂，易为农民接受。

另外，与学生不同，农民作为成人，负担重，精力分散，记忆力差，因此要求推广语言简单明了，通过精心提炼使其容易记忆。

2. 实用实效，可行易行

向农民推广一项创新科技成果，除了项目本身要与农民生产生活实际紧密联系外，在可行性论证、介绍项目技术要点、操作程序、注意事项时，应经过推广人员的语言加工，使科学原理通俗化，复杂技术简单化、傻瓜化，易于掌握，可行易行。

3. 生动形象，朴实无华

有些科学原理，直言泛论，难以理解；若运用生动形象的比喻，使其大众化，不仅易为农民接受，而且印象深刻。同时，朴实无华的语言能拉近推广人员与农民之间的距离，消除农民逆反心理，达到推广教育的目的，这也是农业推广语言应具备的特点。

(二)农业推广语言运用原则

在农业推广活动中，要想使语言沟通顺利，就应在农业推广语言运用上遵循以下一些原则：

1. 朴实通俗原则

人际交往，尤其是与农民交流，在语言运用上，应注意朴实无华，通俗易懂，这是一条重要原则。

推广人员应给农民留下态度诚恳，尊重对方，地位、人格平等，不摆架子的良好印象。这样，才有利于填平“位沟”，排除沟通障碍。另外，科学原理、技术问题应尽量使语言大众化。恰当形象地运用贴近农民生产生活实际、大家熟知的比喻等手法，才能收到良好效果。

2. 深入浅出原则

深入浅出是为了通俗易懂，这两条原则是紧密联系的。有些科学原理、技术原件、推广项目内容等，需要农业推广人员根据推广对象、内容及对推广语言的特殊需求，“深入”研究，“浅出”再现。经过精深加工，如可编制一些歇后语、顺口溜或运用比喻、引用等手法，使高深理论变为易解道理，这样农民才易于接受。

3. 科学规范原则

推广语言要朴实通俗、深入浅出，是指在不违背科学规律前提下进行的。

通俗并不等于粗俗。农业推广是一种科技教育和科技扩散活动。该规范的必须规范，否则会出现错误，造成不应有损失。因此，在语言运用上，要定性明确，定量准确。如某些药品的使用，在配料用量、技术操作上，不能用“大概是”、“一瓶盖”、“一袋烟功夫”等模糊量词，这样很容易出现问题。另外，在投入预算、效益指标、可行性论证等问题上，要实事求是，留有余地。

4. 事实教育原则

有实践表明，在诸多农业推广方法中，参观示范的效率最高。究其重要原因，就是满足农民“百闻不如一见”的心理需求。农民在收集、阅读资料等方面仍受条件限制，因此更加注重“用事实说话”。

但有时由于农民人数众多、推广条件有限，不可能完全满足农民“眼见为实”的需求。推广人员在介绍异地项目成果、先进经验时，就必须以试验、示范为依据，要把具体时间、地点、条件、技术措施、结果等交代清楚，使农民犹如身临其境，这样才能达到良好的宣传效果。

二、农业推广人员的语言技巧

（一）语言的提炼

农业推广语言的提炼，实际就是根据其语言特点及运用原则，精心组织，精炼表达出沟通内容的过程。这里就应注意的如下几点提示：

1. 简洁精炼

过去曾有人问美国总统威尔逊：“你准备一场 10 分钟的讲稿得花多少时间？”“两星期。”“准备一场 1 小时讲稿呢？”“一星期”。“2 小时讲稿呢？”“马上就可以。”这就是说，语言越精炼，越需要动脑筋，需要付出艰苦的劳动。言简意赅、短小精悍总是受欢迎的。

2. 生动形象

有些深奥的科学原理、技术要点等，若按其本身语言规律表述，往往难以理解。若采用生动形象的比喻、转借等手法，可能三言两语就能达到费时较多的长篇大论所能达到的效果。

3. 幽默风趣

有人说，幽默风趣是人们生活、交际中的润滑剂、镇静剂、缓和剂、调节剂。对于沟通过程中出现的“节外生枝”或“突如其来”，幽默风趣就可以达到既不伤害对方，又能自解其围的奇效。

4. 朴实无华

语言应质朴实在而不浮华。华美的词语，正如那各种眼花缭乱的招式，高手用来能使功力大增，庸人用来，也只是花拳绣腿，做做样子而已，甚至引起反感。

（二）语言的运用技巧

1. 语言沟通的心理准备与基本技巧

心理学认为，在人们的心理活动中以前形成的心理准备状态对后续同类心理活动有决定作用和定向趋势——心理定势。心理定势可以成为人们认识新事物、解决新问题的重要心理基础，也可以成为心理阻力。中国经历了 2000 多年农业社会，中国农民无论思维模式还是技术模式，都形成了很多固定观念，农民受心理定势的制约较为严重，农业推广工作者必须认真应对，排除心理障碍，为顺利沟通奠定基础。

基本技巧主要包括如下几个方面：

①以诚相待，情感贴近。尊重对方，以信任对方求得对方信任，是实现双方情感上贴近、顺利建立正常交往关系的有效措施。（移情效应）

②心理换位，设身处地处理问题。推广人员应根据推广对象具体情况作出相应决策。

③标新立异，引起对方兴趣。发挥自身优势，提出新问题，以“新”唤“心”。

④利用各种关系、条件,如行业、地缘、血缘、年龄、性别等,缩小同对方距离。推广对象只有信任推广人员,才能相信推广内容。

2.提问的技巧

在农业推广活动中,由于种种原因,经常要向别人发问,问的目的是为了获得满意的回答。然而有时如问得不当,不但得不到满意的回答,而且还会惹出麻烦,陷入尴尬境地。因此,推广人员应学会问的艺术。问的技巧主要应掌握以下几个方面:

①三看而后问。一要看场合。如在场人员组成及关系等,以免引起矛盾或陷入难堪局面。二要看对象,如对方年龄、身份、民族、性格、文化修养等,所谓"见什么人说什么话",因人而问,才能收到预期效果。三要看(体验)对方心理状况、情绪表现等。通过察言观色,并按照写在对方脸上的提示,调整问话方式与内容,掌握好分寸。

②以问调控,明确目的。问者处于主动地位,问题抛出后,就应能决定对方说不说,如何说及交谈气氛。在技术交易、处理纠纷、推广调查过程中,语言的控制力作用非常重要。

③正确选择提问方式。一要选词恰当,同意异词,语言效果不同。二要选择问句方式。如限制型提问,其较强的目的性。可减少对方拒答或答非所问的可能。选择型提问则比较宽松,对方可随机抉择。婉转型提问可避免出现尴尬局面。而若你要让别人按你的意图做事,应采用协商型提问等。三要注意调整问话顺序,以适应人的心理习惯与特定语言环境。

3.回答的技巧

回答在交际中一般处于被动地位,但如能灵活而巧答,就可变被动为主动。主要应掌握如下几点:

①认清问题,针对回答。在交往活动中,有些提问可能"醉翁之意不在酒",这就需要学会摆脱技巧,自解其围。

②突破问句控制,灵活机动回答。有些提问形式如限制型提问、选择型提问等,有时需突破问题类型的控制,以另外方式回答,才能摆脱问话人控制,取得主动。

③巧妙接引,借问回答。有些问题无需详答或不便回答,可借用对方问话方式回答提问或巧妙地"避而不答"、"以退为进"或"间接回答"等,这样,既不伤和气,又摆脱了对方。

三、农业推广演讲

在农业推广工作中,演讲是一项经常性活动。农业推广人员必须在掌握推广语言特点、运用原则及运用技巧的基础上,将推广内容、沟通内容,通过演讲使其艺术再现,才能达到推广目的。演讲过程两部曲——撰稿与演讲,分述如下。

(一)演讲稿的撰写

主要应把握以下几个方面:

1.主题的选择

主题是演讲稿的中心论题。演讲应围绕主题展开。每场演讲一般只选一个主题,以便听众掌握重点。主题的选择应考虑适合当地农民生产生活需要及学科学、用科学的心理需求，适合农民科技文化素质。推广项目宣传应考虑农民的经济承受能力，还应考虑典型性与可行性等。演讲者应全面掌握有关主题的理论依据，并能向听众解释全部演讲内容。

2. 材料的选择

主题选定后，就要围绕主题选择材料。选材应注意“去粗取精，去伪存真，由此及彼，由表及里”。还应把握材料的真实性、典型性、新颖性、佐证性等。真实性指材料要尊重事实，有根有据；典型性指材料应有代表性，可以推而广之；新颖性指材料新鲜，属前沿性论题，生动感人；佐证性指材料应能全方位地论证主题，为表现主题服务。

3. 演讲稿结构与形式

有了好的主题、丰富的材料，还需要根据其内在联系，将两者有机地结合起来，才能形成一篇好的演讲稿。常见的结构形式有两种，即议论式和叙述式。

①议论式，通常采用排列法、深入法、总分法、对比法等手法。

②叙述式，通常采用时间法、空间法、因果法、问题法等手法。

4. 语言修辞

应根据农业推广语言特点与运用原则，做到用词准确、科学规范，并根据不同场合，掌握语言运用的技巧性。

5. 演讲的开头与结尾

(1)演讲的开头

经验告诉我们：演讲的最初10分钟，吸引听众比较容易，但能否持久，这就与如何开头有关了。因此，好的开头对整个演讲成功至关重要。从开头类型看，大致有情感沟通、提出问题、阐明宗旨等。具体可有如下方法提供参考：①用故事开头；②以物品展示开头；③用提问开头；④用名人的话开头；⑤用令人震惊的事件开头；⑥以赞颂的话开头；⑦用涉及听者利益的话开头；⑧从有共同语言的地方开头。总之，演讲如何开头，应因时、因地、因人而异，即兴发挥。

(2)演讲的结尾

有人认为，演讲开头难，尾亦难收。此话有几分道理。好的结尾应比开头更精彩，使其在演讲的高潮中结束。演讲结尾应把握如下几个要点：①高度概括主题，使听众加深认识；②尽收全文，精炼结论；③激发热情，坚定信心，激励行动；④发人深省，耐人寻味。演讲结尾虽无定式，但应以深刻含蓄为要，使听众言听欲行。正所谓“结句当如撞钟，消音有余”，给听众以言已尽、意无穷的感觉。草草收尾或画蛇添足，都是结尾之大忌。

(二)演讲的临场发挥

有了好的演讲稿，只能说演讲者“成竹在胸”，然而能否“真竹呈现”，还要看临场发挥是否正常。因此可以说，成功的演讲是演讲佳作与临场正常发挥相结合的结果。要达到这一目的，应掌握如下几方面技巧：

1. 自我心理调节

演讲者心理素质与临场状态是最重要的主观因素。心理学认为，多数人面对众人讲话都有一种羞怯心理，尤其是陌生场合，会出现手足无措、声音颤抖、语无伦次、忘词错句等现象，即所谓怯场。克服怯场的有效办法，就是树立自信心。当然其基础就是对讲稿内容的精通。另外，忘却时要顺水推舟、即兴连接。讲错时可不予理睬，当然重要的、关键性问题应巧妙补救。

2.掌握听众心理

听众是一个异质群体，同场倾听，各怀心腹。演讲者要善于察言观色，从写在听众脸上的提示及时调整演讲进展，做到详略得当、有的放矢。有时可能备而不讲，有时亦可不备而谈，灵活掌握。

3.正确运用声调

这方面主要包括正确运用音量、音调和节奏。音量大小因内容而变化。强调、呼吁等情节宜加大；分析原因、交代措施等可低些。音调指声音的升降亦应随情节起伏来调整，以感染听众。节奏指演讲节拍变化，也是演讲内容的艺术再现技巧。平铺直叙的演讲是难以引起轰动效果的。

4.掌握表情神态

巧用眼神，变换表情及手势助讲，是提高演讲效果不可缺少的要素。演讲者应予掌握，不可忽视。

(三)演讲水平训练与提高

吃尽训练苦，才获成功甜。要想成为演说家，必须苦练基本功，付出辛勤汗水。基本功训练，既要掌握一定原则，又要运用正确的练习方法，才能事半功倍。基本功训练应掌握的原则主要有：

①虚心学习，博采众长，融会贯通，总结创新，形成自己独特的演讲风格。

②持之以恒，知难而进，具有“不到长城非好汉，语不惊人誓不休”的精神。

③不怕失败，不被“嘲讽”、“面子”所限，大胆练习，百折不挠。

关于演讲练习方法，常见的有以下几种形式：

①单项练习，即将发音、语气、语速、姿势、手势等逐一练习，各个击破。

②综合练习，即将单项练习有机协调结合起来，进行综合练习，体会其中原理与技巧。

③个人练习，即“没事偷着练”，好处是，可以身心放松，寻求最佳形式。

④当众练习，练兵千日战时用，自练终需亮相时。自练到一定程度后要敢于“公开”，可分两步：首先请家人、亲朋好友倾听，以便纠正“当局者迷”之缺点不足，逐渐完善。然后再公开“抛头露面”，实演实讲。应鼓足勇气，争取首战告捷。以后多多实践，悉心体会，定会使你的演讲水平日新月异。

思考题

1.简述农业推广论文的基本结构。

2.简述五种常用的农业推广应用与宣传文体的名称及其写作要领。

3.如何理解农业推广语言“朴实通俗”的原则？

4.农业推广人员应当掌握哪些基本的语言运用技巧？

5.如何撰写农业推广演讲稿？

第十四章　农业推广方法与评价

基本要求：能够根据创新扩散过程的特点综合运用不同的农业推广方法，掌握农业推广工作评价的方式与方法。

重　　点：农业推广大众传播、集体指导和个别指导等基本方法，农业推广工作评价内容和指标、评价方式与方法。

难　　点：推广方法的选择与综合运用，农业推广成果综合评价指标及评价方法。

第一节　农业推广方法

农业推广方法是农业推广部门和推广人员为达到推广目标，对推广对象所采取的不同形式的组织措施、教育和服务手段。农业推广的手段，是指在传播农业技术时所利用的各种载体和媒体。

随着科学技术的进步和传播媒体的不断创新，推广方法也更加丰富，作为推广部门和推广人员，必须学会掌握正确的推广方法，运用各种手段，具有较高的推广技巧，为实现农业推广的最佳效果而服务。

1984 年联合国粮农组织出版的《农业推广》一书中，按照传播方式将农业推广方法分为三大类：大众传播法、集体指导法和个别指导法。

一、大众传播法

大众传播法是推广者将农业技术和信息经过选择、加工和整理，通过大众传播媒体传播给广大农民群众的推广方法。

（一）大众传播媒体的特点

大众传播媒体的特点具体包括：①信息传播权威性高；②信息传播数量大、速度快；③信息传播成本低、范围广；④信息传递方式是单向的。

（二）大众传播媒体的类型及其特点

大众传播媒体分为印刷品媒体、视听媒体和静态物像媒体三大类型，并各有自己的特点。

1.印刷品媒体

依靠文字、图像组成的农业推广印刷品媒体包括报纸、书刊和活页资料。这些读物可以不受时间限制,供农民随时阅读和学习;可以根据推广项目的要求,提前散发,能较及时、大量、经常地传播各种农业信息。

(1)报纸、杂志

报纸是农业推广的有效传播渠道,它传播对象广,速度较快,信息容量比较大。

杂志与报纸相比,具有容量大、内容丰富系统的特点,但一般周期较长,没有报纸传播速度快。

(2)墙报

墙报是应用比较广泛的推广手段。一般来说,墙报具有体裁广泛、形式多样、内容可长可短,时间可根据要求而定,省时省力,适合于农业推广在一定区域传播的特点。

(3)黑板报

在目前推广部门经费普遍紧张,尤其是村级农技服务组织缺乏经费的情况下,黑板报是一种经济实用的推广普及手段。

2.听媒体

农业推广活动中的声像传播是指利用声、光、电等设备,如广播、电视、录像、电影、VCD、幻灯等,宣传农业科技信息。这种宣传手段,比单纯的语言、文字、图像(图画、照片)有着明显的优越性。视听媒体以声像与农民沟通。

(1)广播

广播包括无线广播和有线广播两种。

(2)电视

电视是远距离图像和声音的直接传播手段,是当代人们传递和接受声像信息最多最快的一种工具。在农业推广中,运用电视节目开展农业技术专题讲座,介绍新信息、新品种、新产品,宣传新技术成果等,影响面大,效果好。

(3)录音、录像

录音是通过唱片录音、磁性录音、光学录音等方法把声音记录下来,以备随时播放的传播方式。它可以长期保存,反复使用,有利于扩大范围、增强传播效果。

(4)电影

电影是用摄影胶片,通过复杂调控过程,用声、光、电传递音像的一种动态视听媒介。农业电影是指专门用来传递农业信息的影片,有农村故事片、农业科教片、农业纪录片等。电影能将人物声音、图像、色彩结合在一起,经过复杂调控过程后放映,对人们吸引力大,兴趣感强,深为广大农民群众欢迎。

3.静态物像传播媒体

静态物像传播媒体以简要明确的主题展现在人们能见到的场所,从而影响推广对象的方式。如广告、标语、科技展览陈列等。静态物像媒体以静态物像与农民沟通。这里着重介绍科技展览陈列方式:科技展览是将某一地区成功的技术或优良品种的实物或图片定期地、公开地展出。由于科技展览把听和看有机地结合起来,环境和气氛比较轻松愉快，有利于技术的普及和推广，有利于推广人员和农民的接触和交流，效果非常显著。

如何提高科技展览的效果？一般应将展览场所安排在交通方便、较为宽敞的地方，并设置明显的标记；展览之前，要广为宣传，使农民知道展览的时间；展览过程中，展览陈列要主题突出，以明显的对比、生动的形象、鲜明的色调，配合讲解，示范表演。最好要在介绍技术时，附有资料或销售相应的种子和其他物品。

科技展览的陈列品有以下几种形式：

①样品。即农用物资、农机具、农业生产成果样品或标本等，直观地反映推广内容的形态、特征，加以图文介绍，便于农民了解其性能、特点、使用方法等，可信度高、直观性强，便于扩大传播范围，便于满足农民学习的重复性要求。

②模型。绘制农业技术成果的图片或制作模型，反映其特征或特性。可以运用放大、缩小或夸张手段，提高清晰度和可视性，一般比实物造价低、耐搬运。

③照片。与模型的特点和功能基本一致，画面更真实可信。通过对不同时间、空间的照片进行编辑、排列，可以更全面、系统地反映农业生产技术的全过程，增强传播效果。

（三）大众传播法的应用

在农业推广活动中，根据大众传播不同媒介的不同特点和农民采用新技术的不同阶段，扬长避短，充分发挥媒介的作用。

在推广初始阶段，利用广播、电视等反复传播适合农民需要的科技信息，以引起农民的注意和重视。

当农民已经掌握了该科技信息时，需要进一步深入了解时，应采用科技展览的方法，让新、老技术对比，从而加深他们的认识，激起对新技术的兴趣。

当农民准备试用时，就应向他们提供相应的产品资料等，组织现场参观，使他们掌握技术细节，以确保试用的成功。

总之，大众传播的方法要根据不同的推广对象（如文化程度的不同、经验的不同等）及其认识程度，有针对性地进行。

二、集体指导法

集体指导法又称团体指导或小组指导法，即在同一类型地区、生产和经营方式相同的条件下，采取小组会议、示范、培训、参观考察等方法，集中地对农民进行指导和传递信息的方法。

采用此方法，一次可向多人进行传播，达到多、快、广的目的，是一种介于大众传播和个别指导之间的比较理想的推广方法。

（一）集体指导法的特点

1. 指导范围较大，推广效率高

集体指导是一项小规模活动，涉及对象相对较多，推广者把信息传递给接受者，这些接受者作为“义务广播员”对信息进行广泛的发散传播，因此可以节约推广者直接工作时间，从而提高了推广效率和经济效益。

2. 双向交流信息，信息反馈及时

集体指导法一般是由推广者引导推广培训对象从事各种活动，推广人员和农民可以面对面的沟通，推广人员的建议、示范、操作可以立即得到农民的反馈意见，以便推广人员采取相应的方式，使农民真正掌握所推广的技术。

3. 利于开展讨论，达到一致意见

推广人员与农民可以进行讨论，农民与农民之间也可以进行讨论或辩论。通过讨论可以澄清对某些技术信息的模糊认识和片面理解，特别是不同的见解，通过互相交流、讨论，辨明是非，最后达到完全理解掌握技术的目的。

4. 注重整体效应，个人难以满足

由于集体指导法注重整体性，在短时间内只是对每个成员共同关心的问题或感兴趣的事情进行指导或讨论，对某些人的一些特殊要求则无法予以满足。

（二）集体指导的具体应用

集体指导有集会、小组讨论、培训班、示范、现场指导等多种形式。

1. 集会

集会种类很多，到目前为止，尚没有一个统一的分类法，就集会的规模来讲小到十几人，大到全省性、全国性的各种聚会和庆祝会，人数可上千人、万人等。按讨论的方式分类，常用的有以下几种形式：①工作布置会；②经验交流会；③专题讲习班；④科技报告会。

2. 小组讨论

小组讨论是所有推广方法中采用最广的一种，一般采用农业专题讨论和非正式讨论交流两种方式。

①农业专题讨论。由农业推广人员根据群众关心的问题，提出问题，并请对此问题有经验或见解的农民参加讨论。但问题要新颖，而且能引起人们的兴趣，在讨论中如引起争论，推广人员要加以引导，力争能取得良好效果，使大家的认识得到提高。

②非正式讨论会。农业推广人员利用大家适宜的时间，不拘形式地把部分农民集中在一起，讨论大家共同关心的问题，交流信息、经验和观点，借此机会把有关的知识和技术推荐给农民。

小组讨论在推广中适用于以下情况：改变参加者的观点；激发参加者的合作精神；培养参加者的责任感；提高参加者的评论和思维能力；发现和鼓励富有潜力的领导者；对某个问题或看法做出一致的决定。

小组讨论需要经过设计、组织、引起讨论等阶段。其中一个很重要的问题是讨论主持人的选定。一个好的主持人应具备有关讨论问题的基本知识，以引导讨论，同时，使讨论在轻松、愉快的环境下进行，取得预期效果。

3. 培训班

在一段时间内，把与推广项目有关的人员组织起来，就推广项目过程中有关的问题，集中培训。根据参加人员的不同，其培训的内容深浅应有所不同。如是推广项目区的有关领导、推广人员、农民技术员、科技示范户，就推广项目中的技术信息进行较为系统的培训，则时间可长一点，内容可丰富一点。而对推广项目区的一般农户，只能在生产的关键季节，就某些技术要点、具体做法进行针对性的培训。

4.示范

示范又分为成果示范和方法示范两种，是推广工作中常用的行之有效的手段和方法。它是指通过实际操作，向农民展示某一新成果在农业生产中的实际应用所获得的结果或某一新技能的实际操作过程。

例如，水稻优良品种引进经试验成功后，必须选好示范户和示范地点进行示范推广工作，通过示范效果展示给周围农民，以引起农民感兴趣而效仿，并为大面积推广做准备。方法示范如果树修剪、棉花打顶、仔猪去势、雏鸡公母识别等。

5.现场指导

现场指导是指组织农村领导、农民技术员、科技示范户及农民到试验、示范现场参观考察并对他们进行实地指导，是通过实例进行推广的重要方法。

其参观的地点和单位，可以一至多个，交通要便利；具体单位可以是农业试验站、农场，也可以是农户、农业合作组织或其他农业企业。通过参观访问，农民亲自看到和听到一些新的技术信息和成功经验，不仅增加了知识，而且会产生更大的兴趣。

三、个别指导法

个别指导法是推广人员和农民单独接触，研究讨论共同关心或感兴趣的问题，是向个别农民直接提供信息和建议的推广方法。

农民因受教育程度、年龄层次、经济和环境条件的不同，对创新的接受反应也各异。个别指导宜采取循循善诱的方法，以有利于农民智力开发及行为的改变。

（一）个别指导法的特点

1.针对性强

农民的情况千差万别，个别指导法有利于推广人员根据不同的要求，采取不同的方式、方法，做到有的放矢，适应其个别要求，使个别问题得到解决。从这个意义上讲，个别指导法正好弥补了大众传播法和集体指导法的不足。

2.解决问题的直接性

推广人员与个别农民或家庭直接接触，通过平等地展开讨论，充分地交流看法，坦诚地提出解决问题的方法和措施，使问题及时得到解决。

3.沟通的双向性

推广人员与农民沟通是直接的和双向的。一方面有利于推广人员直接得到反馈信息，了解真实情况，掌握第一手材料；另一方面能促使农民主动地接触推广人员，愿意接受推广人员的建议，容易使两者建立起相互信任的感情。

4.信息发送的有限性

个别指导法的效果是个别而又分散的，单位时间内信息发送量有限，服务范围窄，占有人力、物力多，费用高，不能迅速在广大农民中传播。

(二)个别指导法的应用

个别指导法有农户访问、办公室咨询、信函咨询、电话咨询、田间插旗法、电脑服务等形式,现分别叙述如下:

1.农户访问

这是推广人员与农民之间最常见的个别接触的形式,两者面对面地直接沟通,成本高、接触小,但具有说服性,所以农户访问无论在推广计划的设计或执行期间,都有使用价值。通过农户访问,推广人员可以最大限度地了解农民的需要,并帮助农民解决问题,特别是解决个别农民的特殊问题尤为有效。

(1)农户访问的适当时期

一般有以下几个适当时期:

①农民邀请;

②推广人员与农民建立较密切的关系,或使农民认识推广人员的能力与热诚时;

③农民试用新方法时,如农民接受推广人员建议引种杂交棉花进行试种时,推广人员的访问会促进农民实施;

④推广人员为了获得某地区的农业问题及农业推广工作的成果。

(2)农户访问的注意事项

为了提高农户访问的效果,要注意以下几点:

①访问要有目的、计划及准备。如果农民提出的问题解释不了,要实事求是地向农民讲明。

②选择好访问对象。应重点选择农村的"三户",即科技户、示范户、专业户,以及具有代表性的一般农户进行访问。

③坚持经常访问,特别在关键时期要不失时机地对农户进行访问,不断向农民提供信息,发现情况,及时帮助解决问题。

④访问时推广人员要有同情的态度,关心农户问题,并有兴趣和信心帮助解决。

⑤做好访问记录,尽可能多记、记全,访问后要及时整理。

⑥访问要有结果,对被访问农户要进行考评。

(3)农户访问实施步骤

第一,准备工作。在访问之前,推广人员对被访问者情况以及访问目的两方面要有充分的了解。

第二,进行访问。推广人员与被访问的农户进行面对面的交谈。要使访问进展顺利并取得成功,应围绕访问的目标及具体内容,并注意交谈技巧。

可归纳为以下几个原则:

①对农民态度要和蔼,有同情心,并在轻松、愉快、和谐的气氛中进行。

②推广人员虚心诚恳、耐心地听取农民的意见和要求。

③访问全过程维持双向沟通的行为。

④避免触及个人隐私。

第三,解决问题。农户访问的主要目的是要解决问题,帮助农民排除困难,提出改进措施和办法，传授农业知识等。访问人员不可擅自主张，代替农民做任何决定，这是访问的一条重要原则。农民自己决定问题，不仅能培养农民处理事物的能力及学习的经验，而且对农业推广工作的开展极为有利。

第四，考评工作。由于农户访问是一件费工、费时的工作，每次农户访问之后都要做考评工作。对被访问的农民进行考评时，按下列几方面进行：

①活动考评。

②结果考评。

③继续学习的考评。

④传播访问成果的考评。

(4)农户访问的优缺点

优点：①推广人员可以从农户获得直接的原始资料；

②与农民建立友谊，保持良好的公共关系；

③容易促使农户采取新技术的行动；

④有利于选择示范户及各种义务领导人员；

⑤有利于增加其他各种推广方法的效果。

缺点：①推广人员花费时间和经费较多；

②访问的农户相对较少；

③有时访问的时间不一定适合农民的方便与需要。

2. 办公室咨询

办公室访问又称办公室咨询或定点咨询，是指推广人员在办公室(或定点的推广教育场所)接受农民的访问(咨询)，解答农民提出的问题，或向农民提供技术信息、技术资料。这反映了农民的主动性，是比较高层次的咨询服务工作。

农民来办公室访问(咨询)，从心理上分析，这类农民希望得到帮助和急待解决某一个问题，期望推广人员有一个满意答复，同时这类农民一般学习与兴趣都异常浓厚，对推广人员要求也很高。从主动与被动的角度分析，农民是主动求教的，他们很容易接受推广人员的建议和主张，效果好。

办公室访问的优点包括：①来访问的农民都想接受推广人员的指导，效果佳；②推广人员节约了时间、资金，与农民交谈，密切了双方的关系。

缺点包括：①来访的农民数量有限，不利于新技术迅速推广；②农民来访不定期、不定时、不定提出什么问题，给推广人员带来一定的难度。许多推广机构注意从办公室咨询工作中捕捉信息，进行追踪调查，获得更详尽的资料，进而采取更有效的措施。推广人员可利用节假日、集会和各项公众活动周(日、月)，开展咨询、宣传活动。

3. 信函咨询

信函咨询是个别指导法的一种非常重要的形式，是以发送信函的形式传播信息。它不受时间、地点的限制，也没有方言的障碍；不仅为推广人员的工作节省了大量宝贵时间，而且农民还能获得较多、较详细、具有保存价值的技术信息资料。

信函咨询在发达国家和地区应用较为普遍，但在不发达国家和地区应用较少。

4. 电话咨询

利用电话进行技术咨询，是一种效率高、速度快、传播远的沟通方式，在通信事业发达的国家利用较为广泛，但在不发达的国家里很少应用。

5. 田间插旗法

田间插旗法是在推广人员走访农户或到田间调查，未遇到当事人时而采取的一种约定俗成的沟通方法。

6. 电脑服务

自从人类进入计算机时代，计算机已成为农业推广工作的重要辅助工具，发挥出应有的作用。一般来说，计算机服务有以下几种：

(1)技术监测。对农业环境、农业生态和农作物生长发育情况的观察资料进行分析处理，获得农业生产所需信息，并向生产者提前发出预报、警报或报告，为农业技术措施的选择提供依据。

(2)信息服务系统。建立通用技术信息库，将农业科学研究成果和实用技术信息贮存于软件中，用户根据需要，输入关键词即可调出有关信息，用以指导农业生产。

(3)专家系统。专家系统是人工智能研究的一个应用领域，总结和汇集专家的大量知识与经验，借助计算机进行模拟和判断推理，以解决某一领域的复杂问题。

四、农业推广方法的综合运用与方法选择

(一)农业推广方法的综合运用

在农业推广中，针对不同地区、不同农户及生产的不同阶段，选用几种不同的推广方法进行合理配合、综合运用，对于获得农业推广的最佳效果，有着十分重要的意义。

1. 综合运用时应考虑的因素

①推广的具体内容。如果是学习某种技能，最好是示范并结合面对面的传授；如果是传授新技术，最好是大众传播或集体指导结合直观性教学。

②推广人员的数量和质量。如果推广人员的数量较多，质量较高，就可以多采取面对面的指导，并配合其他方法；如果推广人员较少、素质较差，应多采用速度快、效果好的形象化推广方法，辅之以集体指导等其他方法。

③推广对象的文化素质和对新技术的接受能力。如印发技术资料，对具有一定文化程度的农民效果较好，而对文盲半文盲则不会产生好的效果。

④其他因素。比如要考虑推广经费的多少和活动时间长短等因素，来选择适宜的推广方法。

2. 农业推广方法综合运用效果

在实际推广实践中，每种方法单独使用的很少，常把几种方法配合使用。实践证明，示范、培训、视听相结合的推广方法明显好于任何单一方法的效果，它们把视觉和听觉结合起来，增加了印象，加深了记忆。根据科学家验证，人们通过听觉获得的知识能够记忆15%，通过视觉获得的知识，一般能够记忆25%，而通过听觉和视觉相结合获得的知识可

记忆 75%。因此，示范—培训—视听配套的方法，最受农民欢迎。

当然，应根据不同的推广目的，选择与之相适合的推广方法，才能取得预期效果，如表 14-1 所示。

表 14-1　推广方法运用效果

推广方法	小组讨论	方法示范	成果示范	现场参观	访问农家	推广教材	新闻报道	广播电视	科技展览	办公室咨询
技术指导		√	√	√	√	√				√
群众性接触		√	√	√	√	√	√	√	√	
促使农民考虑共同的问题	√	√	√	√	√					√
争取社会各方面支持关心							√	√	√	
使农民有成功的信心	√	√	√	√	√		√	√		
引起农民的关心	√	√	√	√	√	√	√	√	√	
对不能参加集会的农民					√	√	√	√		

(二)农业推广方法的选择

1. 不同推广方法的效果

不同的推广方法对农民接受和采用新技术的效果是不同的，也就是说推广效率是不同的。推广效率是指通过某种方法采纳某成果的农户数占成果到户总数的百分率。湖南范燕萍等把 20 世纪 90 年代初期农民接受和采用新技术的 20 多种方法归纳为 8 种，其推广有效率详见表 14-2。

表 14-2　不同推广方法效率比较

推广方法	示范参观	技术培训	印刷品宣传	巡回指导	咨询服务	科普宣传	物资刺激	声像传播
推广效率(%)	24.4	20.7	14.7	11.5	11.0	10.9	3.5	3.3

由于我国农民科技文化素质不高，农民对看得见、摸得着的技术信息比较感兴趣，通过听、看才能做得到，因此示范参观是我国目前农业推广最有效的方法之一，其推广效率高达 24.4%。

通过技术培训使农民理解技术要点，并用于生产实践中，其推广效率为 20.7%，仅次于示范参观。

印刷品宣传推广，即通过通俗易懂的文字、图表作载体传播知识信息，使农民一看就懂，照做就行，可以收到立竿见影的效果，其推广效率为 14.7%。

巡回指导、咨询服务是推广人员与农民面对面地直接交流信息的方法，既能及时解答农民的问题，又能及时得到反馈信息，但由于走家串户巡回指导耗时多，指导范围小，因此，对大多数农民而言，作用相对有限。

声像宣传本来是现代先进的传播手段，具有直观性强、速度快、接受面大等特点，但因目前推广机构和农民条件有限，应用率尚不高。

物资刺激方法是一种被动的手段，目前科技投入少，只能在必要时节制使用，所以通过这个途径获得信息的比例很低。

2.推广方法的选择

(1)不同类型技术

采用示范参观、咨询服务的方法推广物化型技术的效果比推广知识型技术的效果好，而知识型技术采用技术培训、印刷品宣传、科普宣传、巡回指导等方法的推广效果又比物化型技术较好。因此，推广人员应根据推广技术的类型来选择适宜的推广方法，才能收到良好的推广效果。

(2)不同类型地区

①经济发达地区(东部地区)。这类地区经济条件、自然条件均较好，生产水平较高，农民接受新技术较快，农业生产有一定的增产潜力。这类地区以推广新技术、新产品、新方法为主，主要采用印发技术资料、成果示范、方法示范、举办培训班、经验交流会等形式，辅之以个别指导的综合推广方法，向农民进行技术传授。

②经济发展区(中部地区)。这类地区农民基础较好，农民素质较高，生产水平也比较高，增产潜力较大。应在提高常规技术普及率的基础上，引进新技术、新方法。推广方法以成果示范、方法示范、集体指导的方式为主，结合运用报刊、资料、广播、电视等大众传播媒体，加速技术的传播。

③经济开发区(西部地区)。这类地区农业生产条件较差、技术落后，农业生产增产潜力很大，这类地区应以推广和普及常规技术为主，改变农民的传统行为，适当引进一些新技术。在农业推广过程中，主要运用大众传播的方法，搞好成果示范、方法示范，多进行双向沟通，加强个别指导，组织农民参观，举办培训班等，以拓宽农民视野，改变农民观念。

(3)不同推广对象

①科技示范户、专业户。科技示范户、专业户文化层次较高，是接受新技术的“先驱者”，人数较少，对这类农民应重视个别指导，举办培训班、座谈会、参观学习，结合印发技术资料，帮助他们把技术学精，使他们带动和影响周围农民。

②具有一定技术和文化水平的农民。这类农民以中青年占多数，许多属于进步农民。在农业推广中，应以培训班、经验交流会、成果示范、印发资料、声像宣传、参观学习等方法结合运用，使他们能够尽快掌握新技术。

③技术文化素质较低的农民。这类多以中年以上农民为主，他们在长期的生产实践中形成了一套自己的观念，对外界新事物、新观念难以接受，因此在技术推广中应多用直观性强的方法，如声像宣传、成果示范、方法示范、现场参观等，使他们尽快了解新信息技术，增强其使用技术的欲望。

总之，要根据农村的实际情况，灵活选用各种推广方法，加速新技术的推广应用，提高农民的科技文化知识，改变行为，使农村物质文明和精神文明都得到提高。

第二节　农业推广评价步骤和方法

一、农业推广评价步骤

农业推广工作评价步骤是根据具体农业推广工作的特性而制定的，反映了评价工作的连续性和有序性。包括以下几个步骤：明确评价范围与内容、选择评价标准与指标、确定评价人员、收集评价资料、实施评价工作、编制评价报告。

（一）明确评价范围与内容

一个地区或单位的农业推广工作要评价的范围和内容很多，它涉及推广目标、对象、综合管理、方式方法等各个方面。因此需要根据评价的目的，选择其中的某个方面作为重点评价范围与内容。例如，是控制评价还是最终评价，是评价不同推广方法的优劣还是评价推广组织的机构的运行机制，是评价技术效益还是评价综合效益，是评价教育性农业推广目标实现的程度还是评价经济性及社会性农业推广目标的实现程度，等等。

现实中一般实施结果和实施方案的评价较多。当推广项目结束时，都要对项目全程进行综合性的评价。

（二）选择评价标准与指标

评价范围与内容确定后就要选择评价的标准与指标。选择合适的指标来评价项目实施达到的程度，尽可能使指标量化，更能表明推广项目的具体绩效。对不同的评价内容，需要选择不同的评价标准和指标。

对大多数农业技术推广项目而言，以下几个标准是常用的：

①创新的扩散及其在目标群体中的分布；

②收入增加及生活标准的改善及其分布情况；

③推广人员同目标群体之间的联系状况；

④目标群体对推广项目的反应评估。

（三）确定评价人员

确定评价人员包括评价人员数量与类型的选择。评价人员数量应根据评价的内容而定，应有一定的代表性和鲜明的层次性。一般来说，对大型的推广项目或者时间跨度较大的项目，人数应多一些，反之则可少些。一般以5～15人较为适宜。

选择评价人员在很大程度上要回答项目推广实施中的许多问题，要求通过评价能更好地改善工作，因此通过推广人员、咨询专家及实施对象共同参与，是达到共同合作、实现目标的最好途径。在具体选择评价人员时，应当权衡各类评价人员的优缺点。在确定了评价的目的、范围与内容之后，根据各类评价人员的优缺点选择各类评价人员。

(四)收集评价资料

这是实施农业推广工作评价的基础工作，也是根据评价目标收集评价证据的过程，评价资料有现成的，如试验、示范田间记载资料和实物产量等，也有采用各种方式收集的。收集评价资料的关键在于要拟订好评价调查设计方案，做到切合实际，既满足评价需要，又易于操作和便于存档。

1. 收集资料的内容

即根据不同的评价内容，寻找相应的硬件和软件资料。

①在评价推广的最终成果时，需要在调查设计方案中列出下列指标；产量增减情况、农民收入变化情况、农民健康及生活环境状况等。

②评价技术措施采用状况时，需要列出对采用推广项目的认识、采用者的比例、数量及效果等。

③评价知识、技能、态度变化时，需要列出农民知识、技能提高的程度，以及对采用新技术的要求、学习的态度和紧迫感等。

④评价农业推广人员及其活动时，需要列出推广工作的准备活动过程的观察，视听设备的利用情况，推广人员以他完成任务情况的记录，通过非正式渠道了解到评价信息，农业推广人员的勤、绩和农民的反映与推广人员的要求等。

⑤评价推广投入时，需要列出推广人员活动所费时间、财力、物力、社会各界为支持推广活动所投入的人、财、物等。

⑥评价社会及经济效益时，需要列出社会产品产值总量增加、农民受教育情况及精神文明和社会进步情况等，列出环境的改善及保护生态平衡，等等。

2. 资料收集方法

收集资料的方法有以下几种：

(1)访问法

调查者直接到现场面对面征求有关人员意见，个别访问或开座谈会，配合查阅有关资料，对了解到的情况做好记录，访问的对象有地方领导、推广人员的同事及推广人员本身、农民、专家、学者等，这是一种双向沟通和信息反馈的好方法。

(2)直接观察法

通过直观考察，对日常推广工作的资料进行直接估量和检查。例如：农作物的实际生长情况、农民的生活情况，以前报告的内容与直接观察的情况是否一致。举办演讲会传播技术时，可观察农民对演讲的态度，农民是否感兴趣等。使用这种方法应切忌主观因素。

(3)问卷调查法

问卷调查法即根据评价的目标与内容，相应设计一些标准要素，制成表格标明各要素的等级差别和对应的分值，然后发给有关人员征求意见。这是一种与调查对象不直接见面的间接收集资料的方法。实践中常采用通信方式，将调查表或调查问卷邮寄给被调查者，由被调查者按要求填好寄回，故又称通讯法或邮寄法。

(4)重点调查法

在调查对象中选择一部分重点单位进行调查，是非全面调查的一种方法。重点单位的多少根据任务要求和调查对象的基本情况而定，一般说所选出的单位应尽可能少些，而其标志值在总体中所占的比重尽可能大些。重点调查对象是农业推广人员经常联系的对象(单位或个人)，能以较快速度取得较准确的反映主要情况或基本趋势的统计数据。

(5)典型调查法

典型调查法是在调查对象中有意识地选出个别的或少数的有代表性的典型单位进行深入和周密调查研究的方法。它一般是评价人员或专家根据评价目的，拟订调查提纲，选择项目实施区有代表性的单位或个人，亲自深入下去开调查会或个别访问，然后根据座谈和访问记录，进行分析研究，找出有规律性的东西。一般来说，典型调查侧重于探索事物的规律化，研究事物的本质特性、内部结构、发展趋势，研究不同事物相互区别的界限，包括其数量界限。

典型调查的关键是选好调查对象，但实际中很难找到与规定要求完全一致的典型，对此，一般采取多找调查对象，使之平均化的办法，以抵消或减少一部分偶然因素的影响。

(6)抽样调查法

抽样调查法是按照随机原则在调查总体中选取一部分单位进行调查，取得资料用以推算总体数量特征的调查方法。它与其他非全面调查比较，有两个重要特点：一是随机原则，二是从数量上推算总体。因此，总体中每一个单位被抽取的机会是均等的，这种调查方法比较节省人力、财力、物力，受人为干扰的可能性比较小，调查资料的准确性比较高，但它一般只能提供宏观或某些主观的数据，不能提供微观数据。

(五)实施评价工作

这是将收集到的有关评价资料加工整理，运用各种评价方法形成评价结构的阶段。虽在室内完成，时间不长，但任务较重，技术要求高。

这一阶段的主要工作是资料的整理和评价方法的选用。有关评价方法选用在本节后一部分再介绍，这里仅对资料的整理工作加以说明。

评价资料的整理是根据研究的目的，将评价资料进行科学的审核、分组和汇总，或对已加工的综合资料进行再加工，为评价分析准备系统、条理化的综合资料的进程。资料整理的好坏直接关系到评价分析的质量和整个评价研究的结果、资料整理的基本步骤：①设计评价整理纲要，明确规定各种统计分组和各项汇总指标；②对原始调查资料进行审核和订正；③按整理表格的要求进行分组、汇总和计算；④对整理好的资料进行再审核和订正；⑤编制评价图表或评价资料汇编。

(六)编制评价报告

评价工作的最后一步是要审查评价结论、编制评价报告，从而更好地发挥评价工作对指导推广工作实践以及促进信息反馈的作用。目前世界上很多发达国家都实行了推广评价报告制度。例如，美国农业推广工作中对项目进行反应评价，编制汇报报告，作为各级管理者提出增加、维护或者停止资助推广项目意见的根据。在项目的反应评估中，通过记录由参加者认定的在他们参与项目期间所获的结果，得出系统的证据。这是一种建立在证据水平之上的模型，通过使用标准化的询问项目，可以在不需要多少帮助的情况下广泛使用这种评价报告方法。

二、农业推广评价方式与方法

(一)评价方式

1.自检评价(自我评价)

这是推广机构及人员根据评价目标、原则及内容收集资料,对自身工作进行自我反思和自我诊断的一种主观效率评价方式。

特点:推广机构的人员对自身情况熟悉、资料积累较完整、投入较低,但由于评价人员对其他单位的情况了解不够,往往容易注意纵向比较而忽视横向比较,因而对本单位的问题诊断要么有一定的偏差,要么深度不够。所以,要求评价人员不断地了解本单位以外的各种信息。

2.项目的反应评价

通过研究农户对待推广工作的态度与反应,鼓励以工作小组的形式来对推广工作进行评价。

这种方式在很多方面都优于自我评价方式,它使推广人员能研究农户是如何看待推广项目有效性的,并能获得如何改进各方面工作的第一手资料。因为它将项目评估方法作了标准化和简化,用标准化的询问题目供人填空,从而使对正式评价没有经验的人也能接受它,而且为在推广中修订项目计划提供了参考。

3.行家评价

由于行家们具有广泛的推广知识和经验,对事物的认识比较全面,评价的意见比较准确中肯。加之行家们来自不同的推广单位,很容易把被评价单位与自己所在单位进行对比,这种多方位的对比从不同的侧面对被评单位进行透视和剖析,就不难发现被评价单位工作的独到之处和易被人们忽视的潜在问题。所以行家们的评价,不仅针对性强、可行性大,且实用价值也高。

4.专家评价

这是高级评价,是聘请有关推广方面的理论专家、管理专家、推广专家组成评价小组进行评价。由于专家们理论造诣较深,又有丰富的实践经验,评价水平较高,对项目实施工作能全面地进行研究和分析,从而提出的意见易被评价单位和个人接受。

专家评价法的信息量大、意见中肯、结论客观公正,容易使被评价单位的领导人产生紧迫感和压力感,从而推动推广工作向前发展。但这种方法花的时间及费用较多,有时专家们言辞尖锐或有时专家们囿于情面,不直接指出问题的所在,这些在评价中值得注意。

(二)评价方法

农业推广工作的评价方法是指评价时所采用的专门技术。评价方法种类繁多,需要根据评价对象及评价目的加以选用。总的来说,评价方法可分为定量方法和定性方法两大类,各大类又有很多小类,这里只选择几种常用的评价方法加以简述。

1. 农业推广工作定量评价方法

(1)对比法(比较分析法)

这是一种很简单的定量分析评价的方法。一般将不同空间、不同时间、不同技术项目、不同农户等的因素或不同类型的评价指标进行比较。一般常常是以推广的新技术与当地原有技术进行对比。

进行比较分配时,必须注意资料的可比性。例如,进行比较的同类指标的口径范围、计算方法、计量单位要一致;进行技术、经济、效率的比较,要求客观条件基本相同才有可比性;进行比较的评价指标类型也必须一致;此外在价格指标上要采用不变价格或按某一标准化价格才有可比性。还有时间上的差异也要注意。在农业推广评价中广泛应用,是一种很好的评价方法。

①平行对比法。这是把反映不同效果的指标系列并列进行比较,以评定其经济效果的大小,从而便于择优的方法。可用于分析不同技术在相同条件下的经济效果,或者同一技术在不同条件下的经济效果。

例 畜牧业生产的技术经济效果比较。某畜牧场圈养肥猪,所喂饲料有两种方案:一是使用青饲料、矿物质和粮食,按全价要求配合的饲料;二是单纯使用粮食饲料喂养肥猪。哪一种方案经济效果好?详见表 14-1。

表 14-1 配合饲料与单一饲料养猪的经济效果

指标	头数	试验天数	平均每头日增重(克)			每千克增产耗用粮食	每千克增产成本	每千克活重产值	每千克活重盈利	每工日增重(克)
			初重	末重	日增重					
配合饲料	36	80	55.7	123.9	0.852	8.68	1.30	1.50	0.20	35
单一饲料	36	80	56.1	93.4	0.466	24.56	2.44	1.50	0.94	42

从表 14-1 中可以看出,用配合饲料喂猪,除劳动生产率较低外,其他经济效果指标都优于单一饲料喂养。通过上例说明比较,应以采用配合饲料喂猪效果好。

②分组对比法。分组对比法是按照一定标志,将评价对象进行分组并按组计算指标,进行技术经济评价的方法。分组标志是将技术经济资料进行分组,用来作为划分资料的标准。分组标志分为数量标志和质量标志。按数量标志编制的分配数列,叫做变量数列。变量数列分为两种:一是单项式变量数列;二是组距式变量数列。常用组距式变量数列,即把变量值划分为若干组列出。

例 某县采用组距式变量数列按物质费用分组计算经济效益,如表 14-2 所示。

表 14-2　××年试点户物质耗费与小麦产量分组比较表

组别	组距(元)	户数	公顷数(平方千米)	单位费用(元/平方千米)	单位产量(千克/平方千米)	单位收入(元/平方千米)	单位纯收益(元/平方千米)	千克成本(元)	每元投资效益
1	420～480	1	0.36	455.7	3262.5	1305	847.8	0.14	1.8
2	480～540	2	1.67	511.2	3547.5	1419	937.8	0.14	1.78
3	540～600	3	1.59	573.8	3630.0	1457	876.8	0.160	1.52
4	600～660	4	1.29	631.4	3720.0	1488	856.7	0.17	1.36
5	660～720	5	0.33	697.7	4440.0	1776	1078.4	0.156	1.55

注：小麦按每千克 0.40 元计算。

从表 14-2 中可以看出，随着物质费用投入的影响，单位产量随其增加而相应增加，但由于报酬递减率规律的制约，每元投资的效益在逐步下降。如每公顷费用为 455.7 元的第一组，每公顷产量为 3262.5 千克，其千克成本最低，而每元投资效益最高；每公顷费用为 631.4 元的第四级，每公顷产量为 3720 千克，其千克成本为最高，而每元投资效益最低。由此可见，在生产水平一般地区，小麦种植以每公顷投资 420～480 元的经济效益最好。

(2)综合评价法

这是一种将不同性质的若干个评价指标转化为同度量的并进一步综合为一个具有可比性的综合指标进行评价的方法。

综合评价的方法主要有：关键指标法、综合评分法和加权平均指数法。

①关键指标法，指根据一项重要指标的比较对全局作出总评价。

②综合评分法，指选择若干重要评价指标，根据评价标准定的记分方法，然后按这些指标的实际完成情况进行打分，根据各项指标的实际总分作出全面评价。

③加权平均指数法，指选择若干重要指标，将实际完成情况和比较标准相对比计算出个体指数，同时根据重要程度规定每个指标的权数，计算出加权平均数，以平均指数值的高低作出评价。

2. 农业推广工作定性评价方法

农业推广工作评价，很多内容很难定量，而只能用定性的方法。定性评价法是一个含义极广的概念，它是对事物性质进行分析研究的一种方法，例如行为的改变、推广管理工作的效率，等等。它是把评价的内容分解成许多项目，再把每个项目划分为若干等级，按重要程度设立分值。作为定性评价的量化指标，表 14-3 中的定性评价方法可供参考：

例　请您就参加“技术讲习班”的评价，在您认为适当处划“√”。

表 14-3 定性评价的指标举例

要素	等级				
	很差	差	普通	好	很好
1. 环境场地安排	1	2	3	4	5
2. 指导	1	2	3	4	5
3. 学习的气氛	1	2	3	4	5
4. 教学设备	1	2	3	4	5
5. 讲课内容	1	2	3	4	5
6. 讲课老师的水平	1	2	3	4	5
7. 讲习班的方式	1	2	3	4	5
8. 讲习效果	1	2	3	4	5

思考题

1. 为什么要对农业推广工作进行评价？
2. 农业推广工作评价有哪些经济评价指标？
3. 如何评价农业推广的推广程度？

实训一　农业科技进步率和成果转化率计算

一、实训目的

农业科技进步与创新是农业经济增长的原动力，是农业经济保持动态发展的必要条件。测定农业科技进步贡献率，有助于从总体上把握我国农业科技进步水平，探讨进一步提高我国农业科技进步贡献率的途径，对于制定全国农业经济发展战略，提高农业科技进步对农业经济发展有重要的参考价值。通过本实验掌握农业科技成果转化指标计算和评价的基本方法。

二、原理

(一)科技进步率

农业科技进步是一个不断创造新知识、发明新技术并推广应用于生产实践，进而不断提高经济效益和生态效益的动态发展过程。科技进步有狭义和广义之分，一般认为我们所称的科技进步贡献率是指广义上的科技进步贡献率，它不仅包括自然科学技术进步，也包括科学决策、政策、经营管理和服务技术等。正常情况下，农业总产值的增长来自两个部分，一部分来自生产投入的增加，另一部分来自科技进步带来的投入产出比的提高。因此，科技进步贡献率就是农业总产值增长率中扣除新增生产投入量增长率的余额所占农业总产值增长率的份额。定量测算科技进步贡献率，有助于分析我省农业经济发展状况，反映科技进步水平和潜力，科技进步贡献率也是国际和地区间进行比较的一个重要指标，其实质是，通过科技进步提高了生产要素的生产效率(提高投入产出比)和降低生产成本。

根据农业部公布的《关于规范农业科技进步贡献率测算方法的通知》精神，农业科技进步贡献率采用增长速度法，这也是国际上通用的方法，以农业总产值为因变量，农业资金投入、土地投入和劳动力投入为解释变量进行测算。

科技进步对农业经济增长的贡献率计算方法如下：

1. 定义

①农业科技进步贡献率＝农业科技进步率/农业总产值增长率

②农业科技进步率＝农业总产值增长率－新增投入而产生的农业产值增长率

公式进行计算的先决条件：一是增产，二是在增产过程中，由于科技而产生的那一部分增产。

2. 计算公式

$\delta=(Y_t-Y_0)/Y_0-\alpha(K_t-K_0)/K_0-\beta(L_t-L_0)/L_0-\gamma(A_t-A_0)/A_0$

δ：农业科技进步率；

Y_0：基年农业总产值；

K_0：基年物质费用；

L_0：基年农业劳动力数；

A_0：基年耕地面积；

Y_t：计算年农业总产值；

K_t：计算年物质费用；

L_t：计算年农业劳动力；

A_t：计算年耕地面积；

α：物质费用产出弹性；

β：劳动力产出弹性；

γ：耕地产出弹性。

$(Y_t-Y_0)/Y_0$：农业总产值增长率

$(K_t-K_0)/K_0$：物质费用增长率

$(L_t-L_0)/L_0$：劳动力增长率

$(A_t-A_0)/A_0$：耕地变化率

其中：$\alpha+\beta+\gamma=1$；$\gamma=0.25$；$0.4\leqslant\alpha\leqslant0.65$；

$\alpha=0.55\ln\{e^{-1+(K_0/L_0+K_t/L_t)/(K_{0i}/L_{0i}+K_{ti}/L_{ti})}\}$

K_0，L_0，K_t，L_t 分别是全国基年和计算年的农业物质费用和劳动力数；

K_{0i}，L_{0i}，K_{ti}，L_{ti} 分别是某省基年和计算年的农业物质费用和劳动力数；

特别注意：所有计算价格全部要先统一在 90 年不变价的基础上。

(二)科技成果转化率

多项农业成果转化情况可用农业科技成果转化率指标进行评价：

$$成果转化率(R)=(at_0/a_0t)\times100\%$$

式中，a_0 代表研究成果数，a 代表实际转化成果数，t_0 代表正常转化周期，t 代表实际转化周期。一般 $t\geqslant t_0$，$t<t_0$ 则表明成果不够成熟。

研究农业科技成果转化率及其相关指标的目的，就是要求在转化农业科技成果的过程中，尽可能地提高转化效率，使成果发挥更大的经济和社会效益。

三、内容

1. 以某市 2001—2010 年的历史统计资料为例，按 5 年分段计算该市科技进步贡献率。

2. 以某市科技部门 2010 年科技成果转化项目计算科技成果转化率。

四、实验步骤

1. 基本资料的收集与整理；
2. 电子数据文档 Excel 的建立；
3. 利用 Excel 计算。

五、作业

1. 计算某市 2001—2005 年、2006—2010 两段时间的科技进步贡献率，并作分析比较。

2. 计算某市 2010 年科技成果转化率。

实训二　培训教学计划和教案设计

一、实训目的

通过事例分析，加深对农业推广教育的重要意义的认识，掌握农民短期技术培训的计划制订和教案的编写，达到快速掌握了解和熟悉推广农业新技术的方法和要领。

二、实验原理

（一）农民短期技术培训方法

农民短期技术培训方法包括对科技示范户的技术培训和对普通农民的短期培训。

1.对科技示范户的技术培训

培训的目的和要求是让其掌握示范项目的技术要求，熟练操作技能；培养其影响农民、协助推广人员传播技术的本领。

科技示范户一般具有初中以上文化，在村民中有一定影响力。一般情况下示范户选择的都是一些当地的技术骨干，其影响力较强，受人尊重，并且思想活跃，接受新事物、新观念、新技术较快，是属于革新型的农民，是农村中的能人，他们有主动参与的要求，有明确的学习目的，是农村中的先进力量。

培训的内容主要是讲授示范项目技术要点、培训操作技能；鼓励其为当地农民服务；传授其如何影响农民、传播技术、消除保守思想的方法。

培训方法包括：

①组织现场培训。即利用现场直观环境，言传身教，使科技示范户容易理解、接受，培训也是在示范项目进行之前，组织科技示范户到试验田，边观察、边讲解、边实地操作，并鼓励科技示范户模仿，反复进行，直到其掌握为止。

②田间指导。在执行示范项目的进行过程中，农业推广人员每周用1～2天进行田间的巡回指导，以解决现实存在的问题，并根据反馈信息，发现有普遍存在的问题，就要重新组织进行短期的再培训，甚至有必要组织进行现场的再培训。

③个别接触。这种方法贯穿于示范项目进行的全过程，为了使示范户不至于失去示范的兴趣，农业推广人员要经常到农民家拜访或邀请农民来做客，进行双向沟通，以便传

递信息，讲授知识，培养感情，加强协作。

2.对普通农民的短期技术培训方法

对普通农民的培训形式更需要灵活多变，并针对不同区域和不同类型的农民采用与之相适应的培训方法。主要的培训方法有：

①技校培训。就是各乡镇建立农业技术学校，农民通过到农业技术学校来学习，增长知识，提高素质，科、教、推三方面联合组成巡回讲师团进行宣传培训。这种形式深入农村基层，根据农民参与、从众的心理，调动起广泛的积极性。这种形式有一定权威性，容易赢得农民的信任。

②成果示范和方法示范。在一些交通要道周围、公路两旁或集市所经路旁布置好示范点，做一醒目的标记，使人只要从此经过就能参加讨论，或通过组织大家到示范户的示范田参观，通过示范户的讲解、操作，加以传授，再加上推广人员的补充，从而达到培训的目的。

③服务咨询。在一些繁华地带（集市、贸易中心）设置咨询网点，接受农民咨询。

④现场会。通过组织大家到那些采用效果明显的地块，参观、讨论、介绍经验，进行表扬鼓励，激励大家接受新技术。

（二）短期培训班的工作步骤

1.制订培训计划

培训计划制订得越好，培训成功的可能性就越大。培训计划应包括下列内容：

①总标题：项目名称。

②副标题：培训主体。

③讲授者姓名：要全名。

④培训所需时间：可能的全部时间。

⑤培训地点安排：具体培训、场地。

⑥听众数量和类型：预计听众的数目及何种层次的人群。

⑦听众已有的知识：听众对讲题知道多少。

⑧培训目的：所期望的效果。

⑨培训内容：第一讲，第二讲，等等。

⑩参考资料：所参阅的各种书、报、杂志和文件。

⑪主要教学手段：如黑板、幻灯机等和发给听众的材料。

2.培训的组织工作

为了使培训获得圆满成功，必须对培训时间和地点进行精心安排。在农村，由于路途较远、交通不便以及农时限制，要把一定数量的农民组织在一起比较困难，因此，培训应安排在农闲时间进行。在生产过程中，根据需要，可在关键季节（如棉铃虫的防治、水稻旱育秧等）进行，培训前应把有关事项通知到所有感兴趣的农户，以便他们及早做好安排。培训地点应安排在人们易于到达的地方，并要有一定的教学设备。在培训之前，最好检查一下周围是否有噪音和其他影响培训进行的因素。

3.培训的实施

在培训过程中，培训者要做好充分准备，列好简明提纲。培训时采取提问的培训方式，使被培训者真正参与到培训中去，达到培训的预期效果。

三、实习内容

以推广水稻抛秧技术为例，制定四川省雅安市雨城区大兴镇科技示范户水稻抛秧技术的短期培训计划，并编写教案。

四、实验步骤

1.了解和熟悉水稻抛秧技术的目的、意义及其技术要点。

方法：①从网上查询；②从技术资料查询；③向专家请教、咨询。

2.从资料分析和掌握大兴镇农民的文化构成特点及其水稻生产现状。

3.示范点和示范户的选择。

4.编制培训计划：包括培训内容、组织和实施计划。

5.编写教案，包括书面文字和多媒体课件。

五、实验分组

本实验以每组5人分组，按照分工合作，集体讨论，资料共享的方式进行。

六、作业

每人单独完成：①培训计划；②教案文字材料；③教案多媒体课件。

实训三　农业推广试验和成果示范设计

一、实训目的

农业推广试验和成果示范是农业推广人员必备的技能。通过本实验的训练，使学生掌握农业推广试验和成果示范方案设计的方法和要领。

二、设计原理与方法

（一）农业推广试验的基本要求

农业推广试验的基本要求包括：

①试验目的明确；

②试验要有代表性；

③试验结果要准确可靠。

（二）试验误差控制

试验误差的来源有系统误差和随机误差。系统误差是指在相同条件下，多次测量同一目标量时，误差的绝对值和符号保持稳定；在条件改变时，则按某一确定的规律而变化的误差。系统误差统计意义表示实测值与真值在恒定方向上的偏离状况，反映了测量结果的准确度。系统误差主要来源于测量工具的不准确（如量具偏大或偏小），试验条件、环境因子或试验材料有规律的变异及其试验操作上的习惯性偏向等。随机误差（偶然误差）指在相同条件下多次测量同一目标量时，误差的绝对值和符号的变化时大时小、时正时负，没有确定的规律，也是不可预定的误差。这种误差的统计意义表示在相同条件下，重复测量结果之间的彼此接近程度，它反映了测量结果的精确度。随机误差主要来源于局部环境的差异，试验材料个体间的差异，试验操作与管理技术上的不一致，试验条件（如气象因子、栽培措施）的波动性。随机误差大小反映了测定值之间重复性的好坏，是衡量试验准确度的依据。

试验误差可以通过以下方面进行控制：

1. 重复原则

试验中同一处理在实际中出现的次数称为重复，从理论上讲重复次数越多，试验结果的精确度越高，但由于实施过程中受试验材料、试验场地、人力、财力的限制，一个正规的试验，一般要求设3～5次重复。

2. 随机原则

随机是指在同一个重复内，应采取随机的方式来安排各处理的排列次序，使每个处理都有同等的机会被分配在各小区上。随机的目的和作用在于克服系统误差和偶然性因素对试验精确度的影响。一般在试验中对小区进行随机排列，可采用抽签法或随机数字表法。

随机排列原则的理论依据来自于大样本概率的稳定性。但试验实践证明，当一个试验仅有三个重复时，采用随机的方法安排各处理在区组内的位子，其效果不尽理想，需要按均匀分布的原则进行人为调整。

3. 局部控制原则

局部控制就是分范围、分地段地控制非处理因素，使其对各处理的影响趋向于最大限度的一致。局部控制总的要求是在同一重复内，无论是土壤条件还是其他任何可能引起试验误差的因素，均力求通过人为控制而趋于一致，把难以控制的不一致因素放在重复间。

4. 唯一差异原则

唯一差异原则又称单一差异原则，是指试验的各处理间只允许存在比较因素之间的差异，其他非处理因素应尽可能保持一致。在推广的适应性试验和开发性试验中，一般需遵循唯一差异原则，而综合性试验则可例外。

(三)常用的田间试验设计

1. 单因素二水平(处理)设计。单因素二水平(处理)设计是农业推广试验中最简单的试验，也较为常见。如某地区引进一个新品种或新的土壤耕作技术，鉴定其增产效果，就属于这种最简单的试验。试验中仅有两个处理，其中一个为对照。包括单因素两处理的成组设计和单因素两处理的成对设计。

2. 随机区组设计。包括单因素的随机区组设计和两因素的随机区组设计。

3. 裂区设计。裂区设计是多因素多水平试验的一种设计形式。试验中，如果处理的组合数较多而又有一些特殊要求时，常采用裂区试验设计。

(四)试验方案设计的格式和内容

1. 试验目的和意义。

2. 试验方法和材料，包括试验因素、处理和所用材料。

3. 试验设计图。

4. 试验调查项目。

5. 实施计划。

6. 经费概算。

三、实验内容

1. 就五个小麦品种进行适应性比较试验设计。
2. 就一个小麦品种进行生产试验设计。
3. 对试验结果进行统计分析。

四、实验步骤

1. 了解试验的内容和目的。
2. 查阅有关技术资料，明确试验目标、所需土地条件、材料和设备。
3. 草拟试验图。
4. 完善方案文字材料。
5. 完成试验结果的统计分析。

五、作业

1. 某种子公司收集了目前各地表现较突出的玉米新品种10个，分别是冀研314、豫单13、东单57、川单21、正红115、成单24、农大62、郑单518、雅玉12、正红211。该公司想从中筛选出适合丘陵区的品种进行推广，假如你作为该公司的一名推广科技人员，请制订这些品种的筛选试验方案。

2. 假设通过试验，筛选出雅玉12号产量最高，最适合山区种植，请完成雅玉12号新品种的生产试验方案。

实训四　农业推广演讲稿的撰写及演讲的临场发挥

一、实训目的

通过实验，掌握农业推广演讲稿的撰写要点和方法，掌握农业推广演讲的演讲技巧和临场发挥，提高演讲与沟通能力。

二、实验原理

(一)演讲稿的撰写

演讲稿的结构分开头、主体、结尾三个部分，其结构原则与一般文章的结构原则大致一样。但是，由于演讲是具有时间性和空间性的活动，因而演讲稿的结构还具有其自身的特点，尤其是它的开头和结尾有特殊的要求。

1.开头要抓住听众，引人入胜

演讲稿的开头，也叫开场白。它在演讲稿的结构中处于显要的地位，具有重要的作用。瑞士作家温克勒说："开场白有两项任务：一是建立说者与听者的同感；二是如字义所释，打开场面，引入正题。"好的演讲稿，一开头就应该用最简洁的语言、最经济的时间，把听众的注意力和兴奋点吸引过来，这样，才能达到出奇制胜的效果。

演讲稿的开头有多种方法，常用的主要有：

①开门见山，提示主题。这种开头是一开讲就进入正题，直接提示演讲的中心。

②介绍情况，说明缘由。这种开头可以迅速缩短与听众的距离，使听众急于了解下文。

③提出问题，引起关注。这种方法是根据听众的特点和演讲的内容，提出一些激发听众思考的问题，以引起听众的注意。

除了以上三种方法，还有释题式、悬念式、警策式、幽默式、双关式、抒情式等。

2.主体要环环相扣，层层深入

这是演讲稿的主要部分。在行文的过程中，要处理好层次、节奏和衔接等几个问题。

①层次是演讲稿思想内容的表现次序，它体现着演讲者思路展开的步骤，也反映了演

讲者对客观事物的认识过程，演讲稿结构的层次是根据演讲的时空特点对演讲材料加以选取和组合而形成的。由于演讲是直接面对听众的活动，所以演讲稿的结构层次是听众无法凭借视觉加以把握的，而听觉对层次的把握又要受限于演讲的时间。演讲者在演讲中反复设问，并根据设问来阐述自己的观点，就能在结构上环环相扣，层层深入。此外，演讲稿用过渡句，或用“首先”“其次”“然后”等词语来区别层次，也是使层次清晰的有效方法。

②节奏是指演讲内容在结构安排上表现出的张弛起伏。

演讲稿结构的节奏，主要是通过演讲内容的变换来实现的。演讲内容的变换，是在一个主题思想所统领的内容中，适当地插入幽默、诗文、逸事等内容，以便听众的注意力既保持高度集中又不因为高度集中而产生兴奋性抑制。优秀的演说家几乎没有一个不长于使用这种方法。

演讲稿结构的节奏既要鲜明，又要适度。平铺直叙，呆板沉滞，固然会使听众紧张疲劳，而内容变换过于频繁，也会造成听众注意力涣散。所以，插入的内容应该为实现演讲意图服务，而节奏的频率也应该根据听众的心理特征来确定。

③衔接是指把演讲中的各个内容层次联结起来，使之具有浑然一体的整体感。由于演讲的节奏需要适时地变换演讲内容，因而也就容易使演讲稿的结构显得零散。衔接是对结构松紧、疏密的一种弥补，它使各个内容层次的变换更为巧妙和自然，使演讲稿富于整体感，有助于演讲主题的深入人心。

演讲稿结构衔接的方法主要是运用同两段内容、两个层次有联系的过渡段或过渡句。

3. 结尾要简洁有力，余音绕梁

结尾是演讲内容的自然收束。言简意赅、余音绕梁的结尾能够使听众精神振奋，并促使听众不断地思考和回味；而松散疲沓、枯燥无味的结尾则只能使听众感到厌倦，并随着时间的流逝而被遗忘。怎样才能给听众留下深刻的印象呢？美国作家约翰·沃尔夫说：“演讲最好在听众兴趣到高潮时果断收束，未尽时戛然而止。”这是演讲稿结尾最为有效的方法。在演讲处于高潮的时候，听众大脑皮层高度兴奋，注意力和情绪都由此而达到最佳状态，如果在这种状态中突然收束演讲，那么保留在听众大脑中的最后印象就特别深刻。

演讲稿的结尾没有固定的格式，或对演讲全文要点进行简明扼要的小结，或以号召性、鼓动性的话收束，或以诗文名言以及幽默俏皮的话结尾。但一般原则是要给听众留下深刻的印象。

（二）演讲中的语言运用技巧

1. 语言沟通的心理准备与基本技巧

心理学认为，任何人在与他人交谈或沟通前，都具有一定的心理准备和态度，称为心理定势。语言沟通是实现双方心理沟通，消除陌生感，排除心理障碍，为顺利沟通奠定基础。基本技巧主要包括如下几个方面：

①以诚相待，情感贴近。尊重对方，以信任对方求得对方信任，是实现双方情感上贴近，顺利建立正常交往关系的有效措施。

②心理换位，设身处地处理问题。推广人员应根据推广对象具体情况作出相应决策。

③标新立异，引起对方兴趣，发挥自身优势，提出新问题，以“新”唤“心”。

④利用各种关系、条件，如行业、地缘、血缘、年龄、性别等，缩小同对方的距离。推广对象只有信任推广人员，才能相信推广内容。

2. 提问的技巧

在农业推广活动中，由于种种原因，经常要向别人发问，问的目的是为了获得满意的回答。然而有时如问得不当，不但得不到满意的回答，而且还会惹出麻烦，陷入尴尬境地。因此，推广人员应学会问的艺术。问的技巧主要应掌握以下几个方面：

①三看而后问。一要看场合，如在场人员组成及关系等，以免引起矛盾或陷入难堪局面。二要看对象，如对方年龄、身份、民族、性格、文化修养等，所谓“见什么人说什么话”，因人而问，才能收到预期效果。三要看(体验)对方心理状况、情绪表现等。通过察言观色，并按照写在对方脸上的提示，调整问话方式与内容，掌握好分寸。

②以问调控，明确目的。问者处于主动地位，问题抛出后，就应能决定对方说不说、如何说及交谈气氛。在技术交易、处理纠纷、推广调查过程中，语言的控制力作用非常重要。

③正确选择提问方式。一要选词恰当，同义异词，语言效果不同。二要选择问句方式，如限制型提问，以其较强的目的性，可减少对方拒答或答非所问的可能。选择型提问则比较宽松，对方可随机抉择。婉转型提问可避免出现尴尬局面。而若你要让别人按你的意图做事，应采用协商型提问等。三要注意调整问话顺序，以适应人的心理习惯与特定语言环境。

3. 回答的技巧

回答在交际中一般处于被动地位，但如能灵活而巧答，就可变被动为主动。主要应掌握如下几点：

①认清问题。针对回答在交往活动中，有些提问可能“醉翁之意不在酒”而另有他意，无法或不必回答。这就需要学会摆脱技巧，自解其围。

②突破问句控制，灵活机动回答。面对有些提问形式，如限制型提问、选择型提问等，有时需突破问题类型的控制，以另外方式回答，才能摆脱问话人控制，取得主动。

③巧妙接引，借问回答。有些问题无需详答或不便回答，可借用对方问话方式回答提问或巧妙地“避而不答”，“以退为进”或“间接回答”等，这样，既不伤和气，又摆脱了对方。

三、实验内容

1. 撰写一篇演讲稿。

2. 做一次农业推广演讲。

四、作业

1. 就科技下乡对农民进行法制宣传或者卫生宣传撰写一篇演讲稿。

2. 五个人一组，设置一个为农民报告的场景进行相互演讲，并对各演讲者的演讲水平和演讲效果作出评价，分析成功和不足的地方。

实训五　农业科技成果推广状况评价指标计算

一、实训目的

本实习主要从推广学的角度，介绍农业科技成果推广状况的评价指标。通过本实训，了解并掌握农业科技成果的主要评价指标及其计算方法。

二、实习内容

衡量和评价农业科技成果转化的程度和效率的指标主要有转化率、推广度、推广率及推广指数等。

1.成果转化率

农业科技成果的转化程度通常用转化率来表示。转化率包括两个方面：①转化周期；②转化成果数。转化周期，是指科研成果自鉴定之日起，到生产上普及推广成果之日止的时间。转化成果数是指在生产上得到了推广应用的成果数。转化周期越短，研究成果推广速度越快，则转化率越高。转化率可用下式表示：

$$成果转化率(R)=\frac{at_0}{a_0t}\times 100\%$$

式中：a_0 代表研究成果数；a 代表实际转化成果数，t_0 代表正常转化周期，t 代表实际转化周期。一般情况下 $a\leqslant a_0$，若 $a>a_0$，为不成立，因为实际转化成果数不可能超过研究成果数。一般 $t_0\leqslant t$，若 $t_0>t$，为不可能，因为实际转化周期比正常转化周期短的话，表明研究成果没有达到正常的转化周期，或者没有转化周期，这样的成果推广开来是草率的，不符合推广程序，从而达不到转化为生产力的目的，不应计入转化率的计算。

2.推广度

推广度是反映新时期农业科技成果推广的程度，即某项成果在空间上的分布状况，其计算式为：

推广度＝实际推广规模/应推广规模×100%

多项成果的推广度可用加权平均法求得平均推广度。推广规模是指推广的范围、数量大小。其单位有：面积（平方米，平方千米）；机器数量（台，件等）；苗木数量（株数）。应推广规模是指某项成果应用时应该达到可能达到的最大规模。它是个体计数，是根据某项成果的特点、水平、内容、作用、适用范围、与同类成果的竞争力以及与同类成果的平衡关系所确定的。

推广度在0～100%之间变化，一般情况下，一项成果在有效推广期内的年推广情况（年推广度）变化趋势呈抛物线，即推广度由低到高，达到顶点后又下降，降至为零，即停止推广。依最高推广率的实际推广规模算出的推广度为该成果的年最高推广度；根据某年实际规模算出的推广度为该年度的推广度，即年推广度；有效期内各年推广度的平均，称该成果的平均推广度，也就是一般指的某成果的推广度。

3.推广率

推广率是评价多项农业技术推广的程度或状况。其计算公式为：

$$推广率=\frac{已推广的科技成果项数}{总的科技成果项数}\times 100\%$$

按国家科委的统计口径：凡一项农业应用技术成果的推广度等于或超过20%，则判定该项技术成果已被推广；凡一项农业管理技术（或）其他软科学研究成果的推广度等于或超过50%，则判定该项软科学研究成果已被推广。

4.推广指数

推广指数是反映农业科技推广状况的一个综合性指标，其计算式为：

$$推广指数=\sqrt{推广度\times 推广率}\times 100\%$$

在实践中，还可以应用推广速度来衡量农业科技成果推广的快慢。较常用的指标有平均推广速度，其计算式为：

$$平均推广速度=\frac{推广度}{成果使用年限}$$

三、作业

根据上述农业的科技成果推广状况评价指标，试计算下列例题：

1.某单位“十一五”期间共取得农业科技成果250项。实际转化成果为100项，假设正常转化周期平均为5年，实际转化周期为6年，求该单位“十一五”期间成果转化率。

2.浙江省在2006—2010年期间培育或引进玉米新品种10个。据调查统计得知，各品种的年最高推广度和平均推广度分别为：

玉米品种代号	A	B	C	D	E	F	G	H	I	J
年最高推广度	26.0	18.5	55.0	9.5	71.0	47.0	38.5	53.6	19.8	44.7
平均推广度	17.5	9.8	48.8	3.8	54.0	38.7	29.5	49.1	10.3	37.9

求浙江省2006—2010年期间玉米新品种的群体推广度、推广率及推广指数（以年最高推广度≥20%为起点推广度）。

附录

附录一　中华人民共和国农业技术推广法

（1993年7月2日第八届全国人民代表大会常务委员会第二次会议通过）

第一章 总 则
第二章 农业技术推广体系
第三章 农业技术的推广与应用
第四章 农业技术推广的保障措施
第五章 附 则

第一章　总则

第一条　为了加强农业技术推广工作，促使农业科研成果和实用技术尽快应用于农业生产，保障农业的发展，实现农业现代化，制定本法。

第二条　本法所称农业技术，是指应用于种植业、林业、畜牧业、渔业的科研成果和实用技术，包括良种繁育、施用肥料、病虫害防治、栽培和养殖技术，农副产品加工、保鲜、贮运技术，农业机械技术和农用航空技术，农田水利、土壤改良与水土保持技术，农村供水、农村能源利用和农业环境保护技术，农业气象技术以及农业经营管理技术等。

本法所称农业技术推广，是指通过试验、示范、培训、指导以及咨询服务等，把农业技术普及应用于农业生产产前、产中、产后全部过程的活动。

第三条　国家依靠科学技术进步和发展教育，振兴农村经济，加快农业技术的普及应用，发展高产、优质、高效益的农业。

第四条　农业技术推广应当遵循下列原则：

（一）有利于农业的发展；

（二）尊重农业劳动者的意愿；

（三）因地制宜，经过试验、示范；

（四）国家、农村集体经济组织扶持；

（五）实行科研单位、有关学校、推广机构与群众性科技组织、科技人员、农业劳动者相结合；

（六）讲求农业生产的经济效益、社会效益和生态效益。

第五条　国家鼓励和支持科技人员开发、推广应用先进的农业技术，鼓励和支持农业劳动者和农业生产经营组织应用先进的农业技术。

第六条　国家鼓励和支持引进国外先进的农业技术，促进农业技术推广的国际合作与交流。

第七条　各级人民政府应当加强对农业技术推广工作的领导，组织有关部门和单位采取措施，促进农业技术推广事业的发展。

第八条　对在农业技术推广工作中做出贡献的单位和个人，给予奖励。

第九条　国务院农业、林业、畜牧、渔业、水利等行政部门（以下统称农业技术推广行政部门）按照各自的职责，负责全国范围内有关的农业技术推广工作。县级以上地方各级人民政府农业技术推广行政部门在同级人民政府的领导下，按照各自的职责，负责本行政区域内有关的农业技术推广工作。同级人民政府科学技术行政部门对农业技术推广工作进行指导。

第二章　农业技术推广体系

第十条　农业技术推广，实行农业推广机构与农业科研单位、有关学校以及群众性科技组织、农民技术人员相结合的推广体系。

国家鼓励和技术供销合作社、其他企业事业单位、社会团体以及社会各界的科技人员，到农村开展农业技术推广服务活动。

第十一条　乡、民族乡、镇以上各级国家农业技术推广机构的职责是：

（一）参与制订农业技术推广计划并组织实施；

（二）组织农业技术的专业培训；

（三）提供农业技术、信息服务；

（四）对确定推广的农业技术进行试验、示范；

（五）指导下级农业技术推广机构、群众性科技组织和农民技术人员的农业技术推广活动。

第十二条　农业技术推广机构的专业科技人员，应当具有中等以上有关专业学历，或者经县级以上人民政府有关部门主持的专业考核培训，达到相应的专业技术水平。

第十三条　村农业技术推广服务组织和农民技术人员，在农业技术推广机构的指导下，学会农业技术知识，落实农业技术推广措施，为农业劳动者提供技术服务。

推广农业技术应当选择有关条件的农户，进行应用示范。

国家采取措施，培训农民技术人员。农民技术人员经考核符合条件的，可以按照有关规定授予相应的技术职称，并发给证书。

村民委员会和村集体经济组织，应当推动、帮助村农业技术推广服务组织和农民技术人员开展工作。

第十四条　农场、林场、牧场、渔场除做好本场的农业技术推广工作外，应当向社会开展农业技术推广服务活动。

第十五条 农业科研单位和有关学校应当适应农村经济建设发展的需要，开展农业技术开发和推广工作，加快先进技术在农业生产中的普及应用。

教育部门应当在农村开展有关农业技术推广的职业技术教育和农业技术培训，提高农业技术推广人员和农业劳动者的技术素质。国家鼓励农业集体经济组织、企业事业单位和其他社会力量在农村开展农业技术教育。

农业科研单位和有关学校的科技人员从事农业技术推广工作的，在评定职称时，应当将他们从事农业技术推广工作的实绩作为考核的重要内容。

第十六条 国家鼓励和支持发展农村中的群众性科技组织，发挥它们在推广农业技术中的作用。

第三章 农业技术的推广与应用

第十七条 推广农业技术应当制定农业技术推广项目。重点农业技术推广项目应当列入国家和地方有关科技发展的计划，由农业技术推广行政部门和科学技术行政部门按照各自的职责，相互配合，组织实施。

第十八条 农业科研单位和有关学校应当把农业生产中需要解决的技术问题列为研究课题，其科研成果可以通过农业技术推广机构推广，也可以由该农业科研单位、该学校直接向农业劳动者和农业生产经营组织推广。

第十九条 向农业劳动者推广的农业技术，必须在推广地区经过试验证明具有先进性和适用性。

向农业劳动者推广未在推广地区经过试验证明具有先进性的适用性的农业技术，给农业劳动者造成损失的，应当承担民事赔偿责任，直接负责的主管人员和其他直接责任人员可以由其所在单位或者上级机关给予行政处分。

第二十条 农业劳动者根据自愿的原则应用农业技术。

任何组织和个人不得强制农业劳动者应用农业技术。强制农业劳动者应用农业技术，给农业劳动者造成损失的，应当承担民事赔偿责任，直接负责的主管人员可以由其所在单位或者上级机关给予行政处分。

第二十一条 县、乡农业技术推广机构应当组织农业劳动者学习农业科学技术知识，提高他们应用农业技术的能力。

农业劳动者在生产中应用先进的农业技术，有关部门和单位应当在技术培训、资金、物资和销售等方面给予扶持。

国家鼓励和支持农业劳动者参与农业技术推广活动。

第二十二条 国家农业技术推广机构向农业劳动者推广农业技术，除本条第二款另有规定外，实行无偿服务。

农业技术推广机构、农业科研单位、有关学术以及科技人员，以技术转让、技术服务和技术承包等形式提供农业技术的，可以实行有偿服务，其合法收入受法律保护。进行农业技术转让、技术服务和技术承包，当事人各方应当订立合同，约定各自的权利和义务。

国家农业技术推广机构推广农业技术所需的经费，由政府财政拨给。

第四章　农业技术推广的保障措施

第二十三条　国家逐步提高对农业技术推广的投入。各级人民政府在财政预算内应当保障用于农业技术推广的资金，并应当使该资金逐年增长。

各级人民政府通过财政拨款以及从农业发展基金中提取一定比例的资金的渠道，筹集农业技术推广专项资金，用于实施农业技术推广项目。

任何机关或者单位不得截留或者挪用用于农业技术推广的资金。

第二十四条　各级人民政府应当采取措施，保障和改善从事农业技术推广工作的专业科技人员的工作条件和生活条件，改善他们的待遇，依照国家规定给予补贴，保持农业技术推广机构和专业科技人员的稳定。对在乡、村从事农业技术推广工程的专业科技人员的职称评定应当以考核其推广工作的业务技术水平和实绩为主。

第二十五条　乡、村集体经济组织从其兴办企业的以工补农、建农资金中提取一定数额，用于本乡、本科农业技术推广的投入。

第二十六条　农业技术推广机构、农业科研单位和有关学校根据农村经济发展的需要，可以开展技术指导与物资供应相结合等多种形式的经营服务。对农业技术推广机构、农业科研单位和有关学校举办的为农业服务的企业，国家在税收、信贷等方面给予优惠。

第二十七条　农业技术推广行政部门和县以上农业推广机构，应当有计划地对农业技术推广人员进行技术培训，组织专业进修，使其不断更新知识、提高业务水平。

第二十八条　地方各级人民政府应当采取措施，保障农业技术推广机构获得必需的试验基地和生产资料，进行农业技术的试验、示范。

地方各级人民政府应当保障农业技术推广机构有开展农业技术推广工作必要的条件。

地方各级人民政府应当保障农业技术推广机构的试验基地、生产资料和其他财产不受侵占。

第五章　附 则

第二十九条　国务院根据本法制定实施条例。

省、自治区、直辖市人民代表大会常务委员会可以根据本法和本地区的实际情况制定实施办法。

第三十条　本法自公布之日起施行。

附录二　浙江省实施《中华人民共和国农业技术推广法》办法

【颁布单位】浙江省人大常委会

【颁布日期】1994.12.30

【实施日期】1994.12.30

1994 年 12 月 19 日浙江省第八届人民代表大会常务委员会第十五次会议通过

第一章　总则

第一条　为了加强农业技术推广工作，加快农业科技成果和实用技术应用于农业生产，大力发展农业生产力，实现农业现代化，根据《中华人民共和国农业技术推广法》的规定，结合我省实际，制定本办法。

第二条　本办法所称农业技术，是指应用于种植业、林业、畜牧业、渔业的科技成果和实用技术，包括良种繁育、施用肥料、病虫鼠草害防治、栽培和养殖技术，饲料加工技术，渔业捕捞技术，农副产品加工、保鲜、贮运技术，农业机械技术和农用航空技术，农田水利、土壤改良与水土保持技术，农村供水、农村能源利用和农业环境保护技术，农业气象技术以及农业经营管理技术等。

本办法所称农业技术推广，是指通过试验、示范、培训、指导以及咨询服务等，把农业技术普及应用于农业生产产前、产中、产后全过程的活动。

第三条　本办法由各级人民政府组织实施。

县级以上农业、林业、水产、水利等行政部门（以下简称农业技术推广行政部门）按照各自职责，在同级人民政府的领导下，负责本行政区域内的农业技术推广、指导和管理工作。

县级以上科学技术行政部门对本行政区域内农业技术推广工作进行指导。

计划、财政、物资、商业、工商行政管理、人事、教育等部门应在各自职责范围内积极支持农业技术推广工作。

第四条　省、市（地）人民政府应加强对同级农业技术推广行政部门、农业科研单位、农业院校之间的协调工作，实行农科教结合，调动各有关部门开发和推广农业技术的积极性，加速农业技术的开发和推广应用。

第五条　鼓励和支持科技人员开发、推广应用先进的农业技术，鼓励和支持农业劳动者和农业生产经营组织应用先进的农业技术。

鼓励和支持引进先进的农业技术，促进国内外农业技术的交流与合作。

第二章　农业技术推广体系

第六条　农业技术推广，实行农业技术推广机构与农业科研单位、有关院校以及群众性科技组织、农民技术人员相结合的推广体系。

第七条　乡（镇）以上各级人民政府应设立农业技术推广机构。

县（市、区）可以根据需要设立区域性（包含小流域）的农业技术推广机构，作为县级农业技术推广机构的分支机构。

县级以上农业技术推广机构受同级农业技术推广行政部门领导和上级农业技术推广机构业务指导；乡（镇）农业技术推广机构受县级农业技术推广行政部门和乡（镇）人民政府双重领导，并受上级农业技术推广机构的业务指导。

乡（镇）农业技术推广机构是全民所有制事业单位，应确定编制，配备农业技术人员，所需经费按全民所有制事业单位纳入乡（镇）财政预算。上级人民政府和有关部门按规定给予的补贴不得减少。

第八条　乡（镇）以上农业技术推广机构的主要职责是：

（一）参与制订农业技术推广计划，并组织实施；

（二）组织农业技术的专业培训；

（三）提供农业技术、信息服务；

（四）对确定推广的农业技术进行试验、示范；

（五）指导下级农业技术推广机构和群众性科技组织、农民技术人员的农业技术推广活动。

第九条　农场、林场、牧场、渔场的农业技术推广机构，应认真做好本场农业技术推广工作，并加强与当地农业技术推广机构的协作，面向社会，积极开展推广农业技术的服务活动。

第十条　农业科研单位和有关院校，应适应农村经济发展的需要，培养农业技术人员，研究解决当地农业生产中的重大技术问题，开展农业技术开发和推广工作，加快先进技术在农业生产中的普及和应用。

第十一条　村集体经济组织或村民委员会应建立村农业技术推广服务组织，聘用农民技术人员，在农业技术推广机构的指导下，宣传农业技术知识，落实农业技术推广措施，为农业劳动者提供技术服务。

第十二条　发展农村群众性科技组织。各级人民政府应支持各类农业技术协会、研究会、学会等群众性科技组织开展工作，发挥其在推广农业技术中的作用。

第三章　农业技术推广人员

第十三条　农业技术推广机构的专业科技人员，应具有中等以上有关专业学历，或经县级以上人民政府农业技术推广行政部门专业考核达到相应的专业技术水平。

第十四条　农业技术推广行政部门和县级以上农业技术推广机构应制定农业技术推

广人员的培训规划，有计划地对农业技术推广人员进行多种形式的业务培训，使其不断更新知识，提高业务水平。

农民技术人员经县级农业技术推广行政部门考核后，符合条件的，有关部门应按有关规定授予相应的技术职称，并发给证书。

第十五条 农业技术推广人员应向农业劳动者提供多种形式的信息、技术服务，普及农业科技知识，指导农业劳动者科学地使用各项农业先进技术，提高农业生产水平，保护农业生态环境。

第十六条 各级人民政府应采取措施，保障和改善从事农业技术推广工作的专业科技人员的工作条件和生活条件。

对在乡(镇)、村从事农业技术推广工作的专业科技人员，其工资按有关规定向上浮动或享受补贴。

村农民技术人员的报酬标准，由乡(镇)人民政府根据当地实际情况确定。

第十七条 农业技术推广行政部门和其他有关部门应按国家和省的规定对专业技术人员评定职称，聘任技术职务。对长期在乡(镇)、村从事农业技术推广工作的专业科技人员的职称评定，以考核其推广工作的业务技术水平和实绩为主，有突出贡献的可破格晋升。

农业科研单位和有关院校的科技人员从事农业技术推广工作的，在评定职称时，应将其从事农业技术推广工作的实绩作为考核的重要内容。

第十八条 各级人民政府应保障农业技术推广人员队伍的稳定。调离农业技术推广人员，应征求上一级农业技术推广行政部门意见。

乡(镇)农业技术推广机构负责人的任免，应征得县(市、区)农业技术推广行政部门的同意。

第四章 农业技术推广与应用

第十九条 各级人民政府应组织有关部门制定农业技术推广计划，并将农业技术推广计划列入当地社会经济和科技发展计划。

农业技术推广计划由乡(镇)人民政府和县级以上农业技术推广行政部门组织实施。

第二十条 推广的农业技术必须具有科学性、先进性、适应性和经济合理性。

第二十一条 农业技术推广活动应严格按照试验(包括区域试验、生产试验)、示范、培训、推广的程序进行，贯彻执行技术标准或规程，保证推广工作的质量。

试验应达到的标准及审定办法，按照国家有关规定执行；国家没有规定的，由省级农业技术推广行政部门制定。

第二十二条 县、乡两级农业技术推广机构应组织农业劳动者和各类农业规模经营者学习农业科技知识，提供技术指导，提高农业劳动者应用农业技术的能力。

农业劳动者经有关部门培训考核合格后，可取得绿色证书。

农业技术推广机构应选择取得绿色证书的农业劳动者、农业规模经营者和其他有条件的农户作为农村科技示范户，进行应用示范，有关单位和部门应对农村科技示范户应用推广农业技术在物资、技术、资金、销售等方面予以支持。

第二十三条 农业劳动者和农业生产经营组织根据自愿原则应用农业技术，任何组织和个人不得强制农业劳动者应用农业技术。

第二十四条 农业技术推广机构向农业劳动者推广农业技术，除本条第二款的规定外，实行无偿服务。

农业技术推广机构、农业科研单位、有关院校以及科技人员，以技术转让、技术服务和技术承包等形式提供农业技术的，可以实行有偿服务，其合法收入受法律保护。进行农业技术转让、技术服务和技术承包，当事人各方应当订立合同，约定各自权利和义务。

第五章 农业技术推广的保障措施

第二十五条 各级人民政府应将推广农业技术经费列入财政预算，并使该项资金逐年增长。

第二十六条 各级人民政府应建立农业技术推广专项资金，用于农业技术推广项目的实施和技术培训。

农业技术推广专项资金，从财政当年支农支出中安排和从农业发展基金中按一定比例提取。

农业技术推广专项资金由财政部门专项储存，农业技术推广机构提出使用计划，专款专用，任何部门或单位不得截留或挪用。

第二十七条 乡(镇)、村集体经济组织应从其兴办企业的以工补农、建农资金中提取一定数额，用于本乡(镇)、本村农业技术推广的投入，具体数额由乡(镇)人民政府根据当地情况确定。

第二十八条 收购、加工或经营农业、林业、畜牧业、渔业等大宗农产品的单位和个人，应向农业技术推广行政部门或其他指定的单位交纳技术改进费，专项用于品种的改良、农业技术的改进和推广。具体办法由省人民政府规定。

第二十九条 各级人民政府应保障各级农业技术推广机构有开展农业技术推广所必需的试验基地、实验设施、办公场所等必要的条件。

任何单位和个人不得侵占或无偿调拨农业技术推广机构的试验基地、生产资料和其他财产。

第三十条 农业技术推广机构可以兴办为农业技术推广服务的经济实体，有关部门在资金、信贷等方面给予支持。

第六章 奖励与处罚

第三十一条 县级以上人民政府、农业技术推广行政部门对具有下列条件之一的单位和个人，应给予表彰和奖励：

(一)引进、研究、推广农业技术成绩突出的；

(二)在培养农业技术推广人才方面做出突出贡献的；

(三)长期在乡(镇)从事农业技术推广工作,取得显著成绩的;

(四)支持农业技术推广工作贡献突出的。

第三十二条 各级科技进步奖应增加农业技术推广成果的奖励名额,用于奖励在农业技术推广中有突出成绩的单位和个人。

第三十三条 违反本条例规定,有下列行为之一,给农业技术应用者造成经济损失的,由当地人民政府或有关部门责令赔偿损失,并对有关责任人员给予行政处分;情节严重,构成犯罪的,依法追究刑事责任:

(一)推广未经审定、试验的农业技术的;

(二)强制农业劳动者应用农业技术,造成损失的;

(三)在技术推广和经营服务中玩忽职守、徇私舞弊、弄虚作假的。

第三十四条 违反本条例规定,侵占或无偿调拨农业技术推广机构的试验基地、生产资料和其他财产的,由上一级人民政府或农业技术推广行政部门责令退还或赔偿,并可对有关责任人员给予行政处分。

第三十五条 违反本条例规定,截留、挪用农业技术推广专项资金或技术改进费的,由财政、审计部门按有关法律、法规的规定处理。

第三十六条 剽窃他人成果或以其他欺骗手段取得荣誉称号的,由授予单位取消其荣誉称号,并由所在单位给予行政处分。

第七章 附 则

第三十七条 本办法具体应用中的问题,由省农业技术推广行政部门按照各自职责负责解释。

第三十八条 本办法自公布之日起施行。1987 年浙江省第六届人民代表大会常务委员会第二十九次会议通过的《浙江省农业技术推广暂行条例》同时废止。

参考文献

[1] 王慧军.农业推广学.北京:中国农业出版社,2002
[2] 郝建平等.农业推广理论与实践.北京:中国农业科技出版社,1998
[3] 张仲威.农业推广学.北京:中国农业科技出版社,1996
[4] 高启杰.农业推广学.北京:中国农业大学出版社,2003
[5] 汤锦如.农业推广学.南京:东南大学出版社,1999
[6] 梁福有,郝建平.农业推广心理基础.北京:经济科学出版社,1997
[7] 汤锦如等.农业推广学.南京:东南大学出版社,1993
[8] 汤锦如.农业推广学.北京:中国农业出版社,2001
[9] 高启杰.现代农业推广学.北京:中国科学技术出版社,1997
[10] 王慧军.农业推广原理与技能.石家庄:河北科学技术出版社,1993
[11] 许玉璋.农业推广学.西安:世界图书出版公司,1996
[12] 张启鹏.农业推广学.西安:陕西人民教育出版社,1991
[13] 郝建平.农业推广技能.北京:经济科学出版社,1997
[14] 许无惧.农业推广学.北京:经济科学出版社,1997
[15] 许无惧.农业推广学.北京:北京农业大学出版社,1989
[16] 董存田.农业技术推广学.北京:中国农业科技出版社,1997
[17] 任晋阳.农业推广学.北京:中国农业大学出版社,1998
[18] H.阿尔布列希特等.农业推广——基本概念与方法.北京:北京农业大学出版社,1993
[19] 奈尔斯·罗林.推广学——农业发展中的信息系统.北京:北京农业大学出版社,1991
[20] 吕文安.农业推广学.沈阳:辽宁科学技术出版社,1995
[21] 刘东明.农业产业化与农产品流通.北京:中国审计出版社,2001
[22] 许无惧,任晋阳.农业推广学.北京:经济科学出版社,1997
[23] 王蔚百等.实用科技写作学.北京:中国林业出版社,1996
[24] 欧阳周.现代实用科技写作.长沙:中南工业大学出版社,1995
[25] 高增朗.农产品营销.北京:中国农业出版社,2000
[26] 王双振.农家经营管理.北京:中国农业出版社,1996

[27] 黄冲平等.农业现代化导论.北京:中国农业科技出版社,2000
[28] 汪荣康.农业推广项目管理与评价.北京:经济科学出版社,1998
[29] 李小云.参与式发展概论.北京:中国农业大学出版社,2001
[30] 浙江农民信箱(http://www.zjnm.cn)
[31] 中国农技推广网(http://www.natesc.gov.cn)